ジャンク DNA

ヒトゲノムの98%はガラクタなのか?

A Journey Through the Dark Matter of the Genome

Nessa Carey

JUNK DNA

ネッサ・キャリー［著］　中山 潤一［訳］

丸善出版

Junk DNA

A Journey Through the Dark Matter of the Genome

by

Nessa Carey

Originally published in English by Icon Books Ltd., under the title:
"Junk DNA: A Journey Through the Dark Matter of the Genome", © 2015 Nessa Carey.

All rights reserved. The author has asserted her moral rights.
No part of this book may be reproduced in any form, or by any means,
without prior permission in writing from the copyright holder.

Japanese edition © 2016 Maruzen Publishing Co. Ltd., Tokyo, Japan.
Japanese translation rights arranged with Nessa Carey
c/o The Andrew Lownie Literary Agent Ltd., London
through Tuttle-Mori Agency, Inc., Tokyo.

Printed in Japan

いつも私のそばにいてくれるアビー・レイノルズのために

そして再会したシェルドンのために

■

■謝辞

私にとって2冊目となる本書の出版にあたって、素晴らしい代理人、アンドリュー・ロウニー（Andrew Lownie）と、素晴らしい出版関係者たちから支援を受けることができたのは幸運なことである。特にアイコン（Icon）社のダンカン・ヒース（Duncan Heath）、アンドリュー・ファーロウ（Andrew Furlow）、ロバート・シャーマン（Robert Sharman）、もちろん彼らの以前の同僚であったシモン・フリン（Simon Flynn）とヘンリー・ロード（Henry Lord）も含めてみなに感謝したい。コロンビア大学出版会のパトリック・フィッツジェラルド（Patrick Fitzgerald）、ブリジット・フラナリー＝マッコイ（Bridget Flannery-McCoy）、デレック・ウォーカー（Derek Warker）に感謝する。

いつもながら、非凡な甥たちが私に気晴らしと見識を与えてくれた。コナー・キャリー（Conor Carey）、フィン・キャリー（Finn Carey）、ガブリエル・キャリー（Gabriel Carey）の3人がみなこの役目を果たしてくれた。親類以外では、イオナ・トーマス＝ライト（Iona Thomas-Wright）に感謝したい。いつも辛抱強く明るい義母、リサ・ドーラン（Lisa Doran）からは、尽きない援助とたくさんのビスケットをもらった。

私が最初の本を出版してから、専門家ではない方々とたくさんのサイエンス・トークを満喫

した。私を講演に招待してくれた機関は、数が多すぎてここですべての名前を挙げることはできないが、関係された方々は理解してくれるだろう。講演する機会をいただき、とても楽しい時間を過ごすことができた。本当に刺激的でした。みなさんありがとう。

最後にアビー。ありがたいことに、私が約束したにもかかわらず、まだ一緒に社交ダンスのレッスンを受けていないことを許してくれている。

▼用語についての注記

ジャンクDNAに関する本を書く際、言葉の使い方に関して少々問題がある。なぜなら、その言葉の意味合いがたえず変化しているからである。これは一部には、新しいデータによって私たちの認識が変えられるためである。たとえば、あるジャンクDNAの一部が機能を持つことが示されると、すぐに研究者たちは「それはジャンクではない」と言うだろう（もちろんこれは至極論理的な主張である）。ただし、そのようなやり取りをしていては、私たちのゲノムに対する理解が近年どれだけ急激に変化しているかについての、大局的な視点が失われてしまう危険がある。

このように、霧のような毛糸玉でセーターを編もうとするようなことに時間を費やさないで、私は最も強硬なアプローチを取ることにした。かつて（20世紀の後半）そうであったように、本書ではタンパク質をコードしていないものはすべて「ジャンク」と記述することにする。純粋主義者は悲鳴を上げるかもしれないが、それは問題ない。3人の科学者に「ジャンク」という言葉の意味をたずねてみるとよい。おそらくまったく異なる答えが返ってくるだろう。ゆえに、単純なものから出発するの

も一理ある。

また、「遺伝子（gene）」という言葉は、タンパク質をコードするひと続きのDNAを指す言葉として使うところから始める。この定義は本書を読み進めるうちに進化していくだろう。

私の最初の本『エピジェネティクス革命―世代を超える遺伝子の記憶』（邦訳：丸善出版、2015年）が出版された後、私は遺伝子名に関する読者の反応が両極端であることがわかった。一部の人は議論されている遺伝子の名前を知るのをこよなく愛するが、ほかの読者にとっては、遺伝子の名前は読書の流れを中断させるものでしかない。それゆえ本書では、絶対に必要と思われる部分でだけ特別な遺伝子名を使った。しかし、もし個々の遺伝子名を知りたかったら、各章末の注釈でその遺伝子名を確認することができるし、本書の巻末のオリジナルの文献を参照してもらってもよい。

目次

序章　ゲノムのダークマター（暗黒物質）とは　1

第1章　なぜダークマターが問題なのか　11

第2章　ダークマターが本当にダークになるとき　19

第3章　遺伝子はどこに行ってしまったのか？　35

第4章　招待されたところで長居する　51

第5章　年をとるとすべてが縮む　63

第6章　2は完全数である　83

第7章　ジャンクで塗りつぶす　103

第8章　長いゲーム　125

第9章　ダークマターに彩りを添える　147

第10章　なぜ両親はジャンクを愛しているのか　161

第11章　ある使命を持ったジャンク　185

第12章　スイッチを入れて音量を上げる　201

第13章　無人緩衝地帯　223

第14章　ENCODEプロジェクト——ジャンクDNAがビッグ・サイエンスへ　237

第15章　首なし王妃と奇妙な猫と太ったマウス　255

第16章　ロスト・イン・アントランスレーション　277

第17章　なぜレゴはエアフィックスの模型より優れているのか　299

第18章　ミニは強大になり得る　323

第19章　薬は効く（ただしときどき）　343

第20章　暗闇の中のいくつかの明かり　357

訳者あとがき　365

参考文献　403

付録　本書で取り上げた、ジャンクDNAが関わるヒトの疾患　407

索引　412

序章

ゲノムのダークマター(暗黒物質)とは

序章　ゲノムのダークマター（暗黒物質）とは

演劇や映画、あるいはTV番組の台本を想像してほしい。誰でもその台本をふつうの本のように読むことはできる。しかし、台本は何かを生み出すために使われると、その影響力はもっとずっと大きくなる。台詞として大きな声で読まれる、あるいは役者が演じることで、単なるページ上の文字列はそれ以上のものとなる。

DNAはこれとよく似ている。それは驚異的な台本である。4つの文字からなる小さなアルファベットを使って、細菌からゾウまで、パン酵母からシロナガスクジラに至るまで、すべての生物の情報を運んでいる。DNA自身は何もしない。しかし、細胞、あるいは個体によって演出されると、DNAははるかに刺激的な存在になる。DNAはタンパク質をつくり出すための暗号（コード）として使われ、つくられたタンパク質は、呼吸、摂食、老廃物の排出、生殖、さらに生物を特徴づけるありとあらゆる活動に不可欠な役割を果たしている。

タンパク質がそれほどまでに重要なものであるため、20世紀の科学者は、遺伝子の意味するものはタンパク質であると考えた。つまり、「遺伝子はタンパク質をコードするDNA配列である」と定義されたのだ（DNAが暗号のようにタンパク質配列を指定していることから、暗号化するという意味の「コード」

という表現が使われる）。

歴史上最も有名な脚本家であるウィリアム・シェイクスピアを考えてみよう。彼が亡くなってから数世紀の間に、英語の使い方が変わってしまっているので、シェイクスピアの書いた文章を理解するのは少し手間がかかる。しかし、彼が俳優に話してもらいたい言葉を書いているのは間違いない。

たとえば、シェイクスピアは次のような文章を書き残してはいない。

vjeqriugffnhbvrucewhqoerahcxnqowhvgbutyunyhewq
icxbjafvurytnpemxoqp[erjhnuvrwwwebcxewmoipzo
wqmroseuiednrcvtycuxmqpzjmoimxdcnibyrwvyteb
anyhcuxqimokzqoxkmdcifwvryjhentbubygdccffywer
ftxunihzxqwemiuqwjiqpodqeotherpowhdymrxname
hnfeicvbrgyrchguthhhhhhgcwouldnpaizmjdpq
smellnjzufernnvgbyunasechuxhrtgcnionytuiongdjsi
oniodefhnionihyhoniosdreniolkikiniouryjcxoiqweopap
qsweetwxmocviknoitrbiobeierrrrruorytnihgfhwosw
akxdcjdrfuhrqplwjkdhvmogmrfbvhncdjiwemxsklowe

その代わり、彼は下線を引いたような文章を書き残している。

vjeqriugffhbvruewhqoerahcxnqowhvgbutyunyhewq
icxhjafvurytnpemxoqp[etjhnuvrwwwebcxewmoipzo
wqmroseuiednrcvtycuxmqpzjmoimxdcnibyrwwyteb
anyhcuxqimokzqoxkmdcifwryjhentbubygdecffywer
ftxunihzxqwemiuqwjiqpodqe_other_powhdymrxname
hnfeicvbrgyturchguthhhhhhgc_would_upaizmjdpq
_smell_mjizufernnvgbyunasechuxhrtgcnionytuiongdjsi
oniodefnionihyhoniosdreniokikiniouryjcxoiqweopap
qs_sweet_wxmocvikrnoitribiobeierrrrruorytnihgffwosw
akxdcjdrfuhrgplwjkdhvmogmrfbvhncdjiwemxsklowe

下線の言葉を抜き出すと "A rose by any other name would smell as sweet.（バラはどんな名前でよんでもよい香りがする）"という文章になる。

しかし、私たちのDNAという台本を見ると、それはシェイクスピアの文章のように意味のわかる簡潔なものではない。その代わり、タンパク質をコードする個々の領域は、前の文章のようにわけのわからない言葉の洪水の中に漂っている単語のように見える。

私たちのDNAの多くの部分がなぜタンパク質をコードしていないのか、長い間誰も説明できなかった。タンパク質をコードしていない、いわゆる非・コード・DNAは「ジャンク（ガラクタ）

DNA」という言葉で片づけられていた。しかし、多くの理由からこの非コードDNAの地位が変化し始めている。

非コードDNAが重視されるようになったそもそもの理由は、私たちの細胞が持っているその莫大な量にある。2001年にヒトのゲノムが解読されたとき、最もショックだったことのひとつは、ヒトの細胞が持つDNAの98％がジャンクであるという発見だった。ゲノムの98％は何のタンパク質もコードしていないのだ。先に示したシェイクスピアのたとえは、まだ単純化された例にすぎない。私たちの本当のゲノムを見れば、わけのわからない文章の量は先の例より約4倍も多い。意味のある単語1個につき、50語以上のジャンクが存在しているのだ。

もうひとつ別の例を使ってこの状況を想像してみよう。自動車の製造工場、たとえば高級車フェラーリの工場を訪ねたとしよう。2人の工員が赤いピカピカのスポーツカーを組み立てている。そのかたわらで、ほかの98人が何もせずに座っているのを目にしたらきっと驚くに違いない。これはじつにばかげた状況であり、なぜ私たちのゲノムではそのようなことがまかり通っているのか？　私たちヒトが、必要なくなってしまった盲腸をいまでも持ち続けているように、祖先から進化する過程で生み出され、いまでも持ち続けている無駄なものと考えることができるかもしれない。しかし、それにしても無駄の度が過ぎている。

この工場に関してよりふさわしい説明は、車を組み立てている2人の工員に対して、ほかの98人の工員は、工場を運営させるためのさまざまな仕事に携わっている、というものであろう。資金調達、会計、製品の発表、年金の給付、トイレ掃除、車の販売などの仕事である。私たちのゲノムのジャン

クが果たしている役割としては、このように考える方がふさわしいかもしれない。タンパク質は生命活動に不可欠な最終産物と見なすこともできる。しかし、ジャンクがなくては決して適切につくり出されず、協調的に働くことができないのかもしれない。2人の工員は車を組み立てることはできる。しかし、彼らだけでその会社を維持し、経営的に成功した有名ブランドに成長させることはできない。同様に、もし販売する車がなければ、98人の社員をショールームに配置して、床掃除させたりするのは無意味である。すべての構成要素が正しい場所に配置されて、初めて組織全体が機能する。私たちのゲノムもまったく同様である。

ヒトゲノムを解読したことで明らかにされたもうひとつの衝撃的な事実は、解剖学的、生理学的、知性、行動などの面におけるヒトの並外れた複雑さは、遺伝子に関する従来のモデルでは説明できないということである。タンパク質をコードする遺伝子の数という側面で見れば、私たちヒトは顕微鏡下で見える単純な虫（線虫）とほとんど同じ数（約2万個）の遺伝子しか持っていない。さらに注目すべきは、ヒトのほとんどの遺伝子について、同等の遺伝子が線虫にも存在しているのである。

ヒトとほかの生物を分けるものは何なのか？ 研究者がDNAレベルで解析を進めるにつれて、遺伝子の数だけではその違いを説明できないことがはっきりしてきた。実際、唯一対応関係が見られたゲノムの要素は、その複雑性だった。動物がより複雑になるにつれて、ゲノムの特徴として増加していくのは、むしろジャンクDNAの方だったのである。生物がより知的で高等になるにつれて、ジャンクDNAの占める割合が大きくなる。賛否両論があるものの、ジャンクDNAが進化的な複雑性の鍵をにぎっているという説が、いままさに検証されようとしている。

この考えから浮かぶ疑問は明白である。もしジャンクDNAがそれだけ重要な存在だとしたら、実際に何をしているのか？　もしタンパク質をコードしていないのであれば、細胞内で果たしている役割は何なのか？　これだけ大量にゲノム中に存在していることを考えたら意外ではないかもしれないが、実際にジャンクDNAは、数え切れないほど多岐にわたる機能を果たしていることが明らかにされつつある。

あるジャンクDNAは、染色体という、私たちのDNAが折り畳まれてつくられる巨大分子の両端で、ある特殊な構造を形成している。このジャンクは、DNAが染色体の端からほどけたり分解されたりするのを防いでいる。この末端のジャンク領域は私たちが年を取るにつれてどんどん短くなり、最終的に機能が果たせなくなってしまう。その結果、私たちのゲノムDNAは破滅的なダメージを受け、細胞死やがんにつながる。また、別のジャンクDNAによってつくられるある構造は、細胞分裂に際して、染色体を2個の娘細胞に均等に分配するときに、染色体を引っ張る基点として働く（「娘細胞」という言葉は、親細胞の分裂によって生み出される細胞を意味し、雌の細胞という意味ではない）。さらに別のジャンクDNAは、染色体の一部の領域だけで遺伝子を発現させせられるように、絶縁体（インスレーター）のような働きをしている。

しかし、多くのジャンクDNAは、このような単なる構造的な働きとは別の方法でその機能を果たしている。ジャンクDNAはタンパク質をコードしていないが、RNAとよばれる別の分子をコードする場合がある。あるジャンクDNAは、そこから巨大なRNA分子を生み出すことで、タンパク質の合成を手助けする「工場」を細胞内につくり出している。また、別の種類のRNA分子は、

タンパク質合成に使われる部品をその工場へ運ぶ働きをしている。

別のジャンクDNA領域は、ウイルスや微生物のゲノムに由来する遺伝的侵入者であり、潜入スパイのようにヒトのゲノムに入り込んでいる。はるか昔に死んでしまったこれらの侵入者の残骸は、個々の細胞に、そしてときには広い集団への脅威になることがある。哺乳動物の細胞は、これらのウイルス由来の因子を抑えるためのさまざまなしくみを開発してきた。しかし、これらのシステムが正常に機能しなくなることもある。もしそうなってしまった場合、その影響は多岐にわたる。たとえば、比較的無害な例では、マウスの体毛色を変化させ、より深刻な例では、がんの高いリスクをもたらす。

ここ数年の間に広く認識されるようになったジャンクDNAの主要な役割は、遺伝子発現の制御である。ときとして、このジャンクDNAによる遺伝子発現制御は、個体に大きな影響をもたらすことがある。ある特定のジャンクDNAは、雌の動物において、正常な遺伝子発現を保証するためにきわめて重要な働きをしており、その影響はさまざまな状況で現れる。日常的な例では、三毛猫の毛色のパターンがある。最も極端な例としては、同じ遺伝的疾患を受け継いだはずの一卵性の双子の姉妹が、異なる疾患の症状を示すような状況についても、同じジャンクDNAを介したしくみによって説明できる。ある場合には、ひとりがまったく正常で、もうひとりが命に関わる深刻な障害を持つことがある。

何千、何万という領域のジャンクDNAが、遺伝子発現のネットワークを制御していると推測されている。これらのジャンクDNAは、遺伝的な台本の中に書かれたト書きのように働くが、その複雑さを劇場の中で想像するのは難しい。「熊に追われて退場（シェイクスピア『冬物語』の中の有名なト書き）」

というような簡単な指示よりむしろ、「もしバンクーバーで『ハムレット』を、パースで『テンペスト』を演じるなら、『マクベス』のこの台詞では4音節目を強調する。アマチュアの演出によるモンバサでの『リチャードⅢ世』や、雨降りのキト（エクアドルの都市）の場合はその限りではない」というような複雑な指示に近いものかもしれない。

ジャンクDNAによる膨大なネットワークの繊細さや相互の関係は、ようやく明らかになり始めたところである。現在この分野の意見は割れている。極端な意見として、「ジャンクDNAの役割を議論するには、実験的な証拠が不足している」という主張がある。反対に、「少なくともある世代の研究者はみな時代遅れの考えにとらわれていて、新しい世界の秩序を理解できないのだ」と主張する研究者もいる。

問題の一端は、ジャンクDNAの機能を証明しようとして用いている私たちの実験系が、まだ比較的未熟だという点にある。それゆえ、研究者が自身の仮説を実験によって検証することが難しいのである。しかし同時に、ジャンクDNAの機能についての研究はまだ歴史が浅いというのも事実である。ときに、機器に囲まれた実験室から離れてみることも必要かもしれない。そもそも私たちの日常が実験である。自然や進化は、数十億年という時間をかけてありとあらゆる変化を試してきたのだ。私たちヒトという種が現れて世界中に広まった短い地質学的な時間でさえ、私たちが白衣を着て思い描く実験と比べたら、はるかに広範な実験を可能にする十分な時間だったに違いない。それゆえ本書の大部分では、自然によって生み出された、ヒトの遺伝学というたいまつを頼りに暗闇を探検していく。

ゲノムのダークマターに光を当てるにはさまざまな方法がある。ここではまず、私たち自身に関わ

るある事実、一見すると奇妙だが否定することはできない事実から始めることにしよう。いくつかの遺伝病はジャンクDNAの変異が原因で起きる。隠されたゲノム宇宙への旅路の出発点として、これほどふさわしい場所はないだろう。

第1章

なぜダークマターが問題なのか

第1章　なぜダークマターが問題なのか

ひとつの家族に度重なって起きる困難を考えると，ときに人生とは残酷なものに見える。次のような例を考えてほしい。ダニエルという赤ちゃんが産まれた。彼が産まれたとき，なぜか手足の筋肉が弛緩しているように見え，自発呼吸にも問題があった。手厚い治療の甲斐あって，ダニエルは生き延び，筋肉の問題は改善し，自発呼吸をしてきちんと動けるようになった。しかしダニエルが成長するにつれて，彼に重度の学習障害があることが明らかとなり，生涯家にこもって生活することになった。

母親のサラはダニエルを愛し，毎日彼の面倒を見た。ところが彼女が30代半ばになった頃，彼女自身に奇妙な症状が現れて，ダニエルの面倒を見るのがだんだん難しくなっていった。彼女の筋肉は硬直し，手で物をつかむとそれを離すのが困難になったのだ。そのため彼女は，陶器の修復という高度な技術を要する仕事を辞めざるを得なかった。彼女の筋肉は目に見えて細くなっていったが，それでも彼女は何とか対処していた。しかし彼女が42歳のとき，心不整脈という，心臓の拍動を調節する電気信号の乱れによって起きる病気で突然亡くなった。

結局，サラの母親であるジャネットがダニエルの面倒を見ることになった。しかし，これはジャネットにとって大変なことだった。それは，孫の持つ障害や，娘を早くに亡くしたという不運のためでは

ない。彼女は50代初め頃に白内障を発症し、目がよく見えなくなっていたからである。

一見すると、まるで無関係な疾患が不幸にも重なってこの家族に起きたかのように見える。しかし、専門家がとても異常なことに気づいた。あるひとりが白内障を発症し、その娘に筋肉の硬直や心臓の疾患が現れ、そしてその孫では筋肉の弛緩や学習障害が見られる。このようなパターンが、じつは複数の家系で起きていたのだ。それぞれの家系は世界中にいて、その間に血縁関係は存在しなかった。

研究者は、これが遺伝性の疾患であることに気づき、筋緊張性ジストロフィーと名づけた（ジストロフィーは「消耗する」を意味する）。この症状は、この遺伝病を持つ家系のすべての世代で起きる。親がこの症状を持つと、平均してその子どもの2人に1人が病気を発症する。男性と女性での発症リスクは等しく、どちらも子どもにこの疾患を伝え得る[1]。

この遺伝の様式は、単一の遺伝子の変異が原因で引き起こされる疾患に典型的なものである。変異とは、正常なDNA配列が変化することである。通常私たちは細胞内に2コピーの遺伝子を持ち、一方を母親から、一方を父親から受け継いでいる。筋緊張性ジストロフィーの遺伝パターンは、疾患がどの世代にも現れていることから優性とよばれる。優性の疾患では、2コピーある遺伝子の1コピーの変異だけで症状が現れる。疾患を持つ親から受け継いだのは、この変異の入ったコピーである。たとえ細胞が正常な遺伝子を別に1コピー持っていたとしても、変異遺伝子は病気を引き起こす。変異遺伝子が正常な遺伝子の働きを支配してしまうのだ。

しかし、筋緊張性ジストロフィーには典型的な優性疾患とは大きく異なる特徴がある。まず通常の優性疾患では、親から子に伝えられた際にその症状が悪くなるということはない。親から同じ変異を

受け継ぐのだから、悪くなるはずがないのだ。筋緊張性ジストロフィーでは、変異遺伝子が次の世代に伝えられると、より早い年齢で症状を発症する。これはほかの疾患では見られない特徴である。

筋緊張性ジストロフィーには、通常の遺伝パターンとは異なる特徴がもうひとつある。ダニエルに見られたような重篤な先天性の障害は、疾患を持つ母親から生まれた子どもだけで見出されている。このような重篤な障害が父親から子どもに受け渡されることはない。

1990年代初め頃、複数の研究グループが筋緊張性ジストロフィーの原因となる遺伝子変異を同定した。特徴的な疾患にふさわしく、その変異はとても変わったものだった。筋緊張性ジストロフィーの遺伝子は、短いDNA配列が何回も繰り返された「反復配列」を含んでいたのだ。[2] この短い配列は、DNAで使われる4つの遺伝子アルファベットのうちの3つから構成される。筋緊張性ジストロフィーの場合、この反復配列はC、T、Gの文字からなる（残りの遺伝子アルファベットはAである）。

筋緊張性ジストロフィーの変異を持たない人では、このCTG反復配列は5〜30コピーの長さの範囲に収まっており、子どもは親から同じ数の反復配列を受け継ぐ。しかし、この繰り返しの数がだいたい35コピーより大きくなると、その配列は不安定になり、親から子へ受け渡される際にその長さが変化することがある。このコピー数が50を超えると、確実にこの配列は不安定になる。この場合、親は自分の持つ反復配列よりはるかに長い反復配列を子に受け渡すことになる。この反復配列の長さが長くなればなるほど、症状はより深刻になり、発症の時期も早くなる。これが世代を経るごとに症状が重篤になる理由であり、本章の冒頭で紹介した家族のような状況になる。重篤な先天性障害を引き起こす非常に長い反復配列は、通常母親だけから受け渡されることも明らかにされた。

このように、繰り返しＤＮＡ配列が世代を経て増幅するのは、変異をもたらすしくみとしてはとても珍しい。しかし、筋緊張性ジストロフィーを引き起こす増幅の発見は、これまで知られていなかった疾患のしくみに光を当てることになった。

▼DNAによる編み物

つい最近まで、遺伝子配列の変異が重大な影響をもたらすのは、ＤＮＡ自身の変化のためではなく、その変化によって、それより後の過程で問題が起きるためだと考えられていた。これはニット（編み物）のパターンのミスに似ている。紙面に書かれた符号の段階では何も問題ない。符号のミスが原因で、穴がひとつだけのセーターとか、袖が３つあるカーディガンができあがったときに問題になる。

遺伝子（ニットのパターン）は、あくまでタンパク質（セーター）のためのコードである。細胞の中のすべての仕事を遂行している分子として、私たちが考えているのはタンパク質である。タンパク質は膨大な数の機能を果たしている。たとえば、体中に酸素を運搬する赤血球の中のヘモグロビンや、膵《すい》臓から分泌されて、筋肉にグルコースの取り込みを促すインスリンなどがある。そのほか数千種類にも及ぶタンパク質が、生命を支えるために目が回るくらい多種多様な機能を遂行している。

タンパク質はアミノ酸とよばれる構成単位によってつくられる。通常ＤＮＡの変異はこのアミノ酸の配列を変化させる。変異の性質や、変異が起きた遺伝子上の場所によってさまざまな結果が引き起こされる。異常なタンパク質は、細胞内で誤った機能を果たしたり、まったく働かなくなったりする。しかし、筋緊張性ジストロフィーの変異はアミノ酸の配列を変化させない。変異が起きた遺伝子は、

まったく同じタンパク質をコードしたままなのだ。タンパク質に何も異常が見られなかったため、どうやってこの変異が疾患を引き起こすのかを理解するのは、信じられないほど難しかった。

筋緊張性ジストロフィーの変異はとても特殊な異常であり、ほかの疾患とは関係のない例外である、と結論づけたくなるかもしれない。もちろん、そうやって片づけてしまうこともできる。しかし、筋緊張性ジストロフィーのような変異はこれだけではなかったのだ。

脆弱X症候群とよばれる疾患は、最も一般的な遺伝性の学習障害である。通常母親は何の症状も示さないが、息子に病気を受け渡してしまう。母親は変異を持っているが、それによって母親自身に影響が現れることはない。筋緊張性ジストロフィーと同じく、この疾患も3文字のDNA配列の長さが増幅することが原因で起きる。この場合の配列はCGGである。筋緊張性ジストロフィーと同様に、この配列の増幅も脆弱X遺伝子がコードするタンパク質の配列を変えることはない。

フリードライヒ運動失調症は、通常小児期後期や思春期に症状が現れ、進行性の筋萎縮をもたらす病気のひとつである。筋緊張性ジストロフィーとは対照的に、通常両親は病気を発症することはない。この疾患の場合、母親と父親の両方が、正常な遺伝子のコピーと異常な遺伝子のコピーをひとつずつ持つ保因者（キャリア）であることが多い。子どもがそれぞれの親から変異のコピーを受け継ぐと、その子どもは病気を発症する。フリードライヒ運動失調症も3文字のDNA配列の増幅が原因で、この場合はGAAである。またしても、遺伝子がコードするタンパク質の配列は変化していない[3]。

これらの3つの遺伝病は、家族歴も違えば症状や遺伝様式のパターンも違っている。それにもかかわらず、研究者にある一貫した事実を伝えている。タンパク質のアミノ酸配列を変化させることなく

病気を引き起こすような変異が存在する、という事実である。

▼あり得ない病気

ここ数年の間に、さらに驚くような発見があった。筋萎縮をもたらすまた別の遺伝性の疾患があり、その患者では顔や肩、上腕の筋肉が徐々に衰弱し退縮していく。このような症状から、この病気は顔面肩甲上腕ジストロフィーとよばれている。通常、英語の病名（facioscapulohumeral muscular dystrophy）を略してFSHDとよばれる。たいてい、患者が20代前半になるまでに病気の症状が現れる。筋緊張性ジストロフィーと同様に、この疾患は優性で、疾患を持つ親から子どもへ受け渡される。[4]

科学者たちは、このFSHDの原因となる変異を見つけるために何年も費やし、そして、最終的にある反復配列を見つけ出した。しかし、この疾患の場合、筋緊張性ジストロフィーや脆弱X症候群、フリードライヒ運動失調症で見られるような、3文字の反復配列とはかなり様子が違っていた。それは、3000文字を超えるようなひと続きの領域だったのだ。このような領域はブロックとよばれ、FSHDではない健常な人では、このブロックの数が11~100の間にある。しかし、FSHDの患者ではこのブロックの数が減っており、多くても10しかない。反復配列の数が減少しているというのは予想外だった。しかし、研究者にとってもっとショックだったことは、この反復配列の近くに存在するであろう原因遺伝子を、簡単には見つけられなかったことだった。

遺伝病は過去数百年にわたって、生物学上の新しい知見を私たちにもたらしてきた。それらの知識を得るのがどれだけ困難だったかについて、私たちはつい軽視してしまいがちである。ここで紹介し

た変異の同定には、通常大勢の研究者が携わり、10年以上にもわたる研究によってもたらされたものである。すべては、遺伝病の疾患を持つ家族から厚意で提供してもらった血液サンプルと、家族歴の追跡によって鍵となる人物を絞れるかどうかにかかっていたのだ。

このような解析がそこまで難しいのは、広大なゲノム領域の中のほんのわずかな変化を探し求めているからであり、それはまるで森の中の1個のドングリを探し当てるようなものである。ヒトのゲノムが公開された2001年以降、このような解析はとても容易になった。ゲノムとは、私たちの細胞に含まれるすべてのDNA配列のことである。

ヒトゲノム計画によって、すべての遺伝子の相対的な場所、そして遺伝子の配列がわかるようになった。この情報に加えてDNA配列を解読する技術が著しく向上したことで、まれな遺伝病であってもその変異を見つけるための時間がかなり短縮され、解析に関わる費用も安くなった。

ヒトゲノムの解読は、確かに病気の原因となる変異の同定を容易にしたが、それよりもはるかに大きな衝撃を私たちにもたらしたのだ。DNAが遺伝物質であることがわかってから、ずっと生物学を支配してきた最も根本的な考えの多くが、ヒトゲノムの解読によって刷新されつつある。

私たちの細胞の働きを考えるとき、これまで60年以上もの間、ほとんどすべての科学者はタンパク質に注目してきた。しかし、ヒトゲノムが解読された瞬間から、科学者たちはかなり不可解なジレンマに直面している。もしタンパク質がそれだけ重要なものだとしたら、なぜ私たちのDNAのたった2%しか、タンパク質の構成要素であるアミノ酸をコードするために使われていないのか？　残りの98%は、いったい何をしているのか？

第2章

ダークマターが本当にダークになるとき

第2章　ダークマターが本当にダークになるとき

ゲノムの98％もの領域がタンパク質をコードしていないというのは衝撃だった。驚くべきは、タンパク質をコードしていない領域があるということではなく、その割合である。タンパク質をコードしてないひと続きのDNA領域があること自体は何年も前から知られていた。もちろんこれは、DNAの構造自体が明らかになった後にもたらされた最初の大きな驚きだった。しかし、このようなタンパク質をコードしていない領域が何か重要な働きをしている、あるいは、遺伝病の原因を説明することになるとは誰も予想していなかった。

ここで、私たちのゲノムの構成要素をもう少し詳しく見ておく方がよいだろう。DNAはアルファベットのような文字列で、それ自体とても単純なものである。DNAはたった4つの文字、A、C、G、Tで構成され、これらは塩基という名前でも知られている。しかし、私たちの細胞はたくさんのDNAを持っているため、この単純なアルファベットは膨大な量の情報を運んでいる。ヒトは遺伝情報として、30億という塩基を母親から、ほぼ同じ数の塩基を父親から受け継いでいる。この数をイメージするために、DNAをはしごとして、各塩基を25センチ間隔のステップに見立ててみることにしよう。はしごの長さは7500万キロメートルとなり、だいたい地球から火星までの距離になる（もち

THE EWE PUT OUT TWO ← 遺伝子

LAMBS ← タンパク質

図2.1 遺伝子とタンパク質の関係。遺伝子の中の3文字ずつの配列が、タンパク質の中のひとつのブロック（アミノ酸）をコードしている。

ろんこの距離は、楕円の公転軌道の相対的な位置やはしごを置く場所で変わる）。

DNAの量について別の方法で考えてみよう。シェイクスピアの全作品の文字数を総計すると、3,695,990文字になることが報告されている[1]。

私たちの持つDNAをシェイクスピア全集に換算すると、私たちは811冊以上の全集に相当する文字を母親と父親から受け継いでいることになる。これは膨大な情報である。

アルファベットの比喩をさらにもう少し先に進めてみると、DNAアルファベットは3文字ずつでひとつの単語をつくっている。3文字ずつの単語は、それぞれタンパク質の構成要素であるアミノ酸のひとつを指定する。つまり遺伝子は3文字の単語から構成される文章と見なすことができ、この文章がタンパク質をつくるためのアミノ酸の配列を決めている。この関係を**図2・1**にまとめている。

個々の細胞は、どの遺伝子についても通常2コピーずつ持っている。ひとつは母親から、もうひとつは父親から受け継いでいる。それぞれの遺伝子は細胞の中に2コピーずつしか存在していないが、細胞はその遺伝子にコードされたタンパク質分子を、何千、何万とつくり出すことができる。これは、遺伝子を発現する際に、2段階の増幅過程があるためである。DNAの塩基配列は、タンパク質をつくり出す際に直接の鋳型

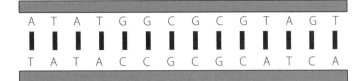

図2.2 上の図は2本鎖のDNAを表している。塩基（A、C、G、T）がペアをつくることで2本の鎖を結びつけている。AはつねにTとペアをつくり、CはつねにGとペアをつくる。下の図は1本鎖のRNAを表している。鎖の中心となる主鎖は、DNAと少しだけ違っており、異なる色で区別している。RNAではTの塩基がUという塩基に置き換えられている。

として働くわけではない。その代わり、細胞はDNAのコピーをつくり出す。これらのコピーはDNAととてもよく似ているが、完全に同じものではない。微妙に異なった化学組成を持ち、RNAとよばれている（DNAでは「デオキシリボ核酸」が使われ、RNAではその代わりに「リボ核酸」が使われている）。

もうひとつの違いは、RNAの中ではTの代わりにUが使われていることだ。DNAは、塩基同士が対をなすように結合した2本の鎖で構成されており、その構造は線路のようなものと考えることができる。2本の鎖した塩基と塩基によってつなぎとめられている。塩基同士の結合にはあるパターンがある。TはAと結びつき、CはGと結合している。このような配置にあるため、DNAは「塩基対」とよばれることが多い。一方RNAは1本の鎖、つまり1本のレールからなる分子である。DNAとRNAの重要な違いを図2・2に示している。細胞は1セットのDNAを使って数千コピーのRNA分子を効率よくつくり出すことができる。これが遺伝子発現における最初の増幅過程である。

遺伝子のRNAコピーはDNAから離れた別の場所、「細

第2章　22

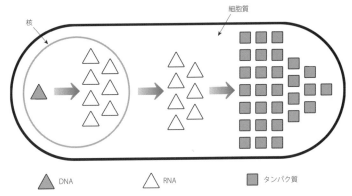

図2.3 核の中の1コピーのDNAが鋳型として使われて、たくさんのコピーのメッセンジャーRNAがつくられる。これらのRNA分子は核の外へ運ばれる。それぞれのメッセンジャーRNAは、タンパク質をつくり出すための指示としての役割を果たす。ひとつのメッセンジャーRNA分子から、複数コピーの同じタンパク質がつくり出される。それゆえ、DNAの暗号からタンパク質をつくり出すには2つの増幅ステップがある。単純にするため遺伝子を1コピーだけ示しているが、通常はそれぞれの親から受け継いだ2コピーの遺伝子がある。

胞質」とよばれる特別な場所に運ばれる。この細胞質という特別な場所で、RNAはタンパク質を構成するアミノ酸の順番を決める伝達係のような働きをする。ひとつのRNA分子は、何回も鋳型として働くことができ、これが遺伝子発現における2段階目の増幅過程となる。この一連の過程について図2・3に模式的に示している。

この過程は、第1章のニットのパターンになぞらえて見ることができる。DNAの遺伝子はオリジナルのニットのパターンである。このパターンは、RNAと同じようにコピー機で複写できる。このコピーが多くの人に送られ、ちょうどタンパク質をつくるように、それぞれの人が同じパターンを使ってニットを編む。これは単純だが効率的なビジネスモデルであり、実際に第二次世界大戦において、ひとつのオリジナルパターンから多くの兵士の足を暖める靴下がつくられた。

RNA分子は、遺伝子の配列をDNAからタン

パク質の製造工場へ運ぶ、いわゆるメッセンジャーのような働きをしている。このようなRNAが実際に「メッセンジャーRNA」とよばれているのは、じつに理にかなっている。

▼意味不明な部分を取り除く

いまのところ物事はとても単純に見える。しかし、ずいぶん前から遺伝子には奇妙な複雑性があることが見出されていた。ほとんどの遺伝子はアミノ酸をコードしている部分と、アミノ酸をコードしていない部分に分断されているのだ。アミノ酸をコードしていない部分は、常識的な単語の列の中に挿入された意味不明な言葉のようなものである。遺伝子の中に挿入されたこの意味不明な部分は「イントロン」とよばれている。

細胞がRNAをつくる際、アミノ酸をコードしていない部分も含めて遺伝子中のすべてのDNA文字列をコピーする（ステップ1）。しかし、細胞はその後でタンパク質をコードしていないすべての部分を取り除く（ステップ2）。その結果、最終的なメッセンジャーRNAはタンパク質をつくるための適切な設計図となる。この過程は「スプライシング」とよばれ、どのように起きるかについて**図2・4**に示している。

タンパク質の情報は、**図2・4**に示すようにブロック単位の情報（モジュール）としてDNAにコードされている。細胞は、このようなモジュールを組み合わせるしくみを使うことで、RNAの加工の仕方に関して高い柔軟性を持ち得る。メッセンジャーRNA分子の中でつなぎ合わせるモジュールを変化させることで、お互い関連のある何種類ものタンパク質をコードするメッセージを、1セット

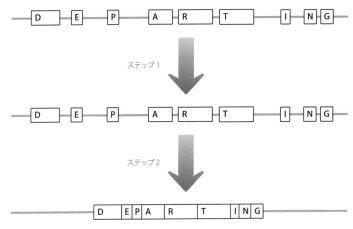

図2.4 ステップ1ではDNAがRNAにコピーされる。ステップ2ではRNAは加工され、アミノ酸をコードする領域（文字を含んだ四角形で示している）がつなぎ合わされる。その間に介在して存在するジャンク領域（イントロン）は取り除かれて、成熟したメッセンジャーRNA分子となる。

のDNAからつくり出すことができるのだ。この過程を**図2・5**に示している。

アミノ酸をコードする部分に挟まれた意味不明な部分は、最初は意味がないただのごみだと考えられていた。そのため、これらの領域は役に立たないジャンク、あるいはガラクタとよばれていた。冒頭でも言及したように、タンパク質をコードしていないDNAのことを指して、ここからは「ジャンク」という言葉を使うことにする。

しかし現在では、これらのジャンクDNAは私たちの健康に大きな影響をもたらし得ることがわかっている。第1章で出会ったフリードライヒ運動失調症は、アミノ酸をコードする領域間のジャンク部分にある、GAAという反復配列の異常な増幅が原因で起きる。ここで生じる当然の疑問として、もし変異がアミノ酸配列を変化させないのだとしたら、この変異を持つ人々はなぜそのような衰弱性の症状を発症するのか？

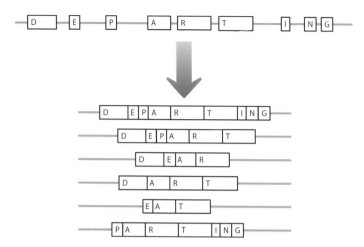

図2.5 ひとつのRNA分子は異なる方法で加工され得る。その結果、異なるアミノ酸コード領域がつなぎ合わせられる。この方法によって、ひとつのDNA遺伝子から、異なるバージョンのタンパク質分子をつくり出すことが可能になる。

フリードライヒ運動失調症の原因遺伝子における変異は、アミノ酸をコードする最初の2つの領域に挟まれたジャンク部分で起きる。図2・5の例で考えると、DとEの間の領域に相当する。通常の遺伝子は5〜30コピーのGAA反復配列を持つ。しかし、変異遺伝子は70〜1000コピーのGAA反復配列を持っている[2]。その後の研究によって、遺伝子がこのように増幅された反復配列を持つと、細胞はその遺伝子のメッセンジャーRNAをつくらなくなってしまうことが明らかにされた。メッセンジャーRNAがつくられないということは、最終的なタンパク質もつくり出されない。ニットのパターンのコピーを送らなければ、兵士は靴下を手に入れられないのと同じことである。

実際そのような変異遺伝子があった場合、細胞は加工前の長いRNAさえつくらない[3]。増幅したGAAはネバネバした糊のような働きをして、

第2章　26

ＤＮＡから正しくＲＮＡコピーをつくるのを妨げる。たとえば、4ページから12ページまでが糊づけされた50ページの書類を、コピー機の自動原稿送り装置にセットしてコピーを開始させるようなものである。糊づけされた書類のために途中で紙詰まりを起こして、コピー機は急停止してしまうだろう。フリードライヒ運動失調症では、ＤＮＡがコピーされないためにＲＮＡもタンパク質もつくられないのだ。

フリードライヒ運動失調症の遺伝子にコードされたタンパク質がつくられなくなると、なぜ病気の症状が引き起こされるのかについては、完全には解明されていない。このタンパク質は、エネルギーをつくり出す細胞内の小さな器官において鉄の代謝に関わり、鉄の蓄積による影響を防いでいるらしい[4]。細胞がこのタンパク質をつくり出せないと、この細胞小器官における鉄の量が有害なレベルまで上昇してしまう。ある種の細胞は、ほかの細胞に比べて鉄の蓄積に対して高い感受性を示し、そのような細胞がこの疾患で影響を受けるのだ。

第1章で言及した学習障害のひとつである脆弱Ｘ症候群は、これと多少関連するが、異なるしくみで起きる。脆弱Ｘ症候群の変異はＣＧＧという3塩基からなる反復配列の増幅である。フリードライヒ運動失調症の変異と同様に、正常な染色体ではこの反復配列は15〜65コピー存在している。脆弱Ｘの変異を持つ染色体では、この反復配列がだいたい２００〜数千コピー存在する[5][6]。しかし、脆弱Ｘでは、フリードライヒ運動失調症とは別の部分で増幅が起きる。変異は最初のアミノ酸の部分よりも前に見出される。これは、**図2・5**のＤ断片の左側のジャンク部分に相当する。このジャンク部分の反復配列が巨大になると、メッセンジャーＲＮＡはつくり出されず、結果としてタンパク質もつくら

れなくなる[7]。

脆弱Xタンパク質の機能は、多くの異なるRNA分子を細胞内で運搬することである。このタンパク質はRNAを正しい場所に運び、RNAの加工のされ方や、そのRNAからどのようにタンパク質をつくり出すのかに影響を及ぼす。もし脆弱Xタンパク質がなくなると、ほかのRNA分子が正しく制御されず、細胞の正常な機能を混乱させてしまうことになる[8]。理由はまだはっきりしていないが、脳の中の神経細胞が特にこの影響に対して高い感受性を示し、それゆえこの疾患の特徴である学習障害につながると考えられている。

脆弱X症候群で起きていることは、日常的なたとえを使うと理解しやすいかもしれない。イギリスでは、ほんの少し雪が降っただけで公共交通機関が麻痺してしまう。雪は道路や鉄道を覆い、車や電車の動きを妨げる。そうすると人々は学校や会社に行けず、さまざまな問題が引き起こされる。学校は休校になり、荷物の配達はできず、銀行で現金を下ろすこともできなくなる。最初のきっかけは雪であり、それが公共交通機関をダメにすることですべての結果につながるのだ。脆弱X症候群ではこれと似たようなことが起きている。道路や鉄道に降り積もった雪のように、変異は細胞内の輸送システムを台なしにして、さまざまな波及効果をもたらす。

ある特定の遺伝子の発現がオフになることが、フリードライヒ運動失調症と脆弱X症候群の両方の疾患で重要な鍵をにぎっている。結果的につくられるタンパク質が重要であるということは、いずれの疾患においてもごくまれなケースから裏づけられている。少数の患者では、ジャンク領域の反復配列のコピー数が健常な人と変わらない場合があるのだ。このような患者では、アミノ酸配列を変化さ

せるような変異が原因遺伝子の中に見出される。特定のアミノ酸配列が変化してしまうと、細胞はそのタンパク質をつくれなくなる。言い換えれば、タンパク質が発現しなければ結果は同じであり、患者は疾患の症状を示すのである。

▼ちょうど素晴らしい理論を思いついたとき

ここまでの話から、じつにシンプルなテーマが見えてきたように思うかもしれない。ジャンク領域における増幅の重要性は、異常なDNAを生み出すことだと考えることができる。細胞は異常なDNAを適切に扱えないため、結果として重要なタンパク質が失われてしまうことになる。これらのジャンク領域は、通常は細胞内で特別な役割を持たず、それ自身重要な存在ではないと結論づけることができるかもしれない。

しかし、この考えとは相反する事実がある。脆弱X症候群の遺伝子でもフリードライヒ運動失調症の遺伝子においても、ある範囲内の反復配列は健常なすべての人の遺伝子において見出され、人類の進化の過程で維持されてきたと考えられる。もしこれらの領域が完全に無意味なものであれば、長い時間の中でランダムに変化することが予想されるが、実際にはそうではない。この事実は、適度な長さの反復配列が何らかの機能を果たしていることを示唆している。

この反復配列の存在意義を正しく理解するには、第1章の最初に出てきた筋緊張性ジストロフィーを考える必要がある。筋緊張性ジストロフィーの増幅は世代を経ると大きくなる。両親の染色体の一方ずつが、100コピーのCTG配列を持っていたとする。彼らが子どもに染色体を受け渡すとき、

この配列は増幅されて、子どもの染色体が500コピーのCTG配列を持つようなことが起きる。そして、CTG配列のコピー数が多くなればなるほど病気は深刻になる。しかしこの状況は、反復配列の増大が近くに存在する遺伝子の発現を抑えるという、先に述べた考えでは説明が難しい。筋緊張性ジストロフィーの患者の細胞は、すべてこの遺伝子を2コピー持っている。一方の遺伝子は正常な範囲内の反復配列を持ち、他方は増幅された反復配列を持つ。つまり、一方の遺伝子は正常な量のタンパク質をつくり出していると考えられる。もし増幅が一方の遺伝子の発現を抑えるのであれば、タンパク質の総量は約50%まで減ることになる。

反復配列が長くなるにつれて、その変異を持つ遺伝子からの発現が徐々に減っていくと仮定することもできる。そうであれば、タンパク質の総量は段階的に減少すると考えられる。わずかな増幅で1%だけ減少する段階から、膨大な増幅によって最終的に50%減少する段階まで幅があることになる。確かに、タンパク質の量に応じて異なる症状をもたらすことはあるかもしれない。ただ問題は、このような遺伝病がほかに見当たらないということである。遺伝子発現の微妙な差が、増幅を持つすべての患者に疾患の症状をもたらし、しかもその症状が増幅の長さに応じて異なるというような病気を私たちはほかに知らない。

筋緊張性ジストロフィーにおいて、どこで増幅が起きたのかを調べるのは大事なことである。その場所は、遺伝子のかなり後方で、最後のアミノ酸をコードする領域の後ろにある。**図2・5**の中では、G断片の右側の直線の部分に相当する。これは、肝心のアミノ酸をコードしている領域までは、問題なくDNAからRNAへのコピーが完了していることにほかならない。

増幅された反復配列の領域が、実際にRNAにコピーされることは間違いない。しかもこの領域は、コピーされた長いRNAが加工されて、最終的なメッセンジャーRNAになってもまだ残されている。ところが、筋緊張性ジストロフィーのメッセンジャーRNAは、ここで通常のメッセンジャーRNAとは異なる振る舞いをする。細胞内に存在するたくさんのタンパク質分子と結合するのだ。さらに、反復配列の増幅が大きくなればなるほど、より多くのタンパク質分子と結合する。変異の入った筋緊張性ジストロフィーのメッセンジャーRNAは、まるでクリップを引き寄せる磁石のような振る舞いをして、細胞内のタンパク質をどんどんからめ取ってしまう。筋緊張性ジストロフィーのメッセンジャーRNA中の増幅領域に結合するタンパク質は、通常ほかの数多くのメッセンジャーRNAの制御に関わっている。これらのタンパク質は、メッセンジャーRNA分子の細胞内輸送の効率、メッセンジャーRNAが細胞内で分解されるまでの時間、そのメッセンジャーRNAからタンパク質を合成する効率など、さまざまなRNAの振る舞いを制御している。しかし、もしこれらの制御因子が、筋緊張性ジストロフィーのメッセンジャーRNAの増幅領域にからめ取られてしまったら、通常の仕事をすることができなくなってしまう。[9] この現象について、**図2・6**で模式的に示している。

またここで、ひとつたとえ話をしてみることにしよう。すべての警察官が、ある場所で起きた暴動を抑えるために集まっているような都市を想像してみてほしい。通常の取り締まりをする警察官がいないため、強盗や車泥棒はその都市の至るところで好き放題に犯罪を行うことができる。これは、筋緊張性ジストロフィーの患者の細胞で起きていることと原理的には同じである。ひとつの遺伝子、筋

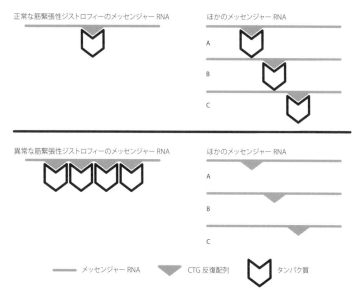

図2.6 上の図は正常な状態を示している。山型を逆にしたマークで示した特別なタンパク質は、筋緊張性ジストロフィーのメッセンジャーRNA上のCTG反復配列に結合する。これらのタンパク質は十分な量存在し、ほかのメッセンジャーRNAにも結合してそれらの制御をしている。下の図では、CTG配列が、変異の起きた筋緊張性ジストロフィーのメッセンジャーRNA上で何回も繰り返されている。これは反復配列に結合するタンパク質を引き寄せ、ほかのメッセンジャーRNAを調節するタンパク質が不足することになる。わかりやすいように、少ない数の反復配列だけ示した。重篤な患者では、反復配列の数は数千コピーになる場合もある。

緊張性ジストロフィーの遺伝子のCTG反復配列の増幅が、最終的に細胞内の膨大な数の遺伝子の制御を狂わせる。

これが、増幅が長くなればなるほど、多くの結合タンパク質がからめ取られてしまう理由である。ほかの大量のメッセンジャーRNAの本来の状態が乱され、数々の細胞内機能に障害が起きる。その結果、筋緊張性ジストロフィー遺伝子に変異を持つ患者に広範な症状をもたらすことになる。さらに、なぜ最も長い反復配列を持つ患者が、最も深刻な臨床的症状を示すのかも説明できる。

フリードライヒ運動失調症や脆弱X症候群で見てきたように、筋緊張性ジストロフィー遺伝子に存在する適切な長さのCTG反復配列は、人類が進化する過程で高度に保存されてきた。これは、この反復配列が細胞にとって有益で重要な役割を果たしているという考えと一致する。筋緊張性ジストロフィーにおいて、実際にメッセンジャーRNA中の反復配列に結合するタンパク質が存在するという事実もこの考えを支持している。これらのタンパク質は、健常な人の遺伝子に存在する短い反復配列にも結合する。増幅された反復配列に結合する場合は、単にその量だけが違っているのだ。

筋緊張性ジストロフィーの例から明らかなように、メッセンジャーRNAがタンパク質をコードしない領域を持っているのにはきちんとした理由がある。これらの領域は、メッセンジャーRNAを細胞内で制御するために重要であり、DNAという遺伝子の鋳型から最終的につくり出されるタンパク質の量を微調整するという、別次元の制御を可能にしている。しかし、ヒトのゲノム配列が公表される約10年前、この筋緊張性ジストロフィーの変異が同定された当時、このような微調整のしくみがどれだけ複雑で可変的なものなのか、誰も正しく理解していなかった。

第3章

遺伝子はどこに行ってしまったのか？

第3章 遺伝子はどこに行ってしまったのか？

2000年6月26日、ヒトゲノムの大まかな配列（ドラフト）の解読が完了したという発表が行われた。翌2001年の2月には、解読されたドラフト配列を詳細に記述した最初の論文が報告された。それは、何年にもわたる研究と技術的な進歩、そして少なからず存在した競争による成果が、まさに頂点に達した瞬間だった。アメリカの国立衛生研究所とイギリスのウェルカム・トラストが、解読に要した約27億ドルもの資金の大半を投じた[1]。この仕事は国際的なコンソーシアムによって行われ、解読結果の詳細を最初に報じた一連の論文では、世界中の20以上の研究室から2500人を超える著者の名前が含まれていた。実際に塩基配列を解読する仕事の大部分は、アメリカの4つの研究室とイギリスの1つの研究室の、計5つの研究室で行われた。同時に、セレラ・ゲノミクスとよばれる民間企業が、ヒトゲノムの商業的な利用を目的に解読を進めていた。しかし、公的な資金を受けたコンソーシアムは、配列が解読されるたび毎日のようにデータを公開したため、最終的にヒトゲノムの配列を公有財産とすることができたのである[2]。

ヒトゲノムのドラフトの解読が完了したという宣言によって、大きな騒ぎが起こった。おそらく、最も派手な声明はアメリカの大統領だったビル・クリントンのものであり、彼は声明で、「今日私た

ちは、神が生命をつくるために使った言語を手に入れたのだ」と表現した[3]。ひとりの政治家が、科学技術の成功の瞬間に神を引き合いに出すのを聞いて、このプロジェクトで主要な役割を果たした科学者たちが心の中で何を感じたかは、もちろん想像することしかできない。幸いなことに、多くの研究者はとても遠慮がちで、特に有名人やTVカメラの前ではなおさらのこと、動揺を表に出した人はほとんどいなかった。

マイケル・デクスターは、ヒトゲノム計画に莫大な資金を投じたウェルカム・トラストの所長だった。彼の場合、あまり神への畏敬の念を抱かなかったのか、ドラフト解読の完了がはっきりした際、次のように述べている。「これは現代においてだけでなく、人類史に残る偉業である[4]」。

人類に与えた衝撃という意味で、ヒトゲノム計画がほかの多くの発見に匹敵するものであると考えるのは、おそらくあなただけではないだろう。火、車輪、ゼロの発見やアルファベットの発明などがすぐに思いつくが、もっと別のリストを思い浮かべているかもしれない。一方、ヒトゲノム計画が成功すれば、すぐにヒトの病気の治療が変わるなどという人もいたが、まだその期待に応えられていないという主張もある。たとえば、イギリスの科学大臣だったデイビッド・セインズブリー卿は、「いま、私たちがこれまで医学に望んできたすべてを実現する可能性を手にしたのだ」と述べていた[5]。

しかし、ほとんどの科学者はこのような主張をそのまま鵜呑みにすべきではないということを知っている。なぜなら、私たちは遺伝学の歴史からそれを教えられてきたからである。いくつかよく知られた遺伝病を考えてみてほしい。デュシェンヌ型筋ジストロフィーはきわめて悲惨な病気で、患者の少年は徐々に筋肉を失い、身体能力が低下して動けなくなり、たいてい青年期のうちに亡くなる。嚢《のう》

胞性《ほうせい》線維症は遺伝性の疾患で、肺が粘液を除去できず、患者は生命を脅かすような重篤な感染症を引き起こしやすい。一部の嚢胞性線維症の患者は、現在では40歳くらいまで生きられるが、これは毎日肺の中をきれいにする徹底的な治療を行い、さらに大量の抗生物質を投与した場合だけである。

デュシェンヌ型筋ジストロフィーの原因遺伝子は1987年に、嚢胞性線維症の原因遺伝子は1989年に発見された。ヒトゲノムの解読が完了する10年以上前に、病気の原因となるこれらの遺伝子の変異が明らかにされ、しかもそれから20年以上経ったいまでもまだ有効な治療法がないのである。このように、ヒトゲノムの配列を知ることと、病気の治療法を開発することの間に大きな隔たりがあるのは明らかである。その病気の原因に複数の遺伝子が関与している場合、あるいは遺伝子と環境の相互作用が原因であったりする場合はなおさらである。実際に、多くの病気には複数の遺伝子や環境要因が関わっている。

しかし、先ほど引き合いに出した政治家たちの声明にあまり厳しい目を向けるべきではないだろう。科学者自身もかなり多くの宣伝をしてきたのだから、そのそしりを免れないはずである。もしあなたが30億ドル近い資金を財務担当の部局に要求するとしたら、かなり強力な売り込みをしなければならないだろう。ヒトのゲノム配列を知ることはそれ自身で完結するものではなく、科学的な試みとして重要なものである。ヒトゲノムの解読は、基本的なインフラを整備するためのプロジェクトであり、逆にそれなしではほかの膨大な数の疑問が解明されないのだ。

もちろん、ヒトのゲノム配列はひとつだけではない。その配列は個人個人で差がある。2001年の段階で、100万塩基対のDNA配列を解読するのに最低でも5300ドルかかっていたが、

2013年4月までにそのコストは6セントにまで下がった。つまり、もしあなたが2001年当時、自分自身のゲノムを解読しようとしたら、9500万ドル（約110億円）あまりのお金がかかっていたことになる。それがいまなら同じ配列を6000ドル（約70万円）以下で解読することが可能となり[6]、少なくともある会社は「1000ドルゲノムの時代が来た」と宣伝している。[7] DNA配列の解読にかかるコストが劇的に下がったおかげで、いまでは個人差の程度を調べるのがとても容易になり、それが多くの恩恵をもたらしている。たとえばアメリカのアーミッシュ（移民当時の生活様式を守っている宗教的な集団）のように遺伝的に隔離された集団で、少数の人にだけ重い病気を引き起こすまれな変異を見つけ出すことができる。[8] 患者のがん細胞のDNA配列を調べて、がんの進行を促進する変異を見つけ出すことも可能である。場合によっては、患者は自分のがんに合った治療を受けられるようになる。[9] また、人類の進化と移動に関する研究は、DNA配列を調べることで大きく進展した。[10]

▼ねえ、私の遺伝子はどこにあるの？

しかし、ここで述べたような話に至るのはまだはるか先のことだった。2001年の大騒ぎの最中、研究者たちはヒトゲノムの配列データを詳しく調べながら、次のような単純な問題を考えていた。すべての遺伝子はいったいゲノム全体のどこにあるのか？ 細胞や個体で働いている、すべてのタンパク質をコードする配列はどこにあるのか？ 自然界でヒトくらい複雑な生物種は存在しない。都市を造る、芸術を創造する、農作物を育てる、あるいは卓球をするような種はほかにない。もちろん、このような特徴を挙げることで、私たち人類が本当にほかの種よりも優れて・い・る・といえるのか、という

哲学的な議論があるかもしれない。しかし、このような議論ができるという事実からして、私たちが地球上のほかの種に比べてより複雑であるということは明らかである。

私たちの複雑さや洗練された特徴を説明する分子的な要因は何なのか？　多くの人は、その要因は私たちの遺伝子にあるだろうと考えていた。線虫、ハエ、あるいはウサギなどの単純な生物種に比べて、ヒトはタンパク質をコードする遺伝子をもっとたくさん持っていると期待されていた。

ヒトのゲノム配列のドラフトが公開されるまでに、ほかの多くの生物のゲノム配列が決定されていた。研究者たちは、ヒトに比べて小さく単純な生物に注目し、2001年までにウイルス数百種、細菌10種、単純な動物2種、菌類1種、植物1種のゲノム配列を決定した。彼らはこれらの種のデータとほかの実験手法によるデータを合わせて、ヒトゲノムにどれくらいの数の遺伝子が見つかるか推測していた。予想された数は3万から12万と幅があり、かなり漠然としたものだった。マスメディアでは約10万という数字がよく見られたが、これも確証のある数ではなかった。ほとんどの研究者は4万くらいが妥当な数字だろうと考えていた。

しかし、2001年の2月にヒトゲノム配列のドラフトが公開されたとき、10万はおろか、4万ものタンパク質コード遺伝子を見つけることはできなかった。セレラ・ゲノミクス社の研究者は2万6000のタンパク質コード遺伝子を見出し、暫定的にさらに1万2000の遺伝子を同定した。一方、公的コンソーシアムの研究者は2万2000の遺伝子を見つけ、全体では3万1000の遺伝子が存在していると予想した。ドラフトの配列が発表されるまでの数年の間に、その数は一貫して減り続け、いまではヒトゲノムは約2万のタンパク質コード遺伝子を持つということが一般的に受け入

れられている。[11]

ドラフトの配列が公開されたとき、その遺伝子の数に科学者たちがすぐに納得しなかったというのは変だと思うかもしれない。しかし、遺伝子を同定するには配列データを解析する必要があり、口でいうほど簡単な作業ではないのだ。遺伝子は個別に色分けされていたり、遺伝子ごとに異なる遺伝子暗号が使われていたりするわけではない。タンパク質コード遺伝子を見つけ出すには、その配列がひと続きのアミノ酸をコードするか、といった配列の特徴を調べる必要がある。

第2章で見てきたように、タンパク質コード遺伝子はひと続きのDNA配列から構成されているわけではない。タンパク質コード領域はジャンクによって分断され、ブロック単位の配列で構成されている。一般的に、遺伝学的研究のモデル生物としてよく知られているハエや*C. elegans*とよばれる線虫などと比べて、ヒトの遺伝子はかなり長い。しかし、ヒトのタンパク質は、ハエや線虫で同じ働きをするタンパク質と大きさはほぼ同じである。極端に大きいのは、ヒト遺伝子の中に割り込んで存在するジャンクであり、タンパク質をコードする部分ではないのだ。ヒトにおけるこれらの介在配列は、単純な生物に比べて10倍もの長さを持つ場合が多く、中には何万塩基対という長さのものまである。

このようなジャンクが存在するため、ヒトのゲノム配列の中にある遺伝子を解析する際には、意味のある配列と意味を持たない配列を見分けるのに大変な労力を要する。ひとつの遺伝子の中ですら、タンパク質をコードする小さな領域が長大なジャンクに埋もれて存在している。

最初の問題に戻ることにしよう。もし私たちのタンパク質コード領域がハエや線虫と似ているのであれば、なぜヒトはこれほどまで複雑な生物なのか？　そのひとつの説明としては、第2章で見てき

たスプライシングがある。単純な生物の細胞に比べて、ヒトの細胞はひとつの遺伝子から非常にたくさんの種類のタンパク質を生み出すことができる。ヒトの遺伝子の60%以上が、スプライシングのパターンの違いによって複数の産物をつくり出している。図2・5をもう一度見てほしい（26ページ）。ヒトの細胞はひとつの遺伝子から、DEPARTING, DEPART, DEAR, DART, EAT, PARTINGというタンパク質をつくり出すことができる。これらのタンパク質は、組織によって異なる割合でつくることも可能である。たとえば、脳ではDEPARTING, DEAR, EATの3種類が大量につくられ、腎臓ではDEPARTINGとDARTしか発現していないかもしれない。さらに、腎臓の細胞ではDEPARTINGに比べてDARTが20倍も多く発現しているかもしれない。下等な生物の細胞ではDEPARTINGとPARTINGしかつくり出せず、しかもその発現量の比は、異なる細胞間でほとんど変化していないかもしれない。ヒトの細胞はこのようなスプライシングの柔軟性によって、下等な生物に比べてはるかに多様なタンパク質を生み出すことができるのである。

ヒトゲノムを解読していた研究者たちは、ヒトの複雑性を説明できるような、ヒトに特化したタンパク質コード遺伝子が存在するものだと考えていた。しかし、実際はそうではなかった。ヒトのゲノムにはだいたい1300個の遺伝子ファミリーが存在している。これらの遺伝子ファミリーのほとんどは、最も単純な生物から生物界に広く存在している。そのうち約100個の遺伝子ファミリーは脊椎動物に特有のものだが、これらの遺伝子でさえ脊椎動物が進化する過程のかなり初期に生み出されたものである。これらの脊椎動物特有の遺伝子ファミリーは、病原体の感染を記憶する免疫系、洗練された脳神経間の結合、血液凝固、細胞間のシグナル伝達といった複雑な生命現象と関わっている。

タンパク質をコードする私たちのゲノムは、巨大なレゴ・キットを使ってつくられた物にたとえられるかもしれない。ほとんどのレゴ・キット、特に大きなスターター・セットには限られた形や種類のブロックが入れられている。三角形、四角形に加えて、斜めに傾いたものや、おそらくアーチ型のブロックも数個入っているだろう。さまざまな色、形、厚さのブロックがあるが、基本的にはどれも似ている。これらのブロックを使って、あなたはブロック2個でできた階段から一軒の家まで、ほとんどすべての基本的な構造をつくることができる。きわめて特別な物、たとえば「スター・ウォーズ」に出てくるデス・スターのような構造をつくるときだけ、基本的なレゴのブロックとはピッタリ合わない特殊な形状のブロックが必要になる。

生物の進化を通じて、ゲノムは標準的なレゴのセットを組み合わせることで発達し、きわめてまれなときにだけまったく新しい物をつくり出してきた。したがって、ヒトの複雑性はヒトだけが持つ特別なタンパク質コード遺伝子によって説明することはできない。そもそも、私たちはそのような遺伝子を持っていないのだ。

しかし、ヒトゲノムのサイズをほかの生物と比べてみたとき、奇妙な特徴が浮き彫りになる。**図3・1**を見てほしい。ヒトゲノムのサイズが線虫のゲノムサイズに比べてはるかに大きく、酵母と比べるとさらに大きいことがわかる。しかし、タンパク質コード遺伝子の数を考えた場合、その差はそれほど大きなものではない。

これらのデータは、ヒトゲノムがきわめて膨大な量の、タンパク質をコードしていないDNAを含んでいることを如実に示している。私たちの遺伝物質の98％は、タンパク質という、細胞や個体の中

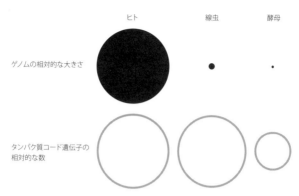

図3.1 上の図では、ヒト、顕微鏡下でミミズのように見える線虫、そして単細胞の酵母のゲノムサイズを円で表している。ヒトのゲノムサイズは単純な生物に比べてはるかに大きい。下の図は、3つの生物種におけるタンパク質コード遺伝子の相対的な数を示している。ヒトとほかの2種類の生物との差が、上の図と比べてとても小さい。つまり、ヒトゲノムの相対的なサイズの大きさは、タンパク質コード遺伝子の数という観点だけでは明らかに説明できない。

できわめて重要な働きをしていると考えられている分子をつくり出すための鋳型としては働いていない。では、なぜ私たちはこんなに大量のジャンクを持っているのか？

▼毒を持つ魚と遺伝的絶縁体

そもそもこの疑問自体が見当違いという可能性がある。ジャンクは生物学的な機能や重要性を持っていないのかもしれない。何かが存在しているからといって、存在する理由があると考える方が間違っている場合もある。ヒトゲノムの付録は、先祖から受け継いだ、まったく役に立たないただの進化的遺物にすぎないのかもしれない。2001年当時、多くの研究者はヒトゲノムのジャンクDNAの大半はこのような遺物だと考えていた。

このような主張の根拠のひとつは、フグという興味深い魚の研究に由来する。フグは注目に値する生き物である。彼らは動きが遅く、泳ぎも不器用で、捕食者

第3章　44

からうまく逃れることができない。危険に遭遇すると、大量の水を体内に取り込んで丸く膨らみ、トゲで覆われた体で威嚇する。もし膨らました体やトゲで捕食者の攻撃を止められなかったとしても、彼らの体内にはシアン化合物の1000倍以上も強力な毒がある。このため、フグには悪名高い一面もある。日本ではフグはごちそうと見なされているが、素人の調理によって食べた人が命を落とすことがあるため、数々の逸話がある。

遺伝学者はフグという生き物、少なくともそのゲノムDNAをとても気に入っている。特にトラフグ（*Fugu rubripes*）とよばれる種は、脊椎動物の中で最もコンパクトなゲノムを持っている。フグのゲノムサイズはヒトのたった13％しかないのに、脊椎動物一般に存在するすべての遺伝子を含んでいるのだ。[12] フグのゲノムサイズがそこまで小さいのは、ジャンクDNAをあまり持っていないためである。DNA配列を解読するのにお金がかかっていた時代、ゲノムを比較解析する際に、フグのゲノムはとても役に立った。そもそも、フグのゲノムはジャンクを少ししか含んでいないため、ほかの生物に比べて個々の遺伝子を見つけるのがとても容易だったのだ。ヒトゲノムの解析では、どこが有意な配列でどこが意味のない配列かを見極めるのにとても苦労したが、フグではそのような問題はなかった。トラフグのゲノムの中で遺伝子は簡単に見つかり、私たちヒトのようなノイズだらけのゲノムから似た遺伝子を探し出すのに、そのフグの遺伝子の配列が使われたのである。

フグという生物は、ジャンクDNAをわずかしか持っていないにもかかわらず生き物としては成功している。この事実から、ヒトゲノムの中でタンパク質をコードしていない領域、いわゆる非コード領域は、ゲノムに寄生するただの利己的なDNA要素ではないかと考えられた。[13] しかし、これは必ず

しも論理的な予測とはいえない。ある物がひとつの種で明らかな機能を持たないからといって、すべての種で無意味ということにはならない。通常、進化は限られたレパートリーの要素を組み合わせていることから（レゴのキットを思い出してほしい）、新しい機能を獲得するために何らかの既存の特徴が取り入れられる傾向がある。それゆえ、ジャンクDNAがほかの生物種、特にもっと複雑な生物において何らかの役割を果たしていることは十分考えられる。

細胞がこれだけ大量のジャンクDNAを抱えるには、それ相応のコストがかかっているということも念頭に置くべきである。ヒトの体のすべての細胞は、卵と精子が融合してできた1個の細胞である受精卵から始まる。この1個の細胞が分裂して2つの細胞になる。この2個の細胞が分裂して4個になり、この過程が繰り返されていく。成人のヒトの体は約50～70兆の細胞から構成される。この膨大な数をイメージするのは難しいので、次のように考えてみよう。個々の細胞を1ドル札として50兆ドル分の紙幣を積み重ねると、地上から月まで達して半分戻ってくるぐらいの高さになる。

これだけ多くの細胞を生み出すためには、最低でも46回は細胞分裂をする必要がある。そしてその細胞分裂のたびに、細胞は自分のすべてのDNAをコピーすることから始めなければならない。もしDNAの2％足らずが重要であり、残りの98％が役に立たない単なるジャンクだとしたら、いったい全体進化の過程は、なぜ98％ものジャンクを保持したままなのか？　確かに、私たちが先祖から受け継いだもののすべてが、種の進化に有利に働いたものの証拠だと考えることはできるかもしれない。しかし、莫大な資源とエネルギーを使って、機能を持つ1塩基対と一緒に無意味な49塩基対をコピーするのは、冗長の度が過ぎているように見える。

ヒトゲノムがこれだけ多くのDNAを保持している理由について、ヒトゲノム配列の解読が完了するよりも前にある仮説が提唱されていた。当時すでに、私たちのゲノムのかなりの部分がタンパク質をコードしていないということが認識されていた。その仮説とは「インスレーション（絶縁）仮説」である。

いまあなたが腕時計を持っているとしよう。ただの古い腕時計ではなく、たとえばパテック・フィリップのビンテージで、数億円で取引されるような恐ろしく高価な腕時計である。そこへ、怒り狂って、重たい鉄の棒を手にした体の大きな暴漢が近づいてくるとする。あなたは腕時計を部屋に残して出て行かなくてはならず、ある選択肢を与えられる。この暴漢が部屋に入るのを止めることはできないが、腕時計を置いていく部屋を選ぶことはできる。その選択とは次のようなものである。

(A)　時計を置くためのテーブルが1つあり、そのほか何もない小さな部屋

(B)　長さ5メートル、厚さ20センチメートルの屋根裏用の断熱材（インスレーション）が50ロール置かれた大きな部屋で、その中のどれかひとつのロールの奥深くに時計を隠すことができる

腕時計が壊される可能性を最小限にするために、どちらを選択すればよいかというのは、それほど難しい問題ではないだろう。ジャンクDNAに関するインスレーション仮説は、これと同じ前提に基づいている。タンパク質をコードする遺伝子は信じられないほど重要である。それらの遺伝子領域は、

進化の過程で変化しないように強い制約を受けるため、個々のタンパク質コード配列はどんな生物でも最適の状態に保たれる。タンパク質の配列を変化させるようなDNAの変異（塩基対の変化）が、タンパク質をより効率よいものに変えることはまずあり得ない。変異はタンパク質の機能や活性を阻害して、マイナスの結果をもたらす可能性が高い。

問題は、私たちのゲノムがつねに環境から損傷を受ける危険にさらされているということである。チェルノブイリや福島の原子力発電所の事故で放出された放射性物質が、ゲノム損傷を引き起こす要因として懸念されていることを考えたら、いま現在私たちが直面している問題だと理解できる。しかし実際には、ゲノムの損傷は人類という種の存続にずっと関わってきた問題である。太陽光の中の紫外線から、食べ物の中の発がん物質、あるいは花崗岩（かこう）から発生するラドンガスまで、私たちはつねにゲノムを傷つける潜在的な脅威に脅かされてきた。これらの脅威はそれほど問題にならないときもある。もし紫外線が皮膚細胞に変異をもたらし、その変異によって細胞が死んだとしてもそれは大したことではない。皮膚細胞はたくさん存在し、細胞が死んでもすぐに新しい細胞に交換されるため、多少細胞が失われたところで大きな問題にはならない。

しかし、変異によってその細胞がまわりの細胞よりも優位に生存できるようになったら、それは潜在的ながんが発生するためのステップとなり、きわめて深刻な結果になり得る。たとえば、毎年アメリカでは7万5000人以上の人が新たにメラノーマ（悪性黒色腫）と診断され、それが原因で毎年約1万人が亡くなっている。[14]紫外線を過度に浴びることが、このがんの発生のおもなリスク要因となっている。進化的な観点からいえば、もしそのような変異が、子孫へ伝えられる卵や精子のゲノムで起

きたら、その影響はさらに深刻になる。

私たちのゲノムが、つねに激しい攻撃にさらされていることを考えると、ジャンクDNAのインスレーション仮説はじつに魅力的に見える。50塩基対のうち、49塩基対がジャンクで1塩基対だけがタンパク質をコードするために重要なのであれば、DNA分子を傷つける損傷刺激が重要な領域に起きる確率は50分の1になる。

この考えに従うと、なぜヒトのゲノムが、**図3・1**に示すように線虫や酵母のような単純な種に比べて大量のジャンクDNAを持っているかという疑問にも答えられる。線虫や酵母の生活環（1世代の時間）は短く、数多くの子孫を残すことができる。彼らの費用対効果は、ヒトのように生殖に長い時間がかかり、しかも少ない数の子孫しか残さない種のものとは異なっている。線虫や酵母にとって、タンパク質コード領域をぜいたくに保護するために大きな労力を費やすのはあまり意味がない。もし彼らの子孫のほんの一部に環境への適応性が減少するような変異が入ったとしても、残りの大多数にとっては問題ないからだ。しかし、もし自身の遺伝物質を子孫に受け渡す機会がわずかしかないとしたら、タンパク質コード領域を保護することは進化的な観点から見て理にかなっている。

これまで見てきたように、自然界は適応なくしてはあり得ない。それゆえ、たとえインスレーション仮説が理にかなっているとしても、別の新たな疑問が生まれる。タンパク質コード領域を隔離するということが、ジャンクDNAの唯一の役割なのか？　また、この隔離に働くすべての要素はそもそもどこから来たのだろうか？

第4章

招待されたところで長居する

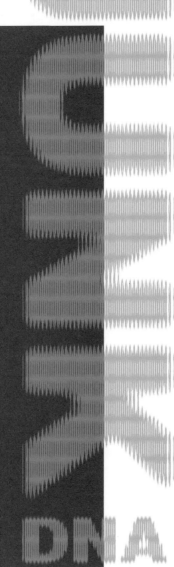

第4章 招待されたところで長居する

イギリスの学校に通う子どもは誰でも1066年という年号をよく知っている。この年は、現在フランス領のノルマンディーから来た征服王ウィリアムと彼の軍隊が、イギリスを侵略した年である。侵略者は家族を連れてその地に留まり、人口を増やしながら影響力を広げていった。最終的に彼らはイギリスに溶け込み、イギリスの政治、文化、言語に深い影響を及ぼした。

アメリカの学校に通う子どもは1620年という年号をよく知っている。この年は、メイフラワー号がコッド岬に錨《いかり》をおろし、ヨーロッパ人が北アメリカに移住する大きなうねりをもたらした年である。500年以上前にイギリスに渡ったノルマン人のように、初期にアメリカに移住した人々は急速に数を増やして、その地の様相を一変させた。

同じような出来事が、何千年以上も前にヒトゲノムでも起きたのである。ヒトゲノムは外から来たDNAに侵略され、その侵略者は大量にその数を増やし、最終的に私たちのゲノムにおいて欠くことのできない遺伝的要素になった。現在この外来因子は、私たちのゲノムの中で化石のような記録として残り、その記録はヒト以外のほかの種の記録と比較することができる。しかし、いまではほとんど動かなくなったように見えるこれらの外来因子は、タンパク質コード遺伝子の機能にも影響を及ぼし、

私たちの健康や病気を左右し得る存在である。

このような外来因子はタンパク質コード遺伝子の発現に影響を与えることができるが、それ自身はタンパク質をコードしていない。それゆえ、これらの外来因子はジャンクDNAの一例である。

ヒトゲノム配列のドラフトが公開されたとき、これらの遺伝的侵略者がどれだけ幅広く私たちのゲノムDNA中に広まっているか明らかにされたのだが、それは驚くべき量だった。[1] ヒトゲノムのじつに40％以上がこれらの外来因子によって構成されているのだ。このような因子は「散在反復配列」とよばれ、おもに4つの種類がある。*1 その名前から推測できるように、これらは特定の配列が繰り返されたDNAである。その実際の数は驚異的である。ヒトゲノムにはこれらの散在反復配列が400万以上も存在している。ひとつの種類だけとっても、ゲノム中に85万回も繰り返して存在し、私たちのゲノムDNAの20％以上を占めているのだ。

これらの配列の大部分は、過去にゲノムの中でそれ自身の数を増やす方法を獲得したのだ。多くの反復配列は、エイズの原因となるウイルスと同じような方法を使って増幅する。その基本的なしくみを**図4・1**に示している。これは、ある細胞内の配列が何度も繰り返しコピーされ、またゲノムに挿入される機構である。これは増幅サイクルを生み出し、その結果、反復配列がゲノムのほかの領域に比べて急速に数を拡大することになる。

反復配列は、いわゆるコピー&ペーストと同じ過程を経ることになる。このようなしくみによって、反復配列は私たちの染色体の至るところに広がることができたのだ。

このような増幅の結果、私たちのゲノムは膨大な数の反復配列を持つことになった。問題は、これ

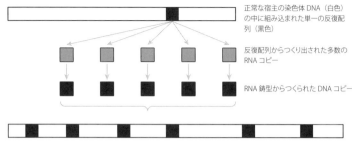

図4.1 単一のDNA要素がコピーされて多数のRNA分子がつくられる。比較的まれな過程によって、これらの複数のRNA分子がDNAへと逆にコピーされ、ゲノムに再挿入される。このしくみによってこれらの反復配列は数を増大させる。このような増幅が進化の初期に何回も起きたと考えられているが、ここではわかりやすいように1回の増幅だけ示している。

が実際に憂慮すべきことかという点である。これらの配列は何か影響を及ぼすのか？　ただゲノムの中に入り込んだだけの相乗り客なのか？　有益、あるいは有害な影響をもたらす存在なのだろうか？

この疑問を考える際にはさまざまな見方がある。進化的な観点から見れば、ほとんどの反復配列はとても古い存在である。ほかの動物の記録との比較によれば、ほとんどの反復配列は、哺乳動物がほかの動物から分岐するより前、1億2500万年以上も前に現れたことが示されている。少なくとも、ある種の反復配列では、私たちの祖先が旧世界ザル（オナガザルなどのアジア南部やアフリカに分布するサルの分類）から分かれた約2500万年前から新しい挿入は起きていない。したがって、ヒトゲノムの中で反復配列が爆発的に増幅したのは遠い過去の出来事だったように思われる。その後、その数は大きく増えていない。これらの反復配列の数には、私たちのゲノムが許容できる上限があるのかもしれない。しかし、いったん増えて定着した反復配列は、非常にゆっくりとしかゲノムから取り除かれないようにも見える。これは、

第4章　54

反復配列の数がこの上限を超えない限り、私たちはその存在を許容できるということを示唆している。
　しかし、ヒトのゲノムがそのような反復配列に対処してきた方法は、ほかの生物種と比べると幾分違っているように見える。一般に哺乳動物は、ある種の反復配列について、ほかの生物種より多様な種類を持っているようだ。しかし、哺乳動物のゲノムの中では、これらの反復配列は長い間ゲノムに入り込んだままのとても古い配列である。ほかの生物では、古い反復配列はある程度ゲノムから取り除かれ、新しい反復配列がそれに取って代わってきた。ヒトゲノム配列のドラフトを発表した著者らが計算したところ、機能を持たないＤＮＡ配列の半減期（半分が失われるまでにかかる時間）は、ショウジョウバエでは約１２００万年だったのに対し、哺乳動物では約8億年という計算結果になった。
　しかし、ほかの哺乳動物と比べてもヒトは特別に見える。哺乳動物の種の数が拡大してから、ヒト科の系統の中では反復配列の数はむしろ減少してきた。このような減少は齧歯《げっし》類では起きていない。ヒトゲノム中の大部分の反復配列は、もはやコピー&ペーストによって増えることはない。基本的に、反復配列は霊長類より齧歯類の中でより活動的である。
　おそらくその結果として、反復配列はヒトよりマウスでより深刻な問題を引き起こすのだと考えられる。反復配列がゲノムの中で複製、再挿入されると、機能を持ったタンパク質コード遺伝子の中、あるいはその近傍に挿入されて、その遺伝子の正常な機能を阻害する恐れがある。その結果、正しいタンパク質の発現が妨げられる、あるいは、タンパク質の過剰な発現が促進されるかもしれない。マウスの場合、反復配列が新しいゲノム領域に挿入されて、新しい遺伝性の症状が引き起こされる確率は、ヒトに比べて60倍も高い。マウスにおける新しい遺伝性変異の約10%は、このような反復配列の

挿入によるものである。一方ヒトでは、600の遺伝性変異のうち1例だけである。哺乳動物の親戚である齧歯類と比較して、私たちヒトは自身のゲノムをより厳しく管理しているように見える。

▼危険な反復

マウスでは、反復配列の挿入によって比較的頻繁に遺伝性変異が起きることを考えると、反復配列がヒトで厳密に管理されているということは幸いである。実際そのような変異によって、尾がなくなってしまったマウスがいる。それだけならあまり大きな問題ではないかもしれないが、そのマウスでは腎臓の発達も異常になるので、実際にはかなり深刻な状況である。[2] これは、反復配列の挿入によって近くの遺伝子が過剰に発現したのが原因である。別のマウスの系統では、中枢神経で働く重要な遺伝子のスイッチが、反復配列の挿入によってオフになっている。その結果、生まれた子どもは触れられるとけいれんを起こし、約2週間しか生きられない。[3]

反復配列の持つ潜在的な影響については、反復配列の挿入がほとんど起きていないゲノム領域を見るという、正反対のアプローチからも同じような結論を導くことができる。

複雑な細胞群によって構成される生物において、その発生を正しく進めるために重要な、*HOX*クラスターとよばれる一群の遺伝子がある。発生において、このクラスターの遺伝子は決まった順番でオンになり、きちんとした調節を受けて発現される。もしこの順序が狂うと深刻な影響がもたらされる。この*HOX*クラスターの重要性は、最初にショウジョウバエで明らかにされた。これらの遺伝子に変異を持つハエは、きわめて異常な特徴を示す。その中で最も有名な例は、本来触角が生えている

頭部に触角がなく、代わりに一対の足が生えている変異体である。[4]

ハエと同様に哺乳動物においても、正しい体のパターンをつくり出すために*HOX*遺伝子の適正な発現パターンを必要としている。この*HOX*クラスターの変異がヒトで見つかることはまれである。おそらく、これらの遺伝子はとても重要で、多くの変異は致死的な影響をもたらすためだと考えられる。ただし、少なくともある*HOX*遺伝子の変異によって、四肢の端部の異常が引き起こされることが明らかにされている。[5]

*HOX*クラスターは、ヒトゲノムの中でほぼ完全に反復配列の挿入を免れている数少ない場所のひとつである。この事実は、たとえ比較的無害に見える遺伝的侵略者であっても、遺伝子発現に影響を与える可能性があり、それらを寄せつけないように進化してきた遺伝子領域があることを示唆している。*HOX*クラスターに反復配列が入り込んでいないという特徴は、ほかの霊長類や齧歯類でも確認されている。

ゲノム中に散在する反復配列が、予想もしない結果をもたらす場合がある。私たちのゲノムには、「内在性レトロウイルス」とよばれる特殊な反復配列がある。よく知られたレトロウイルスの例として、エイズの原因となるヒト免疫不全ウイルス（HIV）がある。このようなウイルスは、その遺伝物質としてDNAではなくRNAを持つという特徴がある。ウイルスRNAは細胞の中でDNAに変換され、感染した細胞（宿主細胞）のゲノムに挿入される。宿主細胞はそのDNAを自身のDNAのように扱い、新しいウイルスの部品をつくり、さらに新しいウイルス自身をも生み出す。

私たちヒトの進化史のはるか昔、いくつかのレトロウイルスが私たちのゲノムの中に完全に居座る

ようになった。現在その多くはゲノムの化石となっている。配列の一部が失われてしまったりして、二度とウイルス粒子をつくり出すことができないのだ。しかし、新しいウイルスをつくるのに必要なすべての要素を持ち続けているウイルスもある。このようなウイルスは、通常細胞の中で厳密に抑制されている。[6]私たちの免疫系は、外界から感染したウイルスを撃退するだけでなく、このような内在性のウイルスを監視する役割も果たしている。正常な免疫系の一部の機能を欠いた遺伝子改変マウスでは、ゲノムに潜んだ内在性ウイルスが再活性化するという問題が引き起こされるのだ[7]。

この内在性レトロウイルスの制御は、ヒトの健康に関するある取り組みについて、それが成功するかどうかの鍵をにぎっている。毎年、臓器移植の順番待ちリストに登録された人が何千人も亡くなっている。これは臓器提供者（ドナー）の数が、移植を望む人に比べて圧倒的に少ないためである。たとえば、心臓移植によって助かる見込みのある3人に1人は、順番待ちリストに名前がある間に亡くなっている[8]。

この問題を解決するひとつの方法として、移植用の臓器にヒト以外の動物の心臓を使うことが考えられている。これは「異種移植」とよばれており、心臓移植の場合、最適な動物はブタである。ブタの心臓はヒトの心臓とだいたい同じ大きさと強度を持っているからだ。

もちろん克服すべき技術的な課題はたくさんある（さらに、ブタを使うことを問題とする宗教もあるために倫理的な問題もある）[9]。いくつかの問題は、ヒトの心血管系にブタの細胞を導入した際に起きるが、これは遺伝子改変させたブタをつくり、激しい免疫応答が起きないようにすることで解決できる。しかし、また別の問題がある。ヒトと同じように、ブタのゲノム中にも内在性のレトロウイルスが存在

し、それはヒトのウイルスとは異なっているのだ。20世紀の終わり頃に行われた研究によれば、一部のブタのレトロウイルスが、実際にある条件下でヒト細胞に感染できることが明らかにされている[10]。
研究者たちが心配しているのは次のような話である。ブタの心臓を移植された人は、外来組織の拒絶を抑制するために免疫抑制剤の処方を受けることになるだろう。免疫が抑制されれば、内在性レトロウイルスの再活性化が起きるに違いない。ヒトの免疫系は、共存している内在性レトロウイルスを制御するために進化してきた。しかし、その免疫系はブタゲノムに潜んでいる内在性レトロウイルスを制御するには不十分かもしれない。理論的には、内在性のレトロウイルスがブタの心臓から抜け出して、移植を受けた人の細胞に侵入する可能性がある。さらに、そのウイルスは移植された人から広く一般大衆にまで広がるかもしれない。
最近のデータによると、このようなことが起きるリスクは過去に大げさに心配されていたほど高くないことが示唆されている[11]。しかし、もし異種移植が現実的なものになれば、ジャンクDNAは厳しく監視しなければならない領域になるのは間違いない。
ゲノムに存在するほかの反復配列は、もっと直接的な形で健康上の問題を引き起こす。私たちのゲノムには、ヒトの進化史の比較的最近になってから重複した、数百あるいは数千塩基対に及ぶような大きな領域がある。オリジナルの領域と重複によってできた領域は、ゲノムのかなり離れた場所にあり、ときには異なる染色体上に存在することさえある。
卵や精子が形成される際、これらの領域が原因で問題が起きる場合がある。卵や精子の形成に際して、「染色体交差」とよばれるとても重要な過程がある。母親から受け継いだ染色体と父親から受け

継いだ相同な染色体がペアをつくり、お互いDNAを少しずつ交換する。この方法によって生物は遺伝子を混ぜ合わせ、遺伝子プールのバリエーションを増やしているのだ。もし反復配列の重複によって、よく似た配列が離れた染色体上の領域に存在すると、本来遺伝物質の交換をしないような場所で染色体交差が起きることがある。その結果、ある部分のDNAを余計に持ったり、あるいは重要な領域を失ったりした卵や精子が生み出されることになる。[12]

実際にこのようなことが起きると、ゲノムの不具合を受け継いだ人で疾患が引き起こされる。シャルコー・マリー・トゥス病はその一例であり、この患者では、感覚を伝えたり、運動の制御を行ったりする神経に異常が見られる。[13] もうひとつの病気はウィリアムス症候群とよばれ、典型的な所見として、発達遅延、低身長、軽度の知的障害や遠視、奇妙な行動特性がある。[14]

染色体交差の際に問題となるような重複領域には、複数のタンパク質コード遺伝子が含まれている場合が多い。それゆえ、異常な交差が起きてしまった患者において、非常に複雑な症状が現れるというのは、それほど驚くことではないかもしれない。複数の遺伝子の数が同時に変化すれば、複数の経路が影響を受ける可能性が高いからだ。

重複領域の存在によってこのような問題が引き起こされるのであれば、これらの重複領域がヒトの進化の過程で維持されてきたというのは奇妙に見えるかもしれない。しかし実際には、卵や精子を形成する細胞は染色体交差を首尾よく行い、染色体の別々の領域を混同したりすることはほとんどない。ゲノムDNAの重複は、進化の過程でヒトゲノムが急速に特定の遺伝子の数を増やすことを可能にする方法でもあり、これはとても有効な方法である。重複によって生じた予備の遺伝子コピーは、環境

に適応するための進化的材料になるかもしれない。タンパク質をコードする遺伝子配列が少し変化すると、元のタンパク質と似てはいるものの、機能の異なるタンパク質を生み出すことができる。哺乳動物は、嗅覚に関わる大きな遺伝子ファミリーの存在によってさまざまなにおいを嗅ぎわけることができるが、この遺伝子ファミリーの進化の過程にも遺伝子の重複が寄与している[15]。遺伝子重複は、ヒトゲノムが節約しながら進化してきたことを示す例でもある。ヒトゲノムは何か新しい機能の遺伝子やタンパク質をつくるとき、一からつくるのではなく既存のものを適応させて進化してきたのだ。

「1個買えば、もう1個おまけ」のゲノム版である。

▼ジャンクDNAによって有罪か無罪か決まる

本章でここまで議論してきたジャンク反復配列のほとんどは、かなり大きな単位からなっている。たいてい短くても100塩基対はあり、もっと長いものが多い。これは、ジャンク反復配列がゲノムの多くの部分を占めている理由のひとつでもある。しかし、たった数塩基対というようなもっと短い単位のジャンク反復配列があり、これらの配列は「単純反復配列」とよばれている。すでに見てきたように、脆弱X症候群、フリードライヒ運動失調症、筋緊張性ジストロフィーなどの病気で増幅する反復配列は、このような単純反復配列の例である。いずれの病気の場合でも、3塩基対の配列が何回も繰り返され、病気を発症する患者では、その繰り返しの数が許容範囲を超えるまで増幅されている。

このような短い配列からなる反復配列は、ヒトゲノムの約3％を占めている。これらの反復配列の長さは個人差がとても大きい。たとえばGTという2塩基対の反復配列が6番染色体にあったとしよ

う。私は、母親から8回繰り返しの反復配列（配列にするとGTGTGTGTGTGTGT）を持つ6番染色体を、父親からは7回繰り返しの反復配列を持つ6番染色体を受け継ぐ。一方、あなたは10回繰り返しを母親から、4回繰り返しを父親から受け継ぐといった具合である。

これらの単純反復配列は、個人の識別にきわめて有用なことが示されている。なぜなら、似たような反復配列はゲノムの至るところに存在し、それぞれの場所での繰り返しの回数は個人間で大きく異なっており、しかもその繰り返しの回数は、安価で感度の高い方法で容易に検出できるからである。

このような特徴から、単純反復配列は現在「DNAフィンガープリント法」とよばれる方法に応用されている。この方法によって、血液や組織のサンプルから個人を特定でき、親子鑑定や法医学に利用されている。後者の例としては、遺体の身元の特定、冤罪で有罪判決となり何十年も刑務所に入れられた人の無実の罪を晴らすことなどがある。アメリカでは300人以上の人がDNA検査によって無実だとわかって釈放されており、そのうち約20人は、死刑判決を受けていた人だった。[16] さらに、これらの約半数の事例では、DNAが証拠となって真犯人も特定されている。

小さなジャンクの働きとしては悪くない。

▼第4章注

＊1 散在反復配列の4つの種類は、SINE（short interspersed elements: 短鎖散在反復配列）、LINE（long interspersed elements: 長鎖散在反復配列）、LTR型レトロトランスポゾン（末端に反復配列「LTR（long terminal repeat）」を持つ）、DNAトランスポゾン、として知られている。

第5章

年をとるとすべてが縮む

第5章　年をとるとすべてが縮む

ダン・エイクロイド、エディ・マーフィ、ジェイミー・リー・カーティスの3人が主演する映画「大逆転（Trading Places）」は、1983年に大ヒットし、9000万ドル（約100億円）以上の興行収入を記録した[1]。これはコメディ映画だが、その背景には「遺伝子 vs 環境」という問題が見て取れる。成功はその人の遺伝的資質によるのか、それともその人が置かれた環境によるのか？　映画では、成功は環境による部分が大きいという結末で終わる。

同じようなことが私たちのゲノムでも起こり得る。個々の遺伝子は、細胞を維持するために比較的無難に役割を果たしている。それぞれの遺伝子は、細胞を維持するという目的に応じて適度にタンパク質をつくり出している。つくり出すタンパク質の量を制御するおもな要因は、その遺伝子自身ではなく、むしろその遺伝子が存在する染色体上の場所にある。

いま、ダン・エイクロイドが演じる登場人物がスラム街に行き着く、あるいはエディ・マーフィが演じる登場人物が豪邸に運ばれた自分に気づくように、遺伝子が新しい場所へ運ばれたとしよう。その遺伝子は、新しい遺伝的環境の中でもっとたくさんタンパク質をつくるような指令を受ける。大量につくり出されたタンパク質は、ふだんより早く分裂して増殖するように細胞を駆り立てる。これは

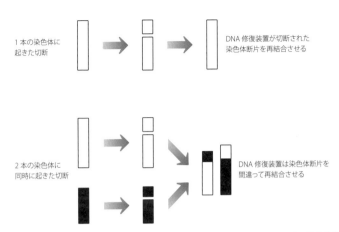

図5.1 上の図では、1か所の染色体切断が細胞によって修復される。下の図では、2本の染色体が同時に切断される。細胞内の修復装置は、どっちの切断がどっちの染色体で起きたか区別できないかもしれない。染色体が不適切につなぎ合わせられると、継ぎはぎ（ハイブリッド）の構造がつくられる。

がん化への一歩になり得る。遺伝子自身には何も悪いところはなく、その遺伝子が置かれた場所とタイミングが悪いのだ。

このような過程は、ひとつの細胞の中で2本の染色体が同時に切れたときに起きる。染色体が切れると、修復装置がすぐに切断点に向かって行き、2つの切断点をつなぎ合わせる。通常であれば、この修復の過程はかなり精巧に進められる。しかし、もし2本、あるいはそれ以上の本数の染色体が同時に切れると問題になる。図5・1に示すように、染色体の端と端が誤ってつなぎ合わされるかもしれない。これは、正しい役目を果たしているはずのおとなしい遺伝子が、不適切な場所に行って問題を引き起こすことになるしくみである。特に問題なのは、再編成された染色体が、細胞分裂が起きるたびにすべての娘細胞に受け継がれてしまうことである。このしくみが原因となって起きる疾患の最も有名な例は、バーキットリンパ腫とよばれる血液細胞のがんであ

り、このがんでは8番染色体と14番染色体の間で再編成が起きる。その結果、細胞の積極的な増殖を促進する遺伝子[*1]が高発現されることになる[2]。

幸いなことに、2本の染色体がまったく同時に切れるようなことはきわめてまれであり、むしろ異なるタイミングで切れることの方が多い。それゆえ、DNA修復装置は、修復の作業を素早く遂行するように進化してきた。つまり修復が早ければ早いほど、ひとつの細胞内に複数の切断点が同時に存在する確率は低くなるからだ。細胞が切断されたDNAを見つけたら、DNA修復装置はできるだけ早く働き始める。細胞は切れた末端を見つける機構を持つことで、素早く修復するという要求に対処してきた。

しかし、この機構はまた別の問題を生み出すことになった。私たちの細胞は46本の染色体を持ち、それぞれは線状である。言い換えれば、私たちの細胞はつねにそれぞれの染色体の端に相当する、92か所の染色体末端を持っていることになる。DNA修復装置は、正常な染色体末端と切断によって生じた異常な末端を見分けるしくみを持っていなければならない。

▼靴ひものようなDNA

細胞は、染色体の末端に特殊な構造を持つことでこの問題を解決している。ところで、あなたの靴はひもで結ぶようなタイプの靴だろうか？　そうだとしたら、ぜひその靴ひもを見てほしい。靴ひものそれぞれの端には、金属やプラスチックの小さな覆いがあるに違いない。この覆いは「アグレット」とよばれ、靴ひもがほどけたり端からほつれたりするのを防いでいる。私たちの染色体の端にもアグ

レットのような構造が存在し、ゲノムを安定に維持するのにきわめて重要な役割を果たしている。
染色体のアグレットは「テロメア」とよばれ、ある種のジャンクDNAからつくられている。テロメアのジャンクDNAは、さまざまなタンパク質と複合体を形成していることが知られている。ヒトのテロメアのDNAは、TTAGGという6塩基対の反復配列から構成され、この繰り返しがずっと続いている。[3] ヒトの新生児のへその緒から採取した血液細胞では、すべての染色体の両末端に、平均して約1万塩基対の長さの繰り返し配列が存在している。[4]
テロメアのDNAにはタンパク質複合体が結合していて、それらがテロメアの構造を維持するのに役立っている。テロメアとは、ジャンクDNAとそれと相互作用するタンパク質の複合体を指す言葉である。これらのタンパク質の重要性は、2007年にマウスを使った実験によってはっきりと示された。そのようなタンパク質のひとつをコードする遺伝子を完全になくしてしまうと、そのマウスの胎児は発生初期の段階で死んでしまうのだ。[*2]
このような遺伝子操作をしたマウスを調べてみたところ、多くの染色体がつながってしまっていることがわかった。それぞれの染色体の末端同士が連結されてしまっていたのだ。DNA修復酵素はテロメアをテロメアと認識できなくなってしまい、その代わり多数の染色体切断点に出会ったかのような反応を示して、末端をくっつけてしまったのである。その結果、遺伝子発現の制御は完全に狂ってしまう。染色体や細胞は機能を果たせなくなり、細胞死が引き起こされて、[*3] 最終的に発生が完全に止まってしまったのだ。
テロメアにはもうひとつ別の特徴があり、それは生物学一般や人の健康における大きな関心事でも

ある。1960年代、研究者たちは、研究室という環境下で細胞がどのように分裂するのか研究していた。彼らはがんの細胞株を使っていたのではなかった。がん細胞は、異常な変化によって不死化しているためである。その代わり、彼らは「線維芽細胞《せんいが》」とよばれる細胞を使って研究していた。線維芽細胞はさまざまなヒトの組織で見出される。それらの細胞は、細胞外マトリクスとよばれる糊《のり》のような物質を分泌し、細胞はこの細胞外マトリクスによってその場所に固定されている。たとえば皮膚のような組織から生検を採ってくれば、比較的容易に線維芽細胞を単離することができる。単離された線維芽細胞は、培養液の中で分裂して増殖する。当時の線維芽細胞を使った研究から見出されたことは、細胞は永久に分裂し続けることはない、ということであった。たとえ必要な栄養素や酸素がきちんと与えられていたとしても、細胞はある時が来ると分裂を止めてしまう。細胞は死んでしまったわけではなく、単に分裂を止めただけなのだ。この現象は「細胞老化」とよばれている[5]。

その後、細胞の持つテロメアが細胞分裂のたびに短くなっていくことが明らかにされた。細胞が分裂すると、その細胞の持つすべてのDNAは複製（コピー）される。そして、娘細胞は母細胞と同じ46本の染色体を受け継ぐ。しかし、染色体のDNAを複製するシステムは、染色体の末端では正しく機能することができないのだ。その結果、細胞が分裂を繰り返すたびに、テロメアはどんどん短くなる[6]。

しかし、これらの結果は、テロメアの短小化が実際に細胞老化の原因になっているということを実証したわけではない。テロメアの長さ（テロメア長）は細胞増殖の回数を示す単なる指標のようなものであり、細胞の振る舞いを変えるような役割は果たしていないということも十分考えられる。

このような考え方は、科学研究をするうえでとても重要である。ある2つの物事が相関していることを示す状況が数多くあるからといって、それらの間に因果関係があると無意識に考えるべきではない。たとえば次のような関係を考えてみるとよい。肺がんの発生と咳《せき》止めドロップの服用には強い関係が見られる。もちろん、咳止めドロップを服用したから肺がんになるわけではない。肺がんの初期症状のひとつにしつこい咳があり、そのような人は咳止めドロップを口にして、咳による不快感を軽減させようとしていたに違いない。

1990年代に、テロメアの短小化が実際に細胞老化を引き起こしていることが確かめられた。線維芽細胞のテロメアを長くすると、細胞は老化を回避し無限に増え続けることが確かめられたのである[7]。

テロメアは、私たちの残りの寿命を示す分子時計の役目を果たしていると一般に受け入れられている。ただし、すべての詳細が明らかにされたわけではなく、これはさまざまな理由で実験的に調べるのが難しいためである。そのひとつがテロメアの長さ（テロメア長）のバラツキである。各染色体の両端にあるとして、細胞内には92のテロメア領域があるが、どんな細胞でもすべてのテロメアがまったく同じ長さであることはない。このため、ひとつの細胞であっても個々のテロメア長を正確に計るのが難しく、ましてヒト全体ではなおさらである[8]。また、マウスはヒトのモデルとして有用だが、このマウスをテロメアと寿命の関係を研究するために使うのもかなり難しい。これは、齧歯《げっし》類はヒトに比べてとても長いテロメアを持っているからである。もちろん齧歯類の寿命はヒトよりずっと短く、この事実は、寿命を決定する要因はテロメアだけではないということを示している。しかし、数々の

証拠から、テロメアがヒトの寿命にとって非常に重要なことが示唆されている。

▼靴ひものメンテナンスをする

私たちの細胞は、老化という過程に対して戦わず無抵抗なわけではない。細胞は、テロメアをできるだけ長く無傷な状態で維持するためのしくみを備えている。このしくみには、「テロメラーゼ」とよばれる酵素の活性が重要な役割を果たしている。細胞が分裂するとTTAGGというジャンクDNAが失われてしまうが、テロメラーゼは、この重要なモチーフを染色体末端に新しく付加する働きをしているのだ。テロメラーゼの活性は2つの要素を必要とする。ひとつはタンパク質からなる酵素であり、染色体の末端に反復配列を付加する活性を持つ。もうひとつは決まった配列を持つRNA分子であり、酵素が正しい配列を付加できるように鋳型としての働きをしている（RNAの中の配列を使って、TTAGGという反復DNA配列を合成するので鋳型RNAとよばれる）。

このように、私たちの染色体末端はタンパク質をコードしていないジャンクDNAに依存するところが大きい。テロメア自身がそもそもジャンクDNAであり、さらに、細胞はある遺伝子から生み出されたRNAをこのテロメアを維持するために使っているが、このRNAもタンパク質の鋳型として使われることはない。この場合RNA自身が機能的な分子であり、テロメラーゼの機能にとってきわめて重要な役割を果たしている。*4・[9]

しかし、細胞がテロメラーゼという活性を通じてテロメア長を維持するしくみを持っているのであれば、どうしてテロメアは細胞分裂のたびに短くなるのだろうか？　このしくみが正しく作動しない

ような問題があるのだろうか？

その理由として、生物が持つしくみの中で、抑制することなく勝手に進ませて、うまくいくしくみはほとんどない、という事実がある。多くのしくみの中でも、特にテロメラーゼの活性は私たちの細胞の中で厳しく抑制された状態にある。この厳しい抑制から逸脱した例外ががん細胞である。多くのがん細胞は、テロメラーゼを高発現して長いテロメアを持つように変化している。テロメラーゼの高い活性は、多くの腫瘍細胞が積極的に成長し増殖するのに寄与している。私たちの細胞内システムは、おそらく進化的な妥協点に到達しているのだろう。私たちが性的に成熟して子孫を残すまでの間は、テロメラーゼの活性がなくても十分な長さのテロメアがきちんと維持されている（進化的な観点から考えると、重要なのは生殖までの期間であり、それ以降の出来事はあまり重要ではない）。しかし、ある程度のテロメアの長さがないと、あまりにも早くにテロメアが短くなりすぎて、がんで死んでしまうことになる。

個々の人のテロメアの基本的な長さは、発生のとても早い段階にテロメラーゼが一過的に活性化することで、その長さが決められる。[10] 卵や精子を生み出す生殖細胞も高いテロメラーゼ活性を持つ。[11] これは、私たちの子孫が十分な長さのテロメアを受け継ぐのを保証している。

多くのヒトの組織は「幹細胞」とよばれる細胞を持っている。幹細胞は、組織を構成する細胞が失われた場合に、その代わりとなる細胞を必要に応じて生み出す役目を担っている。新しい細胞が必要になったとき、幹細胞は自身のDNAをコピーして2個の娘細胞に分配する。多くの場合、娘細胞のうちのひとつは成熟した代替細胞になる。もう一方は幹細胞の状態を維持し、同様な様式で代替細胞

をつくり続けることができる。
ヒトの体の中で最も忙しくしている細胞のひとつは、すべての血液細胞をつくる血液幹細胞であり、[*5]赤血球だけでなく病原体の感染に対抗する細胞などをつくり出している。これらの幹細胞は驚異的な速さで増殖している。私たちが生きている間、毎日のように遭遇する外来病原体と戦うため、免疫細胞をつねに補充する必要があるからだ。私たちは赤血球も定期的に取り替える必要がある。赤血球は、わずか4か月程度の寿命しか持たない。信じられないかもしれないが、ヒトの体は毎秒約200万の赤血球をつくり出している。[12]それゆえ、つねに細胞分裂をしているような、非常に活発な幹細胞の集団が必要となる。これらの幹細胞は、比較的高いテロメラーゼ活性を持っているが、それでも最終的にはテロメアが短くなりすぎてきちんとした仕事ができなくなってしまう。[13][14]これは、高齢者が若い成人に比べて感染症にかかりやすい理由のひとつである。高齢者の体では免疫細胞がなくなりつつあるのだ。これは、がんの発生リスクが年齢によって増加する理由のひとつでもある。私たちの免疫系は、通常なら異常な細胞を見つけて可能な限り排除しているが、幹細胞が次々に死んでしまうと、この監視の効率も減退してしまう。
では、なぜテロメア長がそこまで重要なのか？　テロメアはただのジャンクDNAにすぎない。タンパク質をコードしないTTAGGという反復配列が、数千コピーから数百コピーに減ったからといって、いったい何が問題なのか？　多くの問題は、テロメアDNAと、このDNAに結合するタンパク質複合体との関係にあるように見える。テロメアの反復DNAがある一定の長さ以下にまで縮むと、その染色体末端は、末端を保護するためのタンパク質を十分に結合させることができなくなる。

そのようなタンパク質のひとつをなくしたマウスは、出生前に死んでしまうという結果をすでに私たちは見てきた。

もちろんこれは極端な例だが、テロメアを保護するタンパク質複合体が結合するために、十分な長さのテロメアを持つことが重要であるということは間違いない。これはマウスだけでなくヒトにも当てはまる。その例として、テロメア維持に関わるある重要な構成因子の変異を受け継いだ人がいる。この変異による影響は、遺伝子操作をしたマウスのように劇的なものではないが、そもそもそのような重篤な影響を受けた胎児は妊娠の間に死んでしまう可能性が高い。しかし、ヒトで知られている変異は、通常老化に伴って起きる病気のような症状を引き起こすのである。

▼テロメアと病気

そのような病気の多くは、テロメラーゼ遺伝子、鋳型となるRNAをコードする遺伝子、あるいはテロメアを保護するタンパク質や、テロメラーゼの働きを助けたりするタンパク質の遺伝子[*6]の変異によって引き起こされる。

これらの遺伝子のいずれの変異も、本質的には似たような影響をもたらす。細胞は変異のためにテロメアを維持するのが難しくなる。その結果、変異を持つ患者のテロメアは、健常な人に比べて早く短くなる。早期老化を疑わせるような症状を呈するのはこのためである。これらの疾患は、「ヒト・テロメア症候群」とよばれている[15]。

そのうちのひとつ「先天性角化異常症」はまれな遺伝病で、だいたい100万人に1人の割合で発

症する。この病気の患者はさまざまな障害に苦しめられる。まず体のあちこちの皮膚に褐色の斑点が現れるほか、口には白斑が現れ、これは悪性化して口腔がんになる場合がある。また患者の手足の爪は厚くもろいという特徴がある。この病気の患者は進行性で回復不能な臓器不全に見舞われ、多くの場合、骨髄や肺の機能不全が最初に引き起こされる。さらにがん化の高いリスクも伴う。

これらの症状は、異なる家系の異なる遺伝子の変異で引き起こされることがわかってきた。現在までに少なくとも8つの原因遺伝子が知られ、その数は今後増える可能性が高い[16]。すべての遺伝子に共通する特徴は、それらがテロメアの維持に関わっているということである。これは、テロメアというジャンクDNA領域がどんな理由でダメになっても、最終的には似た症状になるということを示している。

肺で起きる症状は「肺線維症」として知られている。この症状で苦しむ患者は徐々に衰弱していく。患者は肺の中から効率よく二酸化炭素を取り出すことができず、酸素を取り込むことが困難になるため、息切れや頻繁な咳に悩まされる。顕微鏡で肺を観察すると、肺の広い範囲において、正常な組織が炎症を起こして、線維化した瘢痕《はんこん》のような組織に変わっていることがわかる[17]。

肺におけるこのような臨床的、病理学的な所見は、一般の呼吸器系の疾患においても見られる。そのため、「特発性肺線維症」とよばれる症状の患者のサンプルを、研究者たちがもう一度調べ直すきっかけになった。「特発性」という言葉は、その病気をもたらす特別な理由が見当たらない、というような場合に用いられる。これらの患者において、テロメアの維持に関わる因子の遺伝子に異常がないかどうか調べられたところ、この病気の家族歴を持ち、関連する変異が見つかっていなかった患者の

6人に1人の割合で、テロメアの維持に関わる遺伝子の異常が見つかったのだ。[10][19] また、明らかな家族歴を持たない肺線維症の患者でも、1〜3％の割合でテロメアに関連する遺伝子の変異が見つかっている。[20][21] アメリカでは特発性肺線維症の患者が約10万人おり、控えめに見積もってもその中の1万5000人は、テロメアをきちんと維持できないために病気を発症していると考えられる。

テロメアを保護するしくみの異常は、別の病気も引き起こす。「再生不良性貧血」とよばれる病気があり、この病気では骨髄が十分な血液細胞をつくり出せなくなる。[22] これは約50万人に1人の割合で発症するまれな病気である。この病気の患者の12人に1人は、テロメラーゼの酵素か鋳型RNAの遺伝子に変異を持っている。

これらの患者の一部では、おそらく骨髄の欠陥と肺の欠陥の両方を持っているが、一方の症状がもう一方よりも臨床的にはっきりしているため、片方の診断のみ下されたのだと考えられる。もしそうであれば、医学的治療をした際に予期しない結果をもたらす可能性がある。たとえば、骨髄移植は、再生不良性貧血の患者を治療する方法のひとつであり、移植後の患者は、免疫系が新しい骨髄を拒絶するのを抑えるために薬を投与される。このような薬の一部は、肺に毒性を示すことが知られている。これは、ほとんどの再生不良性貧血の患者では問題になることはない。しかし、テロメラーゼのしくみに異常がある患者では、これらの薬剤は致死的な肺の線維化を引き起こす可能性がある。[23] 本来治療を目的とした措置が、死をもたらすことになりかねないのだ。

なぜ臨床医は、患者の症状の一部が遺伝的なテロメアの異常によるものだと気づかないのか？ これにはある奇妙な遺伝的理由が関係している。テロメラーゼ複合体は通常生殖細胞で活性化しており、

両親は子どもに長いテロメアを受け渡す。しかし、テロメラーゼの酵素や鋳型RNAの遺伝子に変異を持つ一部の家族では、子どもに長いテロメアを受け渡すことができない。その結果、各世代が短いテロメアを子孫に受け渡すことになる。テロメアがある長さ以下になると症状が現れるため、後に続く各世代は、病気を発症しないぎりぎりの長さのテロメアを持って生まれることになる。[24]

その結果もたらされる影響は劇的である。祖父母の代は比較的長いテロメアを持ち、60代で肺線維症を発症する。彼らの子どもは中程度の長さのテロメアを持ち、40代で肺の症状を発症する。しかし、次の3世代目はとても短いテロメアを受け継ぐことが考えられる。彼らは小児期に再生不良性貧血を発症するかもしれない。

祖父母や両親の世代では、彼らが十分年を取るまで病気を発症しないため、その孫は、親や祖父母が病気を発症するよりも前に具合が悪くなるかもしれない。そのため、この家系に遺伝的な疾患があることを臨床医が把握するのは難しくなり、さらに、最も重篤な患者と最も軽微な患者で症状が異なることがさらに状況を複雑にしている。

一番若い世代で見られる症状と比べて、一番上の世代では発症の時期が遅く、しかもその症状が軽いという奇妙な特徴は、第1章で見た筋緊張性ジストロフィーの遺伝パターンとよく似ている。これはとても珍しい遺伝現象であり、注目すべきは、ここで紹介した2つの症例は、いずれもジャンクDNAの長さの変化が根本的な原因になっているということである。

ひとつ明白な疑問は、なぜ一部の組織がほかの組織に比べてテロメアの短小化の影響を受けやすいのかということである。その答えは完全には明らかにされていないが、いくつか興味深いモデルが出

されている。活発に増殖が起きている組織の方が、テロメアの短小化に関連した欠陥の影響を受けやすいという可能性が考えられる。本章の前半でも述べたように、その顕著な例が血液幹細胞の増殖である。もしこれらの細胞でテロメア長の維持がうまくいかなかったら、幹細胞の集団は最終的に失われてしまう。

再生不良性貧血についてはこのモデルで説明できるかもしれないが、肺線維症については説明が難しい。肺組織はきわめてゆっくりとしか増殖しないが、肺線維症はテロメア機能不全の患者で一般的に見られる症状である。肺の細胞では、短小化したテロメアによる影響は、ゲノムや細胞の機能に作用するほかの因子による影響と一緒になって初めて現れるという可能性が考えられる。このような複合的要因の影響が現れるまでには時間がかかるため、肺の症状は血液幹細胞の問題によって起きる症状に比べて遅れて現れるのかもしれない。

私たちの肺は呼吸のたびに有害な化学物質にさらされており、テロメアの異常という負荷に対しても、肺の細胞が耐性を持っているとしても不思議ではない。危険な吸引物質の中で最も一般的なものはタバコである。喫煙によってもたらされる人の健康への影響は甚大である。世界保健機関（WHO）の推計によれば、毎年約600万人の人が喫煙によって亡くなり、そのうち50万人以上の人は受動喫煙の被害者である。[25]

研究者たちはタバコの煙の影響を実験的に調べた。遺伝的な操作によって短いテロメアを持つマウスをつくり、通常の長いテロメアを持つマウスと一緒にタバコの煙にさらした。[26] **図5・2**にその結果を示している。最終的に肺線維症を発症したのは、短いテロメアを持つマウスにタバコの煙をさらし

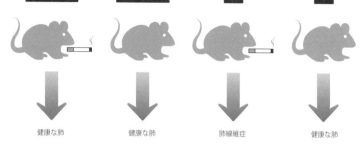

テロメアの相対的な長さ

健康な肺　　健康な肺　　肺線維症　　健康な肺

図5.2 マウスで肺線維症を引き起こすには、遺伝的欠陥と環境からの攻撃要因が必要となる。短いテロメアを持つマウスも、タバコの煙にさらされたマウスも線維症を発症しない。しかし、マウスが短いテロメアを持ち、同時にタバコの煙にさらされると、この症状を発症する。

た場合だけだった。

人の健康に影響を及ぼすのはもちろん喫煙だけではないが、タバコを吸わないようにするというのが、おそらく個人でできる最も賢い対処法だと考えられる。しかし、先進国において人の健康に影響を与えるおもな要因は老化そのものである。これは昔からずっとそうだったというわけではない。老化が主要因になったのは、感染症、乳幼児死亡、栄養失調など、かつて私たちの早期死亡率を高めていた脅威が、医学、薬学、社会環境、技術の進歩によって克服されるようになってからのことである。

▼テロメア時計が進む

いま、老化は私たちに慢性的症状をもたらす主要な要因となっている。2025年までに世界中で12億人以上の人が60歳以上になることを考えると、老化は大きな社会問題である。[27] がんの発生率は40歳を超えると急激に上昇する。あなたが80歳まで生きるとすると、だいたい50％の確率で何らかのがんを発症することが予想される。あなたが65歳以上のアメリカ人であれば、同じような確率で心血管疾患を発症するに違いない。[28] その

第5章　78

ほか数多くの統計が、私たちの未来について悲観的な見方を示しているが、最後に気が滅入るような統計結果をもうひとつ紹介しよう。イギリスの王立精神科医学会は、65歳以上の約3％はうつ病を発症しており、6人に1人は周囲の人が見て気がつくような軽いうつ病の兆候があると報告している。[29]

しかし、年齢が同じだからといって、その人たちの健康状態が同じとは限らない。アップル社の共同創業者だったスティーブ・ジョブズ氏は、56歳のときにがんで亡くなっている。一方インド出身のファウジャ・シン氏は、89歳のときに初めてフルマラソンの大会に参加し、101歳のときに参加したマラソン大会を最後に引退している（もちろん、フルマラソンの距離を89歳から101歳までかけて走ったわけではない）。寿命を制御する要因について、まだわからないことはたくさんあるが、おそらく、遺伝、環境、そして偶然の組み合わせで決まると考えられている。しかし、単に誰が何年生きたかを数えるだけでは、寿命に関して不完全な情報しか得られないというのは明らかである。

最近、テロメアが洗練された分子時計としての役割を果たしていることが認識され始めている。テロメアが短小化する速度は、環境要因の影響を受けるのだ。この事実は、テロメアの長さ（テロメア長）が単にその人の実年齢の指標としてだけでなく、健康寿命の指標として使えることを意味している。データはかなり予備的であり、すべての結果が一致しているわけではない。その理由のひとつとして、先に述べたように、そもそもテロメア長の測定が難しいという問題がある。また、実験に使われるのはたいてい入手の容易な白血球であるが、それがつねに最適な細胞種であるとは限らない。このような問題点はあるが、いくつか興味深いデータが得られつつある。

私たちの宿敵であるタバコに話を戻そう。ある研究において、1000人以上の女性を対象にして

白血球のテロメア長が調べられた。その結果、喫煙歴を持たない人に比べて喫煙歴を持つ人のテロメアは短く、テロメアの消失速度は喫煙の年数あたり約18％上昇することが明らかにされた。１日20本のタバコを40年間吸い続けると、テロメア長による換算から、だいたい7年半寿命が短くなるという計算結果が得られたのである。[30]

60歳を超える人の死亡率を調べた２００３年の研究では、最も短いテロメアを持つ人が最も高い死亡率を示すという結果が得られている。[31] これはおもに心疾患の死亡率から導かれた結果だが、その後で別の高齢者を対象として行われたさらに大規模な研究の結果も、この結果を支持するものだった。[32] １００歳以上のアシュケナージ系ユダヤ人を対象とした研究では、長いテロメアを持つ人は短いテロメアを持つ人と比べて、老化に関連した症状が少なく、認知機能が高いことが明らかにされている。[33]

私たちは、健康や寿命に影響を与えるものが身体的な要素だけではないということをつい忘れてしまいがちだが、慢性的な精神ストレスも人に害を与え、心血管系の健康や免疫系を含むさまざまなシステムに悪影響をもたらす。[34] 慢性的な精神ストレスにさらされた人は、そうでない人に比べて若いうちに亡くなる傾向がある。20歳から50歳の女性を対象にした研究では、慢性的なストレスにさらされた人たちは、ストレスを与えられていない人たちに比べて短いテロメアを持つことが示された。通常の寿命に換算して約10年分の差が見られたのだ。[35]

人が抱えるさまざまな健康上の問題の中で、その悪影響の大きさという意味で喫煙に匹敵するのは「肥満」である。もう一度、世界保健機関の統計を振り返ってみると、毎年約３００万人の成人が肥満、あるいは太りすぎが原因で亡くなっている。心臓病の約4分の1は、太りすぎか肥満に起因して

いる。2型糖尿病に対する肥満の寄与はもっと深刻で（約半数は太りすぎが原因となっている）、がんのかなりの割合（7〜41％）についても当てはまる。[36] 肥満の蔓延によって失われる経済的、社会的損失は考えるだけでも恐ろしい。

最近のデータによると、栄養や代謝の変動を制御しようとする細胞内システムと、テロメアの安定化を含むゲノム維持のシステムが密接に結びついていることが示されている。[37] この観点から、肥満の人のテロメアが調べられたというのは、まあ当然の流れかもしれない。テロメアと喫煙の関係を調べたのと同じ論文で、肥満の影響についても調べられている。肥満に伴うテロメアの短小化は、じつは喫煙よりももっと顕著であり、およそ9年分の寿命に相当するという計算結果が出されている。[38]

これらすべての実験結果をふまえて、もしあなたが自分の体重をコントロールしようと思い立ったら、その方法についても十分考えた方がよいだろう。国連の報告によると、人口に占める100歳以上の人の割合が最も高いのは日本だそうだ。[39] 日本の伝統的な食事が日本人の寿命に影響を与えているのはまず間違いない。なぜならば、欧米の食事に切り換えた日本人が、欧米で一般的な慢性疾患を発症するという事実がある。伝統的な食事は、低タンパク質、高炭水化物が基本になっている。ラットを用いた研究から、幼少期に低タンパク質の食事を与えると寿命が延び、それにテロメア長が相関していることが明らかにされている。[40]

もしあなたが、高タンパク質、低炭水化物を推奨する「糖質制限ダイエット」を実践したいと思うならば、まず自分のジャンクDNAに相談してみるとよい。あなたのテロメアは、「ノー」というかもしれない。

▼第5章 注

＊1 遺伝子は*Myc*とよばれている。

＊2 この遺伝子は*Gcn5*とよばれ、さまざまな機能を持つGcn5タンパク質をコードしている。このGcn5の機能のひとつは、ほかのタンパク質のリシンというアミノ酸にアセチル基とよばれる小さな化学基をつけることである。

＊3 この細胞の自殺は専門用語で、プログラム細胞死、あるいはアポトーシスとよばれている。

＊4 テロメラーゼの中心的な酵素は*TERT*遺伝子にコードされ、鋳型ＲＮＡは*TR*遺伝子（*TERC*遺伝子としても知られている）にコードされている。

＊5 この細胞集団の専門用語は、「造血幹細胞（HSC：hematopoietic stem cells）」とよばれている。

＊6 この遺伝子は*Dyskeratosis congenita 1*（*DKC1*）、あるいは「ディスケリン（*Dyskerin*）」とよばれる。

第6章

2は完全数である

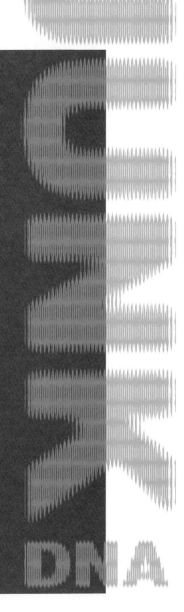

第6章　2は完全数である

1個の細胞が2個になり、2個が4個に、さらに4個が8個になる。「王様と私」の中の台詞 "et cetera, et cetera, and so forth" のように[1]、私たちの体を構成する50兆個を超える細胞数になるまでこの過程が繰り返される。ヒトの細胞が分裂するたびに、その細胞が持っている遺伝情報とまったく同じものを両方の娘細胞に受け渡さなくてはならない。そのため、細胞は自身のDNAの完全なコピーをつくる。複製されたDNAは、最初はお互いくっついた状態でいるが、その後細胞の両端へ引き離される。この過程の簡単な概要を**図6・1**に示す。

この過程の唯一の例外は、卵巣あるいは精巣の中の生殖細胞が、それぞれ卵や精子をつくる場合である。卵や精子は、体を構成するほかのすべての細胞が持つ染色体の数に対して、半分の数の染色体を持っている。その結果、卵と精子が融合すると、1個の細胞（受精卵）となり、その染色体の数はほかの細胞と同じ数に戻る。その後この細胞が分裂して2個、4個、8個……と増えていく。

染色体の数を半分にするこの過程は、すべての染色体がペア（対）で存在して初めて可能になる。私たちは、それぞれのペアの一方を母親から、一方を父親から受け継いでいる。**図6・2**は、卵や精子がつくられるときに、どうやって染色体の数が半分になるのかを示している。

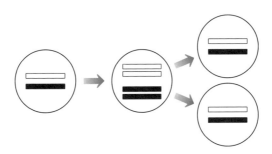

図6.1 正常な細胞はそれぞれの染色体を2コピー（黒と白）持ち、それぞれの両親から1コピーずつ受け継いでいる。細胞が分裂する前、それぞれの染色体は複製されて完全に2倍のセットになる。細胞が分裂する際、それぞれのコピーは引き離される。このしくみによって、元の細胞と正確に同じ染色体を持つ2つの娘細胞がつくり出される。単純化するために、この図では1組の染色体だけを示しているが、実際のヒトの細胞では23対の染色体が存在する。ペアとなる染色体について、由来する親の異なる染色体を異なる色で示している。この模式図では核の分裂のみを示しているが、実際には細胞全体の分裂も一緒に起きている。

　もし体細胞が新しくつくられるとき、あるいは生殖細胞から卵や精子がつくられるときに細胞分裂がうまくいかないと、本章の後半で見ていくようにその影響はきわめて深刻なものとなる。細胞分裂は、高度に組織化された数百のタンパク質が関与する、並外れて複雑な過程である。その過程の複雑さと、細胞周期を円滑に進めることがどれだけ重要かを考えると、その大部分の過程がひと続きの長いジャンクDNAに依存しているというのは驚くべきことのように思える。

　この長い特別なジャンクDNAは「セントロメア」とよばれており、前章で出てきたテロメアとは異なり、染色体の内部に見出される。セントロメアの位置は染色体によってまちまちで、染色体のちょうど真ん中あたりに位置する場合もあれば、染色体の末端に近い部分に存在することもある。たとえば、ヒトの1番染色体ではつねに真ん中に近いところにあり、ヒトの14番染色体ではつねに端に近いところにある。染色体ごとに見ればセントロメアはいつも同じ場所に存在し、適当にその場所が決

85　2は完全数である

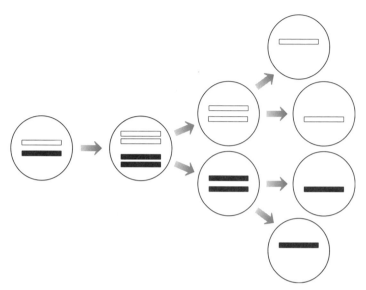

図6.2 この図は配偶子（卵や精子）をつくり出す際の分裂の様子を示している。それぞれの配偶子はペアとなる染色体の一方だけを持っている。この過程の最初の過程（複製して2セットずつになる部分）は、**図6.1**に示した通常の細胞分裂と同じように見える。しかし、この後ペアとなった染色体を2回分離する過程が続き、通常の半分の数の染色体しか持たない配偶子がつくり出される。この過程の初期段階には、染色体ペア同士の間で遺伝物質の交換をする過程がある。これは子孫の遺伝的多様性を生み出すのに重要な過程だが、この図では省略している。

　められているわけではない。
　セントロメアは、染色体を細胞の両端に引っ張る働きをする一群のタンパク質が必ず結合する場所である。唐突だがここで、スパイダーマンがポーズを決めて、何かを手に入れる様子を想像してほしい。彼はクモの糸を手に入れたい物の方向へ投げて、そして自分の方へ引っ張る。今度はとても小さなスパイダーマンがいて、細胞の一方の端に立っていると想像してみてほしい。彼は目標となる染色体にクモの糸を投げる。クモの糸が染色体にくっついたら、彼はその染色体を自分のいる細胞の端に引き寄せる。さらに、この小さなスパイダーマンのクローンが細胞

の反対側にいて、ペアとなる染色体に対して同じようなことをする。

ただし、スパイダーマンにとって面倒なことがある。染色体のほとんどの部分は、クモの糸がつきにくい性質のもので覆われているのだ。クモの糸をつけられる場所はたった1か所しかない。この部分こそがセントロメアである。実際の細胞の中では、長い糸状のタンパク質がセントロメアに付着し、染色体を細胞の中央から端の方へ引っ張る。この糸状のタンパク質は「紡錘体《ぼうすい》」とよばれている。

セントロメアは、すべての生物種において重要な役割を果たしており、その働きはつねに一貫している。セントロメアは、紡錘体が付着するために不可欠な部分を形成している。もしこのシステムがきちんと作動しないと、細胞分裂に異常が起きてしまう。この過程がいかに重要かを考えると、セントロメアのDNA配列は進化を通じて高度に保存されていると思うかもしれない。しかし、とても奇妙なことに、実際はそうではないのだ。たとえば、酵母[*1]や線虫[*2]より高等な生物に目を向けてみると、セントロメアのDNA配列は種間で大きく変化している。[2] さらに、そのDNA配列は、同じ細胞の2本の染色体の間でも異なっている場合もある。一貫した機能を果たしているにもかかわらず、その配列にこれほどまで多様性があるというのは、直感的に理解しにくい。ただ幸いなことに、細胞にとって不可欠なこのジャンクDNAが、進化的に奇妙に見える芸当をどのように成し遂げているのか、ようやくわかり始めてきた。

ヒトの染色体のセントロメアは、171塩基対の長さを持つ反復DNA配列から構成されている。[*3] これらの171塩基対は何回も繰り返され、全体で500万塩基対の長さに及ぶこともある。[3] セントロメアとしての重要な特徴は、そこがCENP-A（Centromeric Protein-A）とよばれるタンパク質が結

合する場所として働くということである。[4] セントロメアのDNA配列と異なり、CENP-Aの遺伝子とそのアミノ酸配列は生物種の間で高度に保存されている。

スパイダーマンのたとえは、先ほど述べた進化的な難題を解くのにふたたび役に立つだろう。スパイダーマンの投げるクモの糸は、CENP-Aにくっつくのだ。たとえCENP-Aがステーキについていようが、レンガについていようが、ポテトや電球についていようがまったくかまわない。CENP-Aタンパク質が何かについている限り、スパイダーマンの投げるクモの糸はそれにくっつき、私たちのスーパーヒーローの手元へCENP-Aとそれがくっついている物を引っ張ることができる。

ゆえに、セントロメアのDNA配列は、ステーキから電球に至るまで種間で大きく変わっても大丈夫なのだ。肝心なのは、どの生物においても同じCENP-Aタンパク質が使われているということであり、高度に保存された紡錘体はそこに結合して、細胞分裂に際して染色体を反対方向に引っ張ることができる。

CENP-Aはセントロメアに見出される唯一のタンパク質ではなく、そのほか多くのタンパク質もセントロメアに存在している。実験によって、細胞内のCENP-Aの発現を抑えることができる。そうすると、セントロメアにいるはずのほかのタンパク質がセントロメアに結合できなくなる。[5][6] しかし、逆の実験、つまりほかのタンパク質の発現を抑えるような実験をしても、CENP-Aはセントロメアに結合し続ける。[7] これらの実験は、CENP-Aが土台としての役割を果たしているということを示している。

ショウジョウバエを使って、細胞内でCENP-Aを過剰に発現させる実験をしたところ、通常セン

トロメアがつくられるはずのない染色体の場所にセントロメアがつくられたのである。[8] しかし、ヒトの細胞の場合はもう少し複雑であり、CENP-Aを過剰に発現させただけでは、本来のセントロメア以外の場所に新しくセントロメアがつくられることはない。[9] ヒトの場合、CENP-Aはセントロメアの形成に必須ではあるが、それだけでは十分ではないのだろう。

CENP-Aは、紡錘体がその機能を遂行するために必要な、ほかのすべてのタンパク質をよび寄せる土台としての役割を果たしている。活発に分裂している細胞では、40種類以上の異なるタンパク質がCENP-A上に積み重なるようにして構造を形成している。これらのタンパク質は、レゴ・ブロックを組み合わせて模型をつくるように、段階的に集合しながら複合体をつくっている。複製された染色体が細胞の反対方向に引き離されると、すぐにその巨大な複合体はバラバラになる。この染色体分離の全工程は、1時間足らずで完了する。何がこのすべての過程を制御しているかについて完全にはわかっていないが、そのうちの一部の過程については、細胞内の構造変化と連動している。通常、核は膜でできた構造（核膜）で覆われており、大きなタンパク質分子はこの膜を自由に通過することができないしくみになっている。複製された染色体を分離する準備が整うと、細胞はこの核膜を一時的に崩壊させ、外にいたタンパク質がセントロメアの複合体形成に参加できるようになる。[10] これは、引っ越し業者を家の外で待たせておくようなものである。彼らは外で家具を運び出す準備をしているが、あなたがドアを開けて彼らを中に入れない限り仕事に取りかかれない。

▼その場所は？

私たちにはまだ、難しい根本的な問題が残されている。もしセントロメアのDNA配列があまり保存されておらず、むしろCENP-Aをその場所に配置するのが重要なのだとしたら、どうやって細胞はそれぞれの染色体のセントロメアの場所を知ることができるのか？　どうして1番染色体ではつねに真ん中付近で、14番染色体ではつねに末端の近くなのか？

これを理解するためには、細胞内のDNAについてもっと洗練されたイメージを持つ必要がある。DNAの二重らせんは象徴的なイメージであり、生物学における決定的なイメージであるが、実際のDNAとは大きく異なっている。DNAはとても細長い分子である。ヒトの細胞1個に含まれるすべてのDNAをつなぎ合わせたら、2メートルもの長さになる。しかし、DNAは核の中に収められなければならず、その核の直径は1ミリメートルの100分の1ほどしかない。

これは、エベレストの高さのものをゴルフボール大のカプセルに入れようとするようなものである。もしエベレストの高さに相当する登山ロープをゴルフボール大の入れ物に収めようとしても、明らかに無理である。一方、もし登山ロープを髪の毛よりももっと細い繊維に換えたとしたら、おそらく上手に収めることができるだろう。

ヒトのDNAは確かに長いが、とても細いので核の中に収めることができる。しかし、ここでまた複雑な事情がある。ただ単にDNAを小さな空間に押し込むだけでは十分ではないのだ。なぜそれではダメなのかを理解するためには、クリスマスツリーに飾りつける電飾を考えてみるとよい。華やい

だクリスマスの時期が終わって、ツリーから取り外した電飾をそのまま箱に押し込んだとしよう。翌年の同じ時期が来て、また電飾を使おうと箱から取り出そうとすると、電飾同士が複雑に絡み合ってしまっているのに気づくに違いない。それらをきちんとほどくのには長い時間がかかり、いくつかの電球を壊してしまうかもしれない。複雑に絡み合った状態では、たった1個の電球を取り外すのにも悪戦苦闘するに違いない。

しかし、もしあなたが几帳面な性格であれば、段ボールか何かの一部を使って、電飾をそのまわりに巻きつけてから箱にしまうだろう。あなたの創意工夫の恩恵は、翌年電飾を取り出すときに明らかになる。まず電飾を収納している箱の大きさが、驚くほど小さくて済んでいるということ、さらに、電飾を取り外すのがいかに容易かということに気がつくだろう。電飾同士の絡まりはなく、目当ての電飾をすぐに見つけることができる。

これとまったく同じことが私たちの細胞で起きているのだ。DNAは、乱雑に束ねられて収納された遺伝物質ではなく、ある特別なタンパク質に巻きつけられた状態で存在している。この構造によって、絡まったり傷つけたりすることなく、DNAを小さな空間に詰め込むことができるようになる。さらに、細胞が個々の遺伝子を必要なときにオンにしたりオフにしたりできるような、構造的な特性をDNAに与えることが可能となる。

私たちの細胞内のDNAは「ヒストン」とよばれる特殊なタンパク質に巻きつけられている。**図6・3**にその基本的な構造を示している。色の違いで表された4種類のヒストンが、2個ずつ集まって8量体（オクタマー：「オクタ」は8を意味する）を形成している。8個のテニスボールのまわりに縄

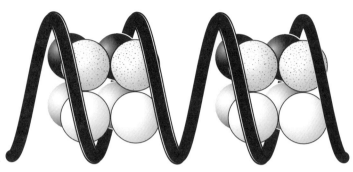

図6.3 黒い実線で示したDNAが8個のヒストンタンパク質（実際には4種類のヒストンが2個ずつ）に巻きついている。

跳びの縄を巻いたように、DNAはこのヒストン・オクタマーの周囲に巻きついている。

CENP-Aはこれらのヒストンのひとつと非常によく似ており、大部分のアミノ酸配列は同じだが、一部分だけ違っている。セントロメアでは、**図6・4**に示すように、通常のヒストン・オクタマーで使われている2個のヒストン（手前下）が失われ、その代わりCENP-A（縞模様のボール）がそのオクタマーの中に入っている。各染色体のセントロメアには、CENP-Aを含んだヒストン・オクタマーが何千個も存在している。[11]

セントロメアにある数千個というオクタマーの中のCENP-Aは、紡錘体が染色体を引き離そうする際に、染色体を捕まえやすくするような構造をつくり出す。CENP-Aがオクタマーの中に挿入されたことによる効果のひとつには、セントロメアの領域がより強固になるということがある。グニャグニャしたゼリーを手に取るのと、硬いあめ玉を手に取ることを考えたら、明らかに硬い方がつかみやすいのと同じである。[12]

しかし、また同じ問題に戻ってしまう。どうしてCENP-Aはセントロメアのオクタマーに取り込まれ、ほかの領域のオクタ

第6章　92

図6.4 左の図は、ほとんどのゲノム領域で見出される標準的なヒストンの8量体を示している。右の図は、セントロメアで見出される特殊なヒストンの8量体を示している。標準的なヒストンタンパク質のペアが、CENP-Aとよばれるセントロメアに特異的なヒストンタンパク質のペア(縞模様の球体)に置換されている。

マーに取り込まれないのだろうか？　これはDNA配列によって決められているわけではない。ゲノムのほかの領域にもセントロメアで見出されるのと同じようなジャンクDNAが存在しているが、CENP-Aがそこに集積することはない[13]。CENP-Aはセントロメアだけに見出されるが、そもそもセントロメアの場所を決めているのは、CENP-Aの存在自身である。ヒトの細胞はいったいどのようにして、本質的にはとても不安定に見える要素を、きわめて安定な遺伝的システムに進化させてきたのだろうか？

その答えは、植物などの種が自然に落ちてまた新しい植物体が育つ、「自然播種」とよばれる繁殖様式と同じようなしくみにある。いったんCENP-Aがある場所に取り込まれると、CENP-Aはその場所に留まり続け、すべての娘細胞にその場所の情報を伝えるようにしているのだ。これはDNA配列には依存していない。その代わり、ヒストン・オクタマーに付加された小さな化学基による修飾に依存しているように見える。

オクタマー中のヒストンタンパク質は、多種多様な修飾を受ける。一般に、タンパク質は20種類の異なるアミノ酸から構成

● 標準的なオクタマー　　○ CENP-Aを含むオクタマー

図6.5 セントロメアにおいて、標準的なヒストンのオクタマーとCENP-Aを含むヒストンのオクタマーが交互に存在している様子。単純化のために少数のヒストンオクタマーしか示していないが、細胞内では数千個存在している。それぞれの円がオクタマー全体を示している。

され、その中の多くのアミノ酸が修飾を受ける。さらに、タンパク質に付加される修飾の種類もさまざまであり、ほかのタンパク質もヒストンと同じように修飾を受ける。

ヒトのセントロメアでは、CENP-Aを含むオクタマーがセントロメアを完全に占拠しているわけではない。その代わり図6・5に示すように、CENP-Aを含むオクタマー（図6・5の○）のブロックが、標準的なヒストンを含むオクタマー（図6・5の●）のブロックと交互に存在している。標準的なヒストンを含むオクタマーは、とても特徴的な組み合わせの修飾を持っている。これらの修飾は、今度はその修飾に結合するほかのタンパク質をよび寄せ、さらにその中の一部のタンパク質は、その特徴的な修飾を維持するために働いている。このような修飾と結合するタンパク質のすべてが一緒になって、CENP-Aを含むオクタマーが染色体上の同じ場所に局在するように働いており、それゆえ染色体の1か所だけにセントロメアが形成されることになる。おそらくこれが、細胞分裂という最も基本的な過程において、足場としての役割を果たしているにもかかわらず、そこに存在するジャンクDNAの配列が、種間で大きく変化している理由であろう。

セントロメアにおけるヒストンの化学修飾は、そのゲノム領域からの遺伝子発現を抑制する効果ももたらしている。一部のセントロメア領域から、低いレ

ベルのRNAが発現していることを示唆する最近のデータがあるが、このRNAが重要な機能を果たしているかどうかはよくわかっていない。セントロメアのDNAは、ジャンクであるということ以外に本質的な機能は持たず、単にCENP-AやCENP-Aと相互作用するほかのタンパク質が結合できる領域として働いている。細胞がセントロメアのDNAに求めるのは、このような特徴だけである。セントロメアのDNAは、ほかの機能をむしろ何も持たない方がよいのだろう。もしほかに何らかの目的を持っていたら、CENP-Aを含むオクタマーへの紡錘体の結合を妨げてしまう可能性も考えられる。これが、セントロメア領域のDNAが進化の過程で大きく変化することができた理由であり、その配列自身は何でもよいからである。

▼まかぬ種は生えぬ(無からは何も生まれない)

ここまで説明しても、まだ欠けている段階があるように見える。そもそも、CENP-Aはどのように最初に結合すべき正しいジャンクDNAの場所を知るのだろうか? 最初に何が起きるのかを知りたいと考えるのは、私たち人のつねである。しかし、もしこの過程を調べようとしたら、袋小路に行き着くことに気づく。ここでふたたび、作詞家のオスカー・ハマースタインを思い出してほしい。ただし、今回の場所はタイではなくオーストリアである。

ミュージカル「サウンド・オブ・ミュージック」の中で、フォン・トラップ大佐とマリアは次のように歌う。

無からは何も生まれない。生まれるわけがない (Nothing comes from nothing. Nothing ever could.)[16]

裸のDNAは、それ自身では機能を持たない分子である。何もできず、新しいヒトを生み出す指示を出すこともももちろんできない。DNAが機能を果たすためには、ヒストンやヒストンの修飾などのすべての付属的な情報が必要であり、機能している細胞の中に収められる必要がある。複製された染色体が分離されて細胞の両端に引っ張られる際、それぞれの染色体は適切な修飾を施され、正しい場所に配置されたヒストン・オクタマーを持ち出している。これらのヒストン・オクタマーは、娘細胞の中で元のヒストンや修飾を完全に再形成するための種《たね》として働くには十分である。これは標準的なヒストン・オクタマーだけでなく、CENP-Aを含んだオクタマーにも当てはまり、セントロメアが形成される場所を示すのである。標準的なヒストンとは異なるアミノ酸配列を持つCENP-Aがオクタマーに含まれた領域は、適切なタンパク質をよび寄せるのに重要なのだ。[17]

ヒストン・オクタマーの情報（化学修飾）は、卵や精子がつくり出されるときでさえも維持されている。[18] CENP-Aを含むオクタマーは、卵と精子が融合して受精卵がつくり出されるときにも適切な位置に留まり、その後何兆個という細胞が生み出されヒトの体が形成される。私たちのセントロメアは、DNA配列ではなく、セントロメアを特徴づけるタンパク質の位置情報に基づいて、ヒトの進化史を通じて、さらにそれよりもっと進化的に離れた祖先からずっと受け継がれてきたのだ。

複製された染色体は、紡錘体によって細胞の両端に引っ張られるが、この過程を阻害する薬剤がある。紡錘体は多数のタンパク質が集まって形成されており、これらのタンパク質は、細胞が染色体を

引き離す準備が整ったときだけ一緒になる。パクリタキセル（タキソール）とよばれる薬剤は、紡錘体を必要以上に安定化させ、タンパク質複合体がバラバラに分離できなくなる[19]。

なぜこれが細胞にとってよくないことなのかを理解するためには、消防用のはしご車の場合と比べて考えてみるとよい。火災の起きた高層ビルから人を救助するために、はしごを延ばせるのは素晴らしいことである。しかし、もし緊急事態が終わった後に消防隊員がはしごを元に戻せなくなり、はしごを延ばしきったまま消防署に戻らなければならなくなったとしたら、すぐに深刻な事故が起きるに違いない。パクリタキセルを処理した細胞でも同じことが起きる。細胞は、紡錘体が適切に機能を完了していないと認識し、細胞破壊が引き起こされるのだ。イギリスでは、パクリタキセルは、非小細胞肺がん、乳がん、卵巣がんを含む多数のがんに対する抗がん剤として認可されている[20]。

パクリタキセルが有効なのは、おそらくがん細胞が活発に分裂しているからだと考えられる。細胞分裂を標的とする薬剤を使うことで、急速には分裂しない正常な体細胞に比べて、より効果的にがん細胞を殺すことができる。しかし、異常な染色体分離というもの自体が、多くのがんの特徴であるということも知られている。

▼数の問題

染色体分離に異常が起きると、娘細胞の一方はある特定の染色体を2コピーとも受け継いでしまうことになる。もう一方の娘細胞は、この染色体については1コピーも受け取らない。最初の娘細胞は染色体を1本余計に、もう一方の娘細胞は染色体を1本少なく持つことになる。このように、染色体

の数に異常があるような状態は「異数性（aneuploidy）」とよばれる。この言葉はギリシャ語に由来し、*an*は「not」、*eu*は「good」、*ploos*は「-fold（倍）」を意味している。言い換えれば、アンバランスなゲノムの状態を表している言葉である。

驚くべきことに、約90％の固形腫瘍《しゅよう》は異数性、つまり異常な数の染色体を持つ細胞を含んでいる。[21] 異数性のパターンはきわめて複雑であり、染色体分離の異常はかなりランダムに起きていると考えられる。1個のがん細胞で、ある染色体は4コピー存在し、別の染色体は2コピー、また別の染色体は1コピーというような組み合わせがあれば、また別の組み合わせがあったりする。このような多様性があるため、異数性自体ががん化を促進しているのかどうか、あるいは異数性はがん細胞の状態とは無関係なのかどうかを判断するのはとても難しい。染色体の異常な数のパターンが本質的にランダムであることから、その影響も組み合わせによって変わる可能性が考えられる。ある種のがん細胞は、急速な細胞分裂を促進する染色体の組み合わせで生じるのかもしれない。ほかの細胞では、反対の効果を示す組み合わせの染色体を持ち、それはがん細胞の自殺システムを作動させるかもしれない。またある細胞では、異数性の染色体は完全に中立的な効果を持つかもしれない。[22]

意外なことに、異数性は正常な細胞でも見られる。マウスやヒトの脳細胞のうち、10％もの細胞が異数性を示すことが報告されている。[23] 発生が進むにつれてその割合は上昇して、約30％にまで達するが、そのような細胞の多くは排除される。[24] 残りの異数性細胞は、脳内で正常に機能していると考えられている。[25] なぜ私たちが、染色体の数が異常な脳細胞を持っているのか、明快な答えは得られていない。肝臓で見出される異数性細胞の重要性についても、同様に明らかにされていない。[26]

これらの例では、体を構成する主要な細胞が生み出された後で、異数性を持つ細胞が生み出されている。細胞分裂によって新しい体細胞を生み出す過程で生じており、がん細胞を生み出す要因になる場合もあるに違いない。このような染色体分離の失敗による影響は、たとえあったとしても比較的小さいものでしかないように見える。おそらく、異数性細胞に機能的な不具合があっても、周囲にあるたくさんの正常細胞によって、その機能は補償されているのだと考えられる。

しかし、もし異数性が卵や精子などの配偶子を形成する過程で起きたとしたら、話はずいぶん違ってくる。もしペアとなった染色体の分離がうまくいかなかったら、配偶子の一方は染色体を1コピー余計に持ち、他方は染色体が1コピー少ないという状況になる。いま、卵を形成するときに21番染色体の分離に異常があった場合を考えてみよう。一方の卵は21番染色体を2コピー持ち、もう一方の卵は21番染色体を1コピーも持たないことになる。

もし21番染色体を失ってしまった方の卵が受精したら、受精卵は21番染色体を1コピーしか持たないことになり、すぐに死んでしまう。しかし、もし2コピーの21番染色体を持つ卵が受精したら、受精卵は3コピーの21番染色体を持つことになる。そのような受精卵は自然流産する割合が通常より高くなるが、十分に発生して生まれる場合が多い。

読者の多くは、これまでに21番染色体を3コピー持つ人に会ったことがあるか、少なくとも見たことがあるだろう（同じ染色体を3本持つ状態は「トリソミー（trisomy）」とよばれ、この場合は21番染色体のトリソミーである）。この21番染色体のトリソミーはダウン症の原因となる。[27] 精子が2コピーの染色体を持っていたり、あるいは受精後の最初の数回の分裂で染色体の分離異常が起きたりして引き起こさ

れる場合もあるが、最もよく見られるのは母親の卵を通じて染色体の分離異常が起きる場合である。

ダウン症は新生児700人に1人の割合で見られ、複雑で多岐にわたる症状を呈する。一般的には心臓疾患、特徴的な容貌、軽度から重度の学習障害などが見られる。医学の進歩によって、過去に比べてダウン症の患者が大人になるまで成長できる場合が多くなったが、早期にアルツハイマー病を発症するリスクが高いことが知られている[28]。

ダウン症で見られる複雑な症状からも、私たちの細胞が正しい数の染色体を持つことが、いかに重要かということがわかる。ダウン症の患者では、21番染色体を2コピーではなく3コピー持っている。染色体の数、さらにその染色体上の遺伝子の数が単に50％増加しただけで、細胞や患者自身に劇的な影響をもたらすのである。私たちの細胞がこの増加にきちんと対処できないという事実は、通常私たちの細胞の遺伝子発現は厳密にコントロールされて微妙なバランスの取れた状態にあり、比較的狭い範囲内の変化にしか対応できないということを示している。

ヒトではほかに2種類のトリソミーが知られているが、どちらもダウン症より重篤な症状をもたらす。エドワーズ症候群は18番染色体のトリソミーによって起こり、新生児3000人に1人の割合で見られる。この18番染色体のトリソミーを持つ胎児の4分の3は子宮内で死んでしまう。出産まで生き延びた赤ちゃんも、その約90％は心血管系の異常で出生後1年以内に亡くなる。そのような赤ちゃんは、子宮内での成長が遅く、低出生時体重、小さな頭やあごや口、そのほか重度の学習障害を含むさまざまな障害が伴う[29]。

最もまれなトリソミーはパトー症候群であり、これは13番染色体のトリソミーで、新生児7000

人に1人の割合で見られる。出生時まで生き延びて生まれた赤ちゃんには重篤な発達障害が見られ、1歳まで生きられることはほとんどない。心臓や腎臓を含むさまざまな臓器において異常が起き、そのほか頭蓋骨の重度な奇形や重篤な学習障害が一般に認められる[30]。

余分な染色体を持った受精卵が、その後に発生上の問題を引き起こすのは明らかである。いずれのトリソミーにおいても、生まれた赤ちゃんは出生時から重大な問題を抱えている。実際に、トリソミーの胎児の多くは、出生前診断によって妊娠時に見つけられる。これは、すべてが高度に同調して進行する発生という過程にとって、正しい数の染色体を持つことがきわめて重要であるということを物語っている。

13番、18番、21番染色体には、何かほかの染色体とは異なる特徴があるのかと疑問に思うかもしれない。卵や精子を形成する過程で、染色体不分離を引き起こすような、何か変わった特徴がこれらの染色体のセントロメアにはあるのだろうか？　あるいは、ほかの染色体のトリソミーも起こり得るが、何も臨床的な影響がないため、探してみようと思わないだけなのか？

これは、目に見える物だけに着目したときに陥りやすい落とし穴である。13番、18番、21番染色体のトリソミーを持って赤ちゃんが生まれるのは、これらの染色体のトリソミーによる影響が、比較的穏やかなものであるからにすぎない（上述した症状からは、とても穏やかには見えないかもしれないが）。これらの染色体は小さく、ほかの染色体に比べて持っている遺伝子の数が比較的少ない。一般的に、染色体が大きくなればなるほど、その染色体に含まれる遺伝子の数も多くなる。それゆえ、たとえば1番染色体のトリソミーを持った赤ちゃんを見ることがないのは、その大きさのためである。1番染色

体はとても大きく、たくさんの遺伝子を持っている。もし卵と精子が受精して1番染色体を3コピー持つ受精卵ができたとしても、多数の遺伝子が過剰に発現されることで、細胞の機能は破滅的な影響を受け、胚《はい》はきわめて早い段階で致死となってしまうに違いない。このようなことは、おそらく女性が妊娠に気づく前に起きていると考えられる。

女性の年齢が25歳から40歳までであれば、体外受精による妊娠の成功率に、年齢による影響は見られない[31]。しかし、女性が自然妊娠する確率は20代半ばから減少する。この2つの状況に見られる違いから、母親の年齢によって臨床的な意味での影響を受けるのは、子宮ではなく卵であるということが示唆される。ダウン症の発生率から、卵における染色体分離に母親の年齢が影響することが知られている。セントロメア機能の不具合によって、大きな染色体が正しく分離されていない卵がつくられ、その卵が受精することで胎児発生のとても早い段階で異常が起きる。これが20代半ばからの自然妊娠率低下の原因の一部になっているという考えは、あながち突飛な考えではないかもしれない。

▼第6章 注

＊1　特に、*Saccharomyces cerevisiae*のような出芽酵母。
＊2　線虫（*Caenorhabiditis elegans*）。
＊3　この171塩基対の単位は「アルファ（α）サテライトリピート」とよばれている。
＊4　これらはヒストンH3とよばれる。

第7章

ジャンクで塗りつぶす

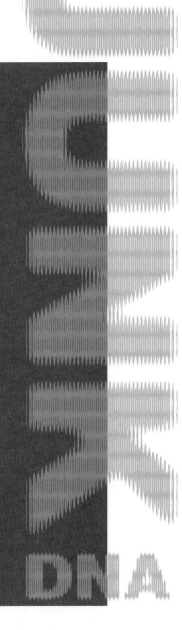

第7章　ジャンクで塗りつぶす

2011年から2012年の1年間に、イギリスでは81万3200人の赤ちゃんが誕生した[1]。前章で引用した割合を単純に当てはめると、これらの赤ちゃんのうち約1200人がダウン症を、約270人がエドワーズ症候群を、120人弱がパトー症候群を持って生まれたと見積もることができる。80万人を超える赤ちゃんの数から考えたら、この数はとても少ない。これは、余分な数の染色体を持つことが大きなダメージをもたらすという考えとよく合う。一般に、そのようなことが起きた場合、高い生存率は期待できない。

しかし、この時期に生まれた赤ちゃんの約半数、つまり40万人以上の赤ちゃんが、じつはある染色体を1本多く持って生まれているという話を聞いたら、おそらく驚くに違いない。そう、2人に1人の割合である。さらに理解しにくいのは、その余分な染色体は、前章のトリソミーで見られたような小さな染色体ではなく巨大な染色体なのだ。とても小さな染色体が1コピー余計に存在するだけで、エドワーズ症候群やパトー症候群のような深刻な症状が引き起こされるというのに、いったいどうやってそんな巨大な染色体が1コピー余計に存在し得るのだろうか？

その染色体とはX染色体である。そして、X染色体が1コピー余計に存在することで起こり得る有

害な影響は、ジャンクDNAを介した過程によって防がれているのだ。この防御の過程がどうやって起きているかを議論する前に、まずX染色体自身の性質について知っておく必要があるだろう。

細胞の中に存在する染色体は、細胞周期のほとんどの時期を通じて、とても長い糸のような状態で存在しているため、お互いの染色体を見分けるのは難しい。通常の光学顕微鏡で見た場合、染色体は絡み合った毛糸の塊のように見える。しかし、細胞が細胞分裂の準備を整えると、染色体はとてもコンパクトな構造体に変化し、容易に見分けられるようになる。適切な方法を用いれば、凝縮したすべての染色体を分離することができ、さらに特別な化学物質で染色することで、個々の染色体を顕微鏡で観察することができる。この時期の染色体は、小さな筒状の紙でゆるく束ねて売られている毛糸（かせ状の毛糸）のような形をしている。この筒状の紙で絞られた部分がセントロメアである。

ヒト細胞から取り出した染色体の写真を調べることで、科学者たちは個々の染色体を見分けることができる。彼らは、個々の染色体の写真を文字通り切ったり貼ったりして順番に並べる。実際に、同じ方法を使って患者から採取した細胞の染色体を調べることで、ダウン症やエドワーズ症候群、パトー症候群の原因が解明された。

しかし、このような深刻な遺伝病の原因となる問題が明らかにされるより前、染色体研究の草分け時代の研究者たちは、まず、私たちの遺伝物質の基本的な構成がどうなっているかを発見した。彼らは、ヒトの細胞の正常な染色体数が46本であることを明らかにしたのである。例外は卵や精子で、これらの細胞はそれぞれ23本の染色体を持っている。私たちの染色体はすべてペアで存在し、母親と父親から均等に染色体を受け継いでいる。別の言い方をすれば、1番染色体であれば、1コピーを母親

から、1コピーを父親からもらっている。2番染色体もそのほかの染色体についても同様である。

これは1番染色体から22番染色体まで当てはまり、これらの染色体は「常染色体」とよばれている。もし細胞の中の常染色体だけを見たら、その細胞が女性のものか男性のものかを見分けることはできない。しかし、その細胞がどちらの性に由来しているかについては、残りの染色体ペアを見れば一目瞭然である。このペアが「性染色体」である。女性の細胞は、X染色体という大きな染色体を2本持っている。一方男性の細胞は、大きなX染色体と、小さなY染色体を1本ずつ持っている。この状況について**図7・1**に示している。

Y染色体は小さく、そこに存在する遺伝子の数は少ないが、絶大な影響力を持っている。Y染色体には、発生中の胚《はい》の性を決定する領域が存在しているのだ。事実、性決定の大部分は、精巣形成を促進するたったひとつの遺伝子によって制御されている。*1・[2] 精巣はさらにテストステロンとよばれるホルモンの産生を促し、このホルモンが胚の男性化を促進する。驚いたことに、最近の研究によって、この遺伝子ともうひとつ別の遺伝子が存在するだけで、雄のマウスをつくり出せるだけでなく、そのマウスが機能的な精子をつくって父親になり得ることが示された。[3]

一方、X染色体はとても大きく、1000個以上の遺伝子を持っている。[4] このために、ある潜在的な問題が生じることになる。男性はX染色体を1コピーだけ持っており、それゆえX染色体上の遺伝子を1コピーずつしか持っていない。しかし、女性はX染色体を数にして2倍持っているため、原理的にはX染色体にある遺伝子産物を男性の2倍生み出せることになる。前章で紹介したトリソミーでは、小さな染色体上の遺伝子発現が50%増加しただけで、発生に重篤な影響をもたらしている。いっ

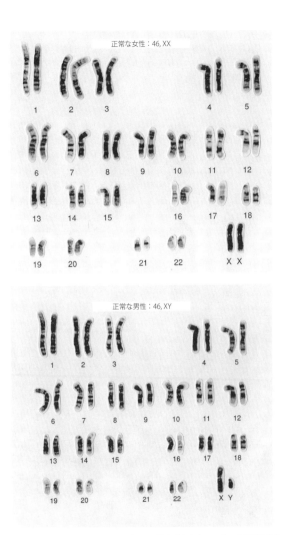

図7.1 標準的な女性と男性の核型。細胞内のすべての染色体を示している。上の図は女性の核型を、下の図は男性の核型を示している。両者では、最後の染色体の組だけが異なる。女性は大きなX染色体を2本、男性は大きなX染色体を1本と小さなY染色体を1本持っている。
（写真提供：Wessex Regional Genetics Centre, Wellcome Images）

たい女性は、どうやって1000個以上の遺伝子発現が、男性に比べて倍増するような状況を許容できるのだろうか？

▼女性はオフ・スイッチを持っている

女性は遺伝子発現が倍になるような状況を許容しているわけではない、というのがその答えである。女性は、X染色体にコードされたタンパク質を男性と同じ量だけ細胞内でつくり出している。女性はきわめて巧みなしくみでこの量の調節を行っており、実際にはすべての細胞で1本のX染色体のスイッチを丸ごとオフにしているのである。これは「X染色体不活性化」とよばれている。この現象はヒトの生存に必須なだけでなく、まったく予期せぬ新しい生物学分野を切り開き、現在でも数多くの研究者が精力的にこの現象を研究している。

私たちにとって最も奇妙に見えることは、細胞がX染色体の数を数えられるということである。男性の細胞はX染色体を1本、Y染色体を1本持っており、決して1本しかないX染色体を不活性化することはない。しかし、まれに2本のX染色体と1本のY染色体を持つ男性が生まれることがある。Y染色体が男性化を促進させるため男性となる。しかし彼らの細胞は、女性の細胞と同じように余計なX染色体を不活性化しているのだ。

同じような現象が女性でも起こる。まれにX染色体を3本持つ女性が生まれることがある。この場合、その女性の細胞は、1本ではなく2本のX染色体を不活性化している。この裏返しがX染色体を1本だけ持つ女性が生まれたときである。この場合、細胞は1本のX染色体を不活性化することはない。

私たちの細胞はX染色体の数を数えられるだけでなく、不活性化の情報を記憶することができる。女性が卵をつくるとき、通常X染色体も含めて、各ペアの染色体を1本ずつ卵に受け渡す。男性の場合、X染色体かY染色体を持つ精子をつくり出す。X染色体を持つ精子が卵と融合すると、受精卵は2本のX染色体を持ち、どちらも最初は活性状態にある。しかし、発生初期の数回の細胞分裂を終えた段階で、胚の各細胞で1本のX染色体が不活性化される。父親由来のX染色体が不活性化されるときもあれば、母親由来の方が不活性化されることもある。その後生み出される娘細胞は、親細胞と同じX染色体のスイッチをオフにする。つまり、大人の女性の体を形づくるおよそ50兆個の細胞では、平均して約半分は卵由来のX染色体を発現し、残りの約半分の細胞は精子由来のX染色体を発現していることになる。

X染色体が不活性化されると、とても特徴的な構造を取る。そのDNAは信じられないほどきつく凝縮されるのである。いま、あなたが友人と一緒に1本のタオルの両端をそれぞれ手に持っているとしよう。あなたが持っている方の端を時計回りの方向に回転させ、あなたの友人も同じように回転させると、すぐにタオルは真ん中辺りでよじれて、あなたと友人は互いに引き寄せられるに違いない。これを限界まで続けていくと、タオルはきわめてきつく巻き上げられた塊になる。本質的に、X染色体はこのタオルのようにきつく凝縮されている。不活性化されたX染色体はこのようにとても密な構造を取っているため、女性の細胞を顕微鏡で観察すると、核内にその構造を見ることができる。一方、ほかの染色体は長い糸状の構造を取っているため目で識別することはできない。凝縮したX染色体は「バー小体」とよばれている。

X染色体の不活性化がどのように起きるかを理解するために、研究者たちは特別な細胞株やマウスの系統を利用した。これらの細胞株やマウスの系統では、X染色体の一部が欠損したり、別の染色体に転移したりしている。X染色体の一部を失ったある細胞株では、まだX染色体を不活性化することができ、これはバー小体の存在によって確認することができる。しかし、X染色体の別の部分を失ったある細胞ではバー小体が形成されず、染色体の不活性化ができなくなったのだと考えられた。X染色体の一部がほかの染色体に転移されると、その異常な染色体が不活性化されることがある。このような不活性化は、転移されたX染色体の小さな領域に依存して起きたのである。

このような結果を蓄積して、研究者たちはX染色体不活性化の鍵をにぎる領域を狭めていくことができた。この領域が「X不活性化中心」とよばれているのは、とても理にかなっている。1991年、ひとつの研究グループがこの領域に存在するひとつの遺伝子を同定し、その遺伝子を*Xist*と名づけた。[*2] この*Xist*遺伝子は、不活性化されたX染色体からのみ、その転写産物である*Xist* RNAを発現していたのである。[5][6] X染色体不活性化は非対称な過程であるため、この発現様式は完全に筋が通っている。X染色体のペアのうち、一方は不活性化され、一方は不活性化されていない。一方の染色体がこの遺伝子を発現し、もう一方が発現しないという流れで、すべて説明ができると考えられた。

▼とても大きなジャンク

当然ながら次に出てくるのは、*Xist*がどうやって働いているのかという疑問であり、まず研究者たちが試みたのは、*Xist*がコードするタンパク質の配列を予想することだった。これは日常的に行

われる正攻法である。*Xist* RNAの配列が手に入ったら、単純なコンピュータプログラムにかけるだけで、RNAがコードする予想アミノ酸が出てくる。*Xist* RNAはとても長く、約1万7000塩基[*3]の長さがある。個々のアミノ酸は3塩基からなるブロックにコードされているので、1万7000塩基のRNAは、理論的に約5700アミノ酸からなるタンパク質をコードし得る。しかし、*Xist* RNAの配列を調べたところ、ひと続きのアミノ酸で最も長いものは300もなかったのだ。第2章で見てきたスプライシングというしくみによって、介在するジャンク配列はきちんと取り除かれているにもかかわらず、このような結果になってしまったのである。

3塩基からなるブロックの中には、アミノ酸をコードせず、タンパク質の組み立て終了を指示する「停止信号」のブロックがあるが、*Xist* RNAの中にはこの停止信号が散在していたのである。この状況は、レゴのブロックを使って高いタワーをつくろうとしている様子に少し似ている。ふつうにブロックを積んでいったら、レゴのタワーは順調に高くなる。しかし、屋根に相当するブロックのひとつを一番上に載せてしまったら、もうその上に新たにブロックを積んでタワーを高くすることはできなくなってしまう。

もし*Xist* RNAがタンパク質をコードしていたとしたら、それはとても奇妙に見える。細胞は、1万7000塩基もの長さのRNAを合成する労力をかけながら、そのうちの約5%の部分だけを使ってタンパク質をつくり出していることになる。研究者たちはすぐに、このようなおかしなことは起きているはずがないと気づいた。現実にはさらに奇妙なことが起きていたのだ。

DNAは核の中に存在している。DNAをコピーしてつくり出されたメッセンジャーRNAは、

核から核の外の構造体に運ばれて、そこでタンパク質を合成するための鋳型として働いている。しかし、*Xist* RNAを調べたところ、核から出て行かないことが明らかになった。つまり、このRNAは短いタンパク質さえもコードしていないのだ。[7][8]

実際に*Xist*は、タンパク質の情報を持たずにそれ自身が機能を持つことが示された最初のRNA分子のひとつである。これは、ジャンクDNA、いわゆるタンパク質をコードしていないDNAが、ジャンク以上の何かであることを示した素晴らしい例である。*Xist*の場合それ自身が重要な存在である。なぜなら*Xist*なしではX不活性化が起こり得ないからだ。

*Xist*の奇妙な特徴は、核から出て行かないということだけではない。*Xist*を生み出したX染色体からも離れていかないのだ。その代わり、不活性化されるX染色体に張りついて、染色体全体にわたって広がっている。*Xist* RNAがたくさんつくられればつくられるほど、それは不活性化されるX染色体全体を覆うように広がる。それゆえこの奇妙な過程は「ペインティング」とよばれている。このように、かなり記述的な表現を使ってこの現象を説明しているということ自体、そもそも私たちがこの過程についてほとんど理解していないということをよく言い表している。まるでツタが驚くような速さで壁を覆い尽くすように、*Xist* RNAは染色体上を這い進んでいるように見える。どうやって*Xist*が染色体上を進んで行くのかについて、誰もそのメカニズムを理解していない。この発見から12年以上経ったいまでも、これがどうやって起きるのかについては漠然としたままである。少なくとも、X染色体の配列に基づいているわけではないということはわかっている。X不活性化中心が別の常染色体に転移されると、その常染色体があたかもX染色体のように不活性化されるからである。[9]

Xist は確かにX不活性化を開始するのに必要だが、この過程を強めて維持するのを助けている役者がいる。*Xist* がX染色体をペイントするにつれて、*Xist* 自身がほかの核内タンパク質の結合部位として働く。これらのタンパク質は不活性化されつつあるX染色体に結合し、さらにほかのタンパク質をよび寄せることで、X染色体からの遺伝子発現をより強固にシャットダウンさせる。*Xist* RNAとこれらのタンパク質によって覆われていない唯一の遺伝子は、*Xist* 自身の遺伝子である。*Xist* は不活性化Xという染色体の闇の中で、小さな標識灯のように発現したままでいるのだ。[10]

▼左から右へ、右から左へ

私たちはいま、タンパク質をコードしていない小さなジャンクDNA断片が、ヒトという種の半分の存在に欠かせないという状況を目にしている。最近、X不活性化の過程には、少なくとももうひとつ別のジャンクDNAに由来するRNAが必要であることが見出された。紛らわしいことに、このRNAはX染色体上の *Xist* と同じ場所にコードされているのだ。みな知っているように、DNAは2本の鎖から構成されている（象徴的な二重らせんを思い出してほしい）。DNAをコピーしてRNAをつくる装置は、つねにDNAを一方向に読み出す。しかし、2本鎖のDNAが、それぞれ反対方向から読み出されることも可能である。双方向に行ったり来たりするという意味では、ケーブルカーと少し似ているかもしれない。これは、ある特定のDNA領域が、反対方向から読み出されることで、2組の情報を持ち得ることを意味している。

簡単な英単語を例に挙げると、「DEER（シカ）」という単語があり、これは左から右に読む。私た

ちはこの単語を右から左に読むこともでき、その場合この単語は「REED（アシ）」と読むことができる。同じ文字が異なる単語となり異なる意味を持つ。

X不活性化に関わるもうひとつの重要なジャンクDNA断片は、*Tsix* とよばれている。もちろんこれは *Xist* を逆から読んだものである。*Tsix* は、*Xist* と同じ領域に存在しているが、それぞれ反対方向の鎖に見出される。*Tsix* は、*Xist* の倍以上の長さに相当する約4万塩基のRNAをコードしている。*Xist* RNAと同様に、*Tsix* RNAも核から離れることはない。

Tsix と *Xist* はX染色体の同じ部分にコードされているが、それらが一緒に発現されることはない。もしX染色体が *Tsix* を発現したら、同じ染色体からの *Xist* の発現は妨げられる。つまり、つねに不活性X染色体から発現される *Xist* と対照的に、*Tsix* は活性なX染色体から発現されるということを意味している。

Tsix と *Xist* の相互排他的な発現は、発生初期においてきわめて重要である。卵のX染色体は、もしそれが不活性化されていたX染色体であれば、不活性であったことを示すタンパク質のマークはすべて取り除かれ、精子の中のX染色体はそもそも始めから不活性化されていない。精子と卵が融合して、その後6回か7回分裂すると、胚の中には100個前後の細胞が存在することになる。この時点で、女性の胚では個々の細胞が2本あるX染色体の片方をランダムに選んで、そのスイッチをオフにする。この過程において、X染色体ペアが細胞内でほんの一瞬だが、強く結びつく必要がある。2本のX染色体は、ほんの2~3時間くっつき合って、片方が不活性化されると両者の結合は解消される。結合はX染色体上の小さな領域だけで起こり、その場所はもちろん、*Xist* と *Tsix* がコードされてい

るX不活性化中心である。[11]

▼つかの間の時は永遠に続く

これは女性の細胞の運命を決める、一夜限りの情事のようなものである。ほんの2時間の間に染色体同士の決断が下され、それが一生涯維持される。胎児が発生する間だけでなく、たとえその女性がその後100歳まで生きたとしても、死ぬまでこのときの決断が覆されることはない。さらに、この決断はそれを下した100個前後の細胞に影響を与えるだけでなく、その後に生み出される何兆という細胞にも影響を及ぼす。すべての娘細胞で同じX染色体が不活性化されるからである。

X染色体同士が親密な関係を結ぶ、発生初期の数時間の間に何が起きているのかについては、すべてが明らかになっているわけではない。現在、2つのX染色体の間でジャンクRNAの再配置のようなことが起こり、その結果片方のX染色体がすべての*Xist* RNAを獲得して、不活性化が促進されるというようなモデルが考えられている。詳しいメカニズムはもちろんわかっていないが、一方の染色体がもう一方の染色体より、*Xist*あるいは別の重要な因子を少しだけ多く、あるいは少なく発現しているということは十分考えられる。*Tsix*の発現レベルの低下に伴って、X不活性化の過程が始まるということはすでにわかっている。*Tsix*の発現レベルがある重要な閾値を下回ると、*Xist*の発現が始まるのかもしれない。

遺伝子発現には確率的な側面があり、その程度には小さな範囲のランダムな変動が見られる。一方の染色体が、ある重要な因子について少しだけ多く発現すると、それだけで自己増強型のネットワー

クが構築されるのかもしれない。発現における不均衡は、ランダムなノイズによって起こる確率的な過程であるため、100個前後の細胞で起きる不活性化も必然的にランダムになると考えられる。

この現象は、次のようなたとえを使えばイメージしやすくなるかもしれない。ある晩遅くに帰宅して、溶かしたチーズがたっぷり載ったチーズトーストを2枚、どうしても食べたくなったとする。実際に夜食をつくり始めたら、冷蔵庫の中に十分なチーズがないことに気づいた。さてどうするか？ チーズの量が足りない中途半端なチーズトーストを2枚つくるか？ あるいは冷蔵庫にあるチーズを全部1枚のトーストに載せて、どうしても食べたかったチーズたっぷりのチーズトーストをつくるか？ おそらく、ほとんどの人は後者を選ぶのではないだろうか。X染色体のペアは、胚の中でランダムな不活性化が起きる際にこれと似たようなことをしているのだ。2本のX染色体のそれぞれが、ある重要な因子について不十分な量を持つのではなく、最初に少しでも多くその因子を持つ染色体の方にすべての因子が移動するという方法が、進化の過程で受け入れられたのだ。多くを持つ者が、さらに多くを手にするように。

X不活性化の過程は完全にジャンクDNAに依存しており、その事実からもジャンクという命名には矛盾がある。その過程は、雌の哺乳動物における細胞の機能や、その個体の健康に必要不可欠であると同時に、さまざまな病気の症状にも影響を及ぼす。第1章で出会った脆弱X症候群では、男の子だけに精神遅滞が引き起こされる。これは、原因遺伝子がX染色体上に存在しているからである。女性はX染色体を2本持っており、もし一方の染色体が変異を持っていたとしても、もう一方の正常な遺伝子から十分な量のタンパク質がつくられ、深刻な症状は避けられる。しかし、男性はX染色体を

1本、Y染色体を1本しか持っていない。Y染色体はとても小さく、性決定の遺伝子を除いてあまり多くの遺伝子を持っていない。それゆえ、男性の持つ異常なX染色体が、正常な脆弱X遺伝子によって補償されることはない。1本しかないX染色体で、脆弱X遺伝子に3塩基（トリプレット）の増幅があれば、タンパク質をつくり出すことができず病気を発症してしまうのだ。

X染色体上の遺伝子の変異で起きる、あらゆる種類の遺伝病についても同じことがいえる。男の子は1本しかないX染色体の欠陥を補うことができないため、女の子に比べてX染色体に連鎖した遺伝病の症状を引き起こしやすい。関連する病気は、色覚異常のような軽度の症状から、もっと深刻な症状に至るまで多岐にわたる。その中には血友病Bとよばれる血液凝固の異常が含まれる。ヴィクトリア女王はこの病気のキャリア（保因者）で、息子のひとり（レオポルド）はこの病気を持って生まれ、31歳のときに脳内出血が原因で亡くなっている。少なくともヴィクトリア女王の2人の娘も同じキャリアであり、ヨーロッパの王室同士が婚姻関係を結ぶ傾向があったため、この変異はほかの王族に受け継がれ、その中で最も有名なのはロシアのロマノフ王朝である。[12]

血友病の原因となる変異を持つ女性は、血液凝固因子を正常な人の50%しかつくり出せないが、その量だけで十分であり、病気の症状は現れない。血液凝固因子は細胞から放出されて血液を循環し、どこで出血が起きてもそれを止めるために十分な量がその場所に集まってくる。キャリアの女性で症状が現れないのは、このような血液凝固因子の性質が一因だと考えられる。

女性がX染色体を2本持っているからといって、必ずしもXに連鎖した疾患にかからないというわけではない。レット症候群は深刻な神経変性疾患で、とても極端な自閉症のような症状が現れる。女

の子の赤ちゃんはまったく健康な状態で生まれ、最初の6か月から18か月間は正常に成長する。しかし、その後で退行が始まる。それまでに覚えた言葉はまったく話せなくなり、反復性の手の動きをするようになり、意図した動きができなくなる。その女の子は、一生涯深刻な学習障害に悩まされる。[13]

レット症候群は、X染色体にコードされたタンパク質コード遺伝子の変異が原因で起きる。*4・[14] 病気を引き起こした女性は、正常な遺伝子のコピーと、機能的なタンパク質をつくり出せない変異遺伝子のコピーを1つずつ持っている。X不活性化がランダムに起きるとすると、約半数の脳細胞は正常な量のタンパク質をつくり出し、残りの半分の細胞では正常なタンパク質が発現していないと考えられる。臨床的な所見から明らかなことは、半分の細胞がこのタンパク質を発現できないと、深刻な問題があるということである。

レット症候群の症状を示すのは女の子だけである。これは、女の子がキャリアとなり男の子が発症するという、通常のX連鎖の疾患とは様子が異なっている。どうやって男の子がレット症候群の症状を免れているのか不思議に思うかもしれない。しかし、現実はそうではない。私たちがレット症候群の男の子を目にすることがないのは、男性が1本しかないX染色体上に同じ変異を持った場合、胚は正常に発生せず、胎児が出産まで生存できないからである。

▼良かれ悪しかれ、偶然を軽んじてはいけない

科学者たちは、教育や職歴を通じてたくさんの物事を考えるように教えられる。しかし、偶然が果たす役割については、きちんと考えるように教わることはほとんどない。たとえあったとしても、「不

規則変動」とか「確率的変動」というような聞こえのよい言葉で説明したりしている。これはじつに残念なことだ。なぜなら、そのまま偶然といった方がふさわしい場合があるからである。

デュシェンヌ型筋ジストロフィーは深刻な筋消耗性の疾患であり、私たちは第3章でこの病気に出会っている。この疾患の男の子は、最初は何の問題も見られないが、小児期に筋肉が退縮し始めるというのが特徴的なパターンである。たとえば、足では太ももの筋肉が最初に退縮し始める。少年の体は退縮し始めた太ももの働きを補おうとふくらはぎの筋肉を発達させるが、しばらくするとふくらはぎの筋肉も衰え始める。10代までに車イスを使うようになり、平均寿命はわずか27年である。若年で死亡するおもな要因は、呼吸に関わる筋肉が最終的に破壊されてしまうからである。[15]

デュシェンヌ型筋ジストロフィーは、X染色体上の遺伝子の疾患が原因で起こり、この遺伝子はジストロフィンとよばれる巨大なタンパク質をコードしている。[16]このタンパク質は、筋細胞の中で衝撃吸収剤のような働きをしている。この遺伝子に変異が入ると、男性の場合機能的なタンパク質をつくれなくなり、最終的に筋肉が破壊されてしまう。変異の遺伝子を1コピー持つキャリアの女性は、正常な人に比べて50%の量の機能的なタンパク質をつくり出す。一般に、ジストロフィンはその量で十分であり、これは筋肉の持つ特殊な解剖学的特徴のためである。私たちが発生する際、個々の筋細胞が融合して、多数の核を有する巨大な細胞をつくり出す。これは、個々の巨大細胞が、異なる核にある複数の遺伝子コピーを同時に利用できることを意味している。それゆえ、キャリアの女性の筋肉は、正常な機能に必要なジストロフィンを持つことができるのだ。

まれに女性が典型的なデュシェンヌ型筋ジストロフィーの症状を示すケースがある。確かにめった

にないケースだが、どうやって起きたのか推測することはできる。ひとつの可能性としては、彼女の母親がキャリアで、彼女の父親がデュシェンヌ型筋ジストロフィーの患者でありながら、父親として子どもを持てるまでの期間生存していたということが考えられる。もしこれが正しければ、彼女は間違いなく父親から変異の遺伝子を受け継いだはずである（父親は変異の入ったX染色体しか持っていないため）。キャリアである母親がつくり出す卵は、2分の1の確率でジストロフィン遺伝子の変異を持つと考えられる。もし変異遺伝子を持つ卵が受精したら、正常な遺伝子のコピーは母親からも受け継がれず、生まれる子どもは正常なタンパク質をつくり出すことはできない。

しかし、この患者の治療にあたった医者がこの病気の家族歴を調べ、父親がデュシェンヌ型筋ジストロフィーではないことが明らかになったら、別の説明が必要になる。卵や精子がつくられるときに、自然発生的に変異が入ることがある。ジストロフィンをコードする遺伝子はとても長いため、ゲノム中のほかの遺伝子に比べて、変異が偶然入るリスクは高くなる。変異が入るのは、宝くじのようなものだからだ（たくさん購入すれば当選の確率は高くなる）。遺伝子の大きさが大きくなれば、それだけ変異が入る確率は高くなる。女性がデュシェンヌ型筋ジストロフィーを発症するひとつの機構としては、キャリアの母親から変異の入った染色体を受け継ぎ、母親の卵と受精した精子の方に新しく変異が入っていたということが考えられる。

これは、女性の患者がこの病気を発症した理由の説明としては、かなり妥当に見える。しかし、実際の症例では、まだひとつ残された問題があった。女性の患者には一卵性双生児として生まれた妹がいたのである。一卵性双生児は、まったく同じ卵と精子から生まれる。しかし、双子の妹の方は健康

で、デュシェンヌ型筋ジストロフィーの症状はまったく現れていなかった。いったい全体、遺伝的に同じはずの2人の女性で、まったく異なる遺伝病の症状を示すようなことが起こり得るのだろうか？

発生の初期の過程で、X染色体の不活性化が起きる100前後の細胞について思い返してほしい。約半数の細胞は一方のX染色体のスイッチをオフにし、残りの半数の細胞は別のX染色体のスイッチをオフにする。そして、どちらのX染色体を不活性化するかは偶然の過程である。X染色体の不活性化のパターンは、すべての娘細胞に伝えられ、その後一生涯維持される。

デュシェンヌ型筋ジストロフィーを発症した姉の方は、このときに信じられない不運に見舞われただけなのである。まったくの偶然によって、将来筋肉を生み出すはずのすべての細胞が、正常なコピーを持つ方のX染色体を不活性化してしまったのだ。これは父親から受け継いだ方のX染色体である。つまり、彼女の筋細胞では、キャリアの母親から受け継いだ変異を持つ方のX染色体のスイッチがオンになってしまったのだ。病気の姉のすべての筋細胞はジストロフィンを発現することができず、通常男性で見られるような症状を発症したのである。

しかし、遺伝的に同一な双子の妹の場合、将来筋肉になるはずの一部の細胞は正常なX染色体を不活性化し、一部の細胞は変異遺伝子を持ったX染色体を不活性化したのだ。その結果、筋肉は必要なジストロフィンを発現して正常な機能を果たし、彼女は、母親と同じように症状を現さないキャリアとなったのである[17]。

ジャンクDNAから生み出された*Xist* RNAの分布が、単にゆらいだだけでこのようなことが起きたということは、驚くべきことである。ゆらいだ状態が続くのはたった数時間であり、そのゆらぎは、

髪の毛の幅の100万分の1より短い距離を隔てた2本のX染色体の間で起きているのだ。それにもかかわらず、このゆらぎは健康という宝くじの結果を左右するのである。

▼幸運はまだらになることも

猫好きな一部の読者が、じつは毎日X不活性化によって生み出されたものを目にして、しかもそれを優しくなでているとを聞いたらもっと奇妙に思うかもしれない。三毛猫は、くっきりした白、赤茶、黒のパターンを持つ猫であり、彼らの毛色はまだらになっている。毛色を決める2種類の遺伝子があり、赤茶にする遺伝子か黒にする遺伝子のどちらかがX染色体上にある。

もし黒の遺伝子を持つX染色体が不活性化されると、もう一方の染色体にある赤茶の遺伝子が発現され、その逆も起きる。猫の胚が100個前後の細胞を持つ時期に、個々の細胞でどちらか一方のX染色体が不活性化される。先述の例と同じように、それぞれの細胞から生じるすべての娘細胞は、同じX染色体のスイッチをオフにする。その結果生じた一部の娘細胞が皮下の色素細胞となり毛の色素をつくり出す。これらの細胞が発生の過程で分裂を繰り返すと、お互い近接することになる。つまり、娘細胞はまだら状に存在することを意味する。それゆえ、娘細胞のX不活性化のパターンによって、毛色に赤茶の斑《ぶち》ができたり、黒の斑ができたりするのだ。**図7・2**にこの過程を示している。

2002年、科学者たちは実際に三毛猫のクローンをつくって、X不活性化がランダムに起きていることを実証した。彼らは大人の雌猫から細胞を取り出し、通常の（といっても恐ろしく手の込んだ）クローニングを行った。実際には、大人の猫の細胞から核を取り出し、それをあらかじめ核を取り除いた卵

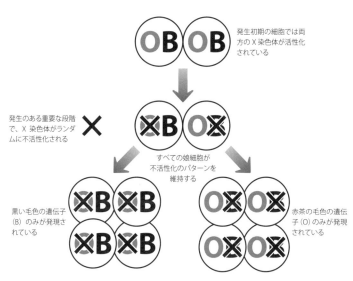

図7.2 雌の三毛猫において、X染色体不活性化によってどのように赤茶と黒の毛色がつくり出されるのかを説明した模式図。毛の色を決める遺伝子はX染色体上に存在する。もし黒い毛色の遺伝子（B）が乗ったX染色体が発生の初期に不活性化されると、その細胞から生み出されたすべての娘細胞は赤茶の毛色の遺伝子（O）だけを発現する。もし赤茶の毛色の遺伝子が乗ったX染色体が不活性化された場合は、その逆になる。

に入れたのである。その卵を代理母猫に移植し、可愛い雌の子猫が生まれた。生まれたクローンの子猫は、元になった猫とはまったく似ていなかった。[18]

このクローニングの手法では、卵（の細胞質）は、挿入された大人の雌猫の核を、まるで卵と精子が融合してできたDNAに付加された通常の核と同じように扱う。卵はDNAに付加された通常の核と同じようにできた取り除き、基本的な遺伝配列をできる限り取り戻そうとする。この過程は、実際の卵と精子のDNAに対して行われるほど効率よく進まない。これは、クローニングの成功率が未だにとても低い原因のひとつだと考えられる。しかし、ときにはここで紹介した猫のようにうまく行って、クローン動物が生まれる。

母親の猫から取り出した核を卵に挿

入したとき、卵はその核の染色体にさまざまな変化を引き起こす。このような変化のひとつが、不活性化されたX染色体上から、不活性化に寄与しているタンパク質を取り除き、*Xist* の発現スイッチをオフにすることである。そして初期発生の短い時間でX染色体の両方のコピーが活性な状態になる。胚がさらに発生すると、通常の発生と同じように100前後の細胞からなる時期を通過し、その際に個々の細胞でX染色体がランダムに不活性化される。X不活性化のパターンは通常通り娘細胞に受け渡され、その結果、元の猫とは異なった赤茶と黒のパターンを持つ子猫が生まれる。

この話から得られる教訓は何だろうか？　もしあなたが可愛い三毛猫を飼っているならば、元気なうちにたくさんのビデオや写真を撮っておくのがよいだろう。その猫が死んでしまって、ビデオや写真で満足できなければ、剥製として残してもらえばよい。しかし、もしペットのクローニングを請け負うと言ってくる押し売りのような業者が来たら、ただ追い払えばよい。残念ながら、まったく同じ三毛猫にはもう会えないのだから。

▼第7章注

＊1　この遺伝子は *SRY* とよばれる。
＊2　*Xist* という名前は X-inactive (Xi) -specific transcript に由来する。
＊3　ＲＮＡは1本鎖なので、ＲＮＡの長さの表記は「塩基対」ではなく「塩基」となる。
＊4　この遺伝子は *MeCP2* とよばれる。MeCP2タンパク質は、エピジェネティックな修飾（メチル化）を施されたＤＮＡに結合し、そこでほかのタンパク質と相互作用して、結合した場所にある遺伝子の発現を抑制する役割を果たしている。

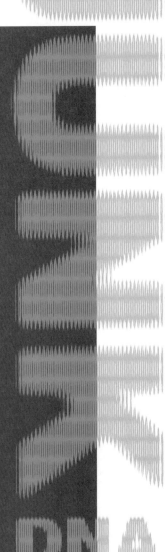

第8章

長いゲーム

第8章　長いゲーム

前章で紹介した*Xist*は、遺伝子の発現に並外れた影響を及ぼす、きわめて例外的なRNA分子だと長い間考えられてきた。*Tsix*が発見されたときでさえ、タンパク質をコードしていないジャンクRNAが関わるのは、X不活性化という特殊な過程に限られると考えられることが多かった。ヒトゲノムがこのようなジャンクRNAを数千種類も発現し、さらに、それらのRNAが正常な細胞機能に驚くほど重要な役割を果たしているということが認識され始めたのは、ここ数年のことである。

いまでは、*Xist*や*Tsix*のようなRNAは「長鎖ノンコーディングRNA」とよばれて分類されている。この名称は少々誤解を招くものであり、ノンコーディングとは、タンパク質に関してという意味にすぎない。これから見ていくように、長鎖ノンコーディングRNAは、実際には機能的な分子をきちんとコードしている。その機能的な分子とは、長鎖ノンコーディングRNA自身にほかならない。

長鎖ノンコーディングRNAは「200塩基を超える長さを持ち、タンパク質をコードしていないRNA」というかなり漠然とした定義によって、通常のメッセンジャーRNAと区別されている。200塩基とは下限のサイズであるが、最も長い長鎖ノンコーディングRNAは10万塩基にも及ぶ。数多くの長鎖ノンコーディングRNAがあるが、その正確な数については意見が一致していない。ヒ

トゲノムには1万から3万2000種類の長鎖ノンコーディングRNAがあると推測されている。[1][2][3][4] 確かに長鎖ノンコーディングRNAに分類されるRNAは数多く存在しているが、タンパク質をコードする通常のメッセンジャーRNAほど高発現されているものはまれである。通常、長鎖ノンコーディングRNAの発現量は、平均的なメッセンジャーRNAの発現量の10％以下である。[5]

これらのRNAの相対的な量が少ないということが、ごく最近まで私たちが長鎖ノンコーディングRNAの存在を軽視してきたひとつの理由である。細胞におけるRNAの発現を調べる検出手法の感度が低かったため、必然的に長鎖ノンコーディングRNAを検出すること自体が難しかったのだ。しかし、いまや私たちはその存在を知っており、ヒトを含むさまざまな種のゲノムを解析することで、DNA配列からその存在を予測できると考えるかもしれない。実際、タンパク質をコードする遺伝子を見つけ出すときには、DNA配列から予測する方法がきわめて有効だったからである。

しかし、さまざまな理由によって、DNA配列から直接長鎖ノンコーディングRNAの存在を予測するのは難しい。私たちがタンパク質コード遺伝子を見つけ出すときには、数々の特徴を手がかりにできる。まず、タンパク質コード遺伝子には、その始めと終わりに特徴的な配列が存在し、それらの配列が遺伝子の同定を容易にしている。また、それらの遺伝子はひと続きのアミノ酸をコードしているため、予想されるアミノ酸を調べることで、実際にそこに遺伝子が存在しているという確信を持つことができる。さらに、多くのタンパク質コード遺伝子には、よく似た遺伝子が別の種にも存在していることが多い。つまり、もしフグのような種で典型的な遺伝子を見出したら、その配列をもとにヒトゲノムを検索し、私たちのゲノムに似たような遺伝子が存在しているかどうかを容易に調べること

ができるのだ。

しかしながら、長鎖ノンコーディングRNAの場合、タンパク質コード遺伝子のように遺伝子の存在を示唆するような配列的特徴は見あたらず、種間での保存性も低い。その結果、ほかの種で長鎖ノンコーディングRNAの配列を同定したとしても、ヒトゲノムの中で機能的に関連する配列を見つけ出す助けになることはほとんどないのだ。一般的なモデル生物のひとつであるゼブラフィッシュで同定された、ある種類の長鎖ノンコーディングRNAのうち、明らかに同等な働きをすると考えられる配列がマウスとヒトでも見出されるものは6％にも満たない。[6] また、ヒトとマウスで見出された同じ種類の長鎖ノンコーディングRNAのうち、ほかの動物でも見出されるものは約12％だけである。[7][8] 長鎖ノンコーディングRNAの保存性が低いことについては、異なる四肢動物の、さまざまな組織で発現している長鎖ノンコーディングRNAを比較した最近の研究からも確かめられている。四肢動物とは、地上で生活するすべての脊椎動物と、進化の過程で海に戻ったクジラやイルカを含むグループのことである。この論文では、霊長類だけで見つかる長鎖ノンコーディングRNAが1万1000個あると報告している。そのうち、2500個だけが四肢動物の間で保存され、その中の400個だけが、両生類とほかの四肢動物が分かれた約3億年前よりも古い起源を持つ古典的なものとして分類されている。著者たちは、起源の古い長鎖ノンコーディングRNAは、どの生物種においても非常に積極的にその発現が調節され、その多くが初期発生に関与していると推測している。[9] ほとんどの脊椎動物は、胚《はい》発生の初期ではとてもよく似ていることが知られている。私たちと私たちの遠い親戚が同じような経路をたどって発生を始めているというのは、起源の古い長鎖ノンコーディングRNAの存在から考

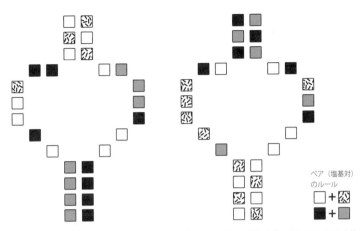

ペア（塩基対）のルール

図8.1 異なる塩基配列を持つ、2種類の1本鎖長鎖ノンコーディングRNAが、どのように同じ立体的な形を取り得るかを示した模式図。全体の形はAとUの塩基による対、あるいはCとGの塩基による対によって決められる。それぞれの塩基は異なる色と模様で示している。この模式図は極端に単純化したものである。実際には、長鎖ノンコーディングRNAは複雑な構造を取り得る複数の領域を持つことがある。それらは、この図で示した平面的な構造ではなく3次元的な構造の場合もある。

えても、理にかなったことなのかもしれない。

生物種間での保存性が概して低いという結果から、長鎖ノンコーディングRNAがあまり重要ではないと考える研究者もいる。その背景となる根拠は、もしそれらのRNAが重要であれば、機能的な制約によって進化や種分化の過程を経てもっと似ているはずであり、それに対してジャンクRNAの配列は、タンパク質コード配列よりもかなり早く進化しているという事実にある。

もちろんこれは安当な指摘ではあるが、おそらく単純化しすぎているように思われる。長鎖ノンコーディングRNAは、確かにその塩基の数という意味では長いが、必ずしも細胞の中で長いひも状の分子として存在しているわけではない。長鎖ノンコーディングRNAはそれ自身折り畳まれて、3次元的な立体構造を形成することができるのだ。DNAが2本鎖を形成して

いるのと同じ様式に従って、RNAも分子の中で塩基対を形成している。RNAは1本鎖の分子であるため、塩基対を形成している個々の領域は比較的短いが、それらが折り畳まれることで複雑で安定な構造をとることができる。長鎖ノンコーディングRNAの機能にとっては、このような3次元構造がとても重要であり、たとえ生物種間で塩基配列が保存されていなくても、3次元構造は保存されている可能性がある。[10] **図8・1**にこのような構造の例を示している。残念なことに、配列データから構造の類似性を予測するのは難しい。それゆえ、3次元構造の情報をもとにして、機能的に保存された長鎖ノンコーディングRNAを見つけ出すのには限界があるのだ。

▼木の幹か木くずか?

ヒトのゲノム配列から長鎖ノンコーディングRNAを直接見つけ出すのは困難なため、ほとんどの研究者は、細胞から取り出した長鎖ノンコーディングRNAを解析してその分子の配列を決定するという、より現実的なアプローチを取り始めている。しかし、得られた結果をどう解釈するかについて、研究者の間で大きく意見が分かれている。徹底したジャンクの信奉者は、もしある配列が長鎖ノンコーディングRNAとして発現されていれば、それには何らかの理由があるはずだと主張している。別の研究者はもっと懐疑的であり、長鎖ノンコーディングRNAの発現は、いわゆる「バイスタンダー（傍観者）効果」だと推測している（細胞に放射線を照射すると、直接照射されていない周囲の細胞まで影響を受ける現象のこと）。つまり、長鎖ノンコーディングRNAが発現されていても、それは別の適切な遺伝子の発現スイッチをオンにしたことによる、単なる副産物にすぎないという主張である。

この副産物の意味を理解するため、チェーンソーを使って木の枝を切ることを考えてみるとよい。本来の目的は、山小屋を建てるための資材や、ストーブの燃料として使えるような木の幹を切り出すことにある。チェーンソーを使って木の幹を切り出せば、必然的に木くずが副産物として出てくる。このような木くずを出さないようにすることに何か意味があるだろうか？　木くずが出たからといって、木の幹を手に入れるという本来の目的が妨げられることはない。もし木くずを出さないようにする方法があったとして、木の幹を切り出すという本来の目的の効率が逆に犠牲になってしまうかもしれない。時には、木くずという副産物は、植木鉢の根を覆うウッドチップや、ペットとして飼っているヘビの床敷きに使えることがあるかもしれない。

　ジャンクについて懐疑的な研究者には、長鎖ノンコーディングＲＮＡの発現は、ある特定の領域の遺伝子が発現されたことによって、近傍の抑制が緩和されたことを単に反映しているにすぎないと主張する人もいる。このモデルによると、長鎖ノンコーディングＲＮＡの産生は、別の重要な過程による必然的な結果であり、本質的に害もなければ重要なものでもないということになる。しかし、ジャンクの信奉者たちは、長鎖ノンコーディングＲＮＡの発現パターンを根拠に、懐疑派の研究者に対して反論している。たとえば、異なる脳の領域から取ってきた試料を調べると、異なる種類の長鎖ノンコーディングＲＮＡが発現されている[11]。長鎖ノンコーディングＲＮＡの熱狂的な信奉者たちは、このような発現パターンの違いは、これらのＲＮＡが重要な分子であるという考えを支持するものだと主張している。一方懐疑派の研究者たちは、異なる長鎖ノンコーディングＲＮＡが検出されているのは、単に異なる脳の領域が異なるタンパク質コード遺伝子のスイッチをオンにしているからにすぎないと

主張している。チェーンソーのたとえでいえば、オークの木を切るのと松の木を切るのとでは、当然出てくる木くずも異なるというのに等しい。

結論を出すのはまだ早いが、最近の実験データは、過激な信奉者も過激な懐疑主義者も、相手に対する批判的な姿勢を和らげるべきだということを示唆している。なぜなら、現実は両者の立場の中間辺りに落ち着きそうな様子だからである。長鎖ノンコーディングRNAが、実際に機能を持っているということを確かめるための唯一の方法は、ひとつひとつのRNAを正しい細胞を使って調べることである。手法としてはじつに理にかなったものであるが、実際には口で言うほど簡単なことではない。その理由のひとつは数にある。もし細胞や組織で、数百、数千の異なる長鎖ノンコーディングRNAが検出されたとしたら、私たちはどのRNAを調べるかを決めなければいけない。しかし、どのRNAを調べるかを決めるには、特定の長鎖ノンコーディングRNAが細胞内でどのような機能を果たしているか仮説を立てる必要がある。もしそのような仮説がなければ、特定のRNA分子の発現や機能を抑制したときに、細胞内のどのような影響を調べたらよいのか判断できないからだ。

さらに状況を複雑にしているのは、多くの長鎖ノンコーディングRNAが、典型的なタンパク質コード遺伝子と同じ場所に見出されるということである。第7章で見た*Xist*と*Tsix*のように、まったく同じ場所で反対側のDNA鎖にコードされているような場合もある。別の例としては、第2章のフリードライヒ運動失調症の説明で出てきた、遺伝子の中でアミノ酸をコードする領域の間に存在するジャンクDNA(イントロン)の中に長鎖ノンコーディングRNAが見つかることもある。長鎖ノンコーディングRNAがタンパク質コード遺伝子と同じ領域を共有するケースはほかにもたくさんあるため、そ

の機能を実験的に調べるのがきわめて難しいのだ。

通常、ある遺伝子の機能を知りたいときには、その遺伝子に変異を入れて検証する方法を用いる。導入する変異の種類はさまざまだが、最も一般的なのは、遺伝子のスイッチをオフにするか、あるいは通常よりも高いレベルでその遺伝子を発現させることである。しかし、多くの長鎖ノンコーディングRNAは、タンパク質コード遺伝子と重複する領域からつくり出されるため、一方に変異の影響を与えずに、もう一方に変異を導入するのは困難となる。実際に目にしている影響が、長鎖ノンコーディングRNAの変化によるものなのか、タンパク質コード遺伝子の変化によるものなのかを、区別しなければならないという問題に直面する。

この問題をイメージするのに、少し不真面目なたとえ話が役立つかもしれない。いま博士課程の学生が、カエルがどのように音を聞くのか研究をしていたとしよう。彼はカエルの体の一部を外科的に取り除いて、大きな音（たとえば銃声）を聞かせて、その反応をモニターするという実験を行った。ある日、彼は指導教官の部屋へ飛び込んで来て、大きな声で「先生、カエルがどうやって音を聞いているのかわかりました！」と叫んだ。そして「彼らは足で音を聞いているんです」と困惑気味の教官に言ったのだ。教官が学生にどうやってそれを確かめたのか聞いたところ、彼はこう言った。「とても単純なことです。何もしていないカエルは銃声を聞いたらその音を聞いて飛び上がったんですが、カエルの足を取ってしまったら、銃声を聞いても飛び上がらなかったんです。だから彼らは足で音を聞いているに違いありません」[*1]。

論理的には、タンパク質コード遺伝子に変異を入れたときに見られた予想外の影響が、じつはその

当時は存在が知られていなかった、同じ場所にある長鎖ノンコーディングRNAの変化で起きていた、というような逆の可能性も十分考えられる。

このように、タンパク質コード遺伝子が巻き添え被害を受ける可能性があるため、多くの研究者は、タンパク質コード遺伝子とは重複していない領域からつくられる、一部の長鎖ノンコーディングRNAに焦点を絞って研究している。このような長鎖ノンコーディングRNAは少なく見積もっても3500個あるので、まだたくさんの選択肢がある。論文では、タンパク質コード遺伝子から離れた場所にある長鎖ノンコーディングRNAを、ひとまとめにして別の名前をつけてよぶ傾向がある。[*2・12] しかしこのような分類では、単にタンパク質コード遺伝子と重複していないという定義だけで、これらのRNAを分類しているということに注意すべきだろう。これは、膨大な数の長鎖ノンコーディングRNAをひとまとめにした少々乱暴な分類であり、個々の長鎖ノンコーディングRNAが、機能的にまったく異なるということが後に判明するかもしれない。

ゲノム解析の分野では、性急に分類をつくったり命名したりすることで深刻な問題が起きることがある。なぜ問題になるかというと、私たちが十分な生物学的理解を得てふさわしい分類をつくる前に、定義に縛られて身動きできなくなる傾向があるからだ。たとえば、あなたがこれまでまったく映画を見たことがなく、唐突に1週間映画を見続けさせられたという状況を想像してほしい。あなたが見せられた作品とは、「トップ・ハット」、「雨に唄えば」、「続・夕陽のガンマン」、「真昼の決闘」、「サウンド・オブ・ミュージック」、「荒野の七人」、「キャバレー」、「トゥルー・グリッド」、「許されざる者」、「ウエスト・サイド物語」である。映画のジャンルを問われたら、あなたは映画には「ミュージ

カル」と「西部劇」という2つのジャンルがあると答えるだろう。その答えは正しい。しかし、もし次の週に「ブリジット・ジョーンズの日記」と「ゼロ・グラビティ」を見せられたらどうなるだろう？あるいは、「ペンチャー・ワゴン」、「掠奪された七人の花嫁」、「カラミティ・ジェーン」だとしたら、すべて西部劇か、ミュージカルかに分けられるだろうか？　幅広い映画の世界を知る前に自身がつくったジャンルのために、翌週見た映画をどう分類したらよいか悩むに違いない。同じような理由で、長鎖ノンコーディングRNAを個々の分類に分けて定義するのはやめて、実験的に明らかになったことに注目することにしよう。

▼人生でよいスタートを切ることの重要性

遺伝子発現を適切に制御することは一生涯にわたって必要だが、特に重要なのが発生のごく初期である。最初の数回の細胞分裂の際に起きたほんの少しの変化が、劇的な影響をもたらし得るからだ。受精卵という、卵と精子が融合してできた細胞にとっては特にそうである。受精卵と、この受精卵が数回分裂してつくられた最初の少数の細胞は「分化全能性」を有している。これらの細胞は、胚《はい》（発生初期の個体）と胎盤《たいばん》（胚に栄養を受け渡す組織で、最終的な個体には寄与しない）を構成するすべての細胞を生み出すことができる。研究者たちはできればこの分化全能性を持つ細胞を使って研究したいと考えるが、1個の受精卵からはごく少数の細胞しか得られないため、実際の研究で利用するのは難しい。その代わり、ほとんどの研究は「ES細胞」とよばれる胚性幹細胞を使って行われている。ES細胞はもともと胚に由来する細胞だが、培養皿の中で増殖させることができるので、毎回胚から取ってく

る必要はない。ES細胞は、受精卵が発生を開始してから少し時間が経った段階で得られる細胞なので、受精卵のように何にでもなれるわけではない。ES細胞は「分化多能性」を持つと表現され、体を構成するどの細胞にもなれるが、胎盤の細胞にはなれない。

適切な培養条件で細胞を培養すれば、ES細胞は分裂して分化多能性を持った幹細胞を生み出す。しかし、ほんのちょっとした培養条件の変化で、細胞は分化多能性を失ってしまう。そしてES細胞はより特殊化した細胞に分化し始めてしまう。最も劇的な変化のひとつは、ES細胞が心臓の細胞に分化したときであり、分化した一群の細胞が培養皿の中で自発的に、しかも同調しながら拍動し始める。しかし、ES細胞は本質的にさまざまな発生経路をたどることができ、処理の仕方によってその経路を変えることができる。

研究者たちは、タンパク質コード遺伝子から離れた領域から生み出される150個の長鎖ノンコーディングRNAについて、ES細胞を操作してその発現を抑える実験を行った。彼らは、個々の実験で長鎖ノンコーディングRNAの発現をひとつずつ抑えてその影響を調べた。その結果、数十のケースにおいて、ひとつの長鎖ノンコーディングRNAの発現を抑えるだけで、ES細胞が分化し始めることを見出したのだ。彼らは、長鎖ノンコーディングRNAの発現を抑制したとき、発現が変化するほかの遺伝子についても調べた。そして、90%以上の長鎖ノンコーディングRNAが、タンパク質コード遺伝子の発現を直接的、あるいは間接的に制御していることが明らかになった。多くのケースで、数百ものタンパク質コード遺伝子の発現が変化していたのである。これらのほとんどは、標的とした長鎖ノンコーディングRNAが生み出される領域とは離れたゲノム領域にコードされた遺伝子だった。

研究者たちはこれと逆の実験も行った。つまり、ＥＳ細胞を化学物質の処理によって分化させ、そのときに長鎖ノンコーディングＲＮＡの発現が変化するかどうかを調べたのだ。彼らは、ＥＳ細胞が分化するにつれて、約75％の長鎖ノンコーディングＲＮＡの発現が減少することを見つけた。一連の実験結果は、特定の長鎖ノンコーディングＲＮＡの発現が、ＥＳ細胞を分化多能性の状態に維持するための門番のような働きをしているという考えと一致する。[13] また、これらの長鎖ノンコーディングＲＮＡが、少なくとも発生初期の段階で、細胞内で機能を持っているということを裏づける結果である。

いくつかの長鎖ノンコーディングＲＮＡは、発生のもっと後の段階でも影響を及ぼしているかもしれない。私たちは第4章で*HOX*遺伝子を見てきた。*HOX*遺伝子は、体の各部位の正しいパターンを決めるのに重要な役割を果たしている。この*HOX*遺伝子の変異はショウジョウバエにとても奇異な影響を及ぼし、本来触角がある頭の部位から足が生えるような変異体が現れたりする。*HOX*遺伝子はゲノム中でクラスターとして存在し、これらの領域は極端に長鎖ノンコーディングＲＮＡに富んでいる。対照的に、*HOX*クラスターには古いウイルス由来の反復配列はまったく含まれていない。研究者たちは、長鎖ノンコーディングＲＮＡが、同じ場所にある*HOX*遺伝子の活性に影響を及ぼすかどうか調べてみることにした。まず、ニワトリの胎児を用いて、特定の長鎖ノンコーディングＲＮＡの発現を抑える実験が行われた。すると、ニワトリ胎児の手足の発生に異常が見られたのである。本来なら手足の端まで伸びるはずの骨が異常に短くなってしまったのだ。[14] 同様に、今度はマウスを使って、*HOX*クラスターからつくられる別の長鎖ノンコーディングＲＮＡの発現を抑えたところ、

脊柱と手首の骨に異常が見られるマウスが生まれたのである。[15] 両方の実験結果は、長鎖ノンコーディングＲＮＡが*HOX*遺伝子の発現調節に重要であり、手足の発生に関与している点で一致している。

▼長いRNAとがん

がんはさまざまな意味で、発生の裏返しと考えることができる。がんにおける問題のひとつは、成熟した細胞が変化してある種の未分化な形質を獲得し、細胞分裂の制御ができなくなってしまうことである。長鎖ノンコーディングＲＮＡが細胞の分化多能性や発生に重要であるならば、がんに関係していても全然不思議ではない。

大規模な研究によって、4種類のがん（前立腺がん、卵巣がん、脳腫瘍《しゅよう》のひとつであるグリア芽腫《がしゅ》、特定の型の肺がん）に分類された、１３００を超える腫瘍を用いて長鎖ノンコーディングＲＮＡの発現が調べられた。その結果、がんが原因で早期に亡くなってしまった患者において、約１００個の長鎖ノンコーディングＲＮＡが共通して高発現していたことが明らかにされたのだ。そのうちの9個については、がんの種類にかかわらず共通して高発現していたことから、患者の生存率を予測する、より一般的なマーカー（診断の際の指標）として使える可能性がある。[16]

4種類のがんのうち、前立腺がんを除く3種類のがんでは、長鎖ノンコーディングＲＮＡの発現を調べることで、さらに細かくがんの分類ができることが明らかになった。たとえば、卵巣がんといっても、関わる細胞の型によってさまざまな種類の卵巣がんがあり、これはがんがどのように発生してきたかを反映している。このような細かいがんの分類は、病気の予後や患者が受けるべき治療にも関

係してくる。腫瘍サンプルの中の、ある特定の長鎖ノンコーディングRNAを調べることで、その患者にとって最適な治療法を選択することができるようになるかもしれない。

長鎖ノンコーディングRNAとがんとの関係を示す論文の数はどんどん増えており、がんの遺伝学的な研究からも興味深い結果が得られつつある。一部のがんは、親から子へ伝えられるような、とても強力な単一遺伝子の変異が原因で引き起こされる。おそらく最もよく知られた例は*BRCA1*という遺伝子の変異であり、この遺伝子に変異を持つ女性は、悪性の乳がんを患うリスクがきわめて高くなる。この遺伝子に変異を持つ女優のアンジェリーナ・ジョリーが、2013年に両乳房切除手術を受ける決断をしたことは記憶に新しい。この*BRCA1*の変異のように、強力な単一の遺伝子変異によってがんが生じるケースはまれである。その一方で、数々のがんにおいて、その発生に遺伝的な要因があるということが明らかにされている。ただ、この場合に問題となるのは、がんのリスクと相関し、遺伝的に差が見られる場所を探していくと、しばしばタンパク質コード遺伝子がまるで見あたらないようなゲノムの場所に行きあたることだ。がんとの関連が示唆される300以上の遺伝的差異のうち、タンパク質中のアミノ酸配列の変化を伴うものはわずか3%であり、全体の40%以上はタンパク質をコードする通常の遺伝子と遺伝子の間の領域に位置している。このような状況では、塩基配列の違いはタンパク質コード遺伝子ではなく、長鎖ノンコーディングRNAに影響を与えている可能性が十分考えられる。最近の研究から、少なくとも2種類のがん（甲状腺乳頭がんし前立腺がん）において、遺伝的に差が見られるいくつかの場所が、実際に長鎖ノンコーディングRNAと関連していることが確かめられている。[17]

さらに心強いことに、一部のケースでは、単にがんと相関があるというだけでなく、長鎖ノンコーディングRNA自身ががん細胞の振る舞いを変化させていることを示すような、機能的なつながりを示す実験データが得られつつある。

ある長鎖ノンコーディングRNAは、前立腺がんで発現が上昇していることが知られている。別の細胞を使ってこのRNAを高発現させると、通常細胞が急速に増えすぎないように、細胞の増殖を抑える働きをしている重要な因子の発現が低下したのだ[18][19]。つまり、この長鎖ノンコーディングRNAを高発現させることは、坂の上に止まっている車のサイドブレーキを解除させるようなことに等しい。また、先に説明した、マウスの発生段階における正常な骨形成に関わる長鎖ノンコーディングRNAは、肝がん[20]、大腸がん[21]、膵臓《すいぞう》がん[22]、乳がん[23]を含むさまざまながん細胞で高発現しており、その過剰発現の状態は、患者の予後の不良と相関が見られる。がんの培養細胞を使った研究から、この長鎖ノンコーディングRNAが高発現されると、がん細胞の転移を促進する可能性が示唆されている。

前立腺がんの解析から、長鎖ノンコーディングRNAが単にがん化に伴って変化しているだけでなく、積極的にがん化に関与していることを支持するいくつかの強力な証拠が得られている。前立腺がんが発生するとき、細胞の増殖は男性ホルモンであるテストステロンに依存している。テストステロンは受容体に結合し、それによって細胞増殖を促進するさまざまな遺伝子を活性化するのだ。テストステロンがその受容体に結合することは、車のアクセルペダルに足を乗せるようなものである。前立腺がんは、最初のうちはホルモンと受容体の結合を阻害する薬剤を使って治療する。これは、あなたの足とアクセルペダルの間に何か物を挟むようなものであり、あなたはペダルを踏んで車のスピード

を上げることができなくなる。

しかし時間が経つと、がん細胞はしばしば抜け道を見つけ出す。テストステロンの存在にかかわらず、受容体が遺伝子を活性化するようになるのだ。これは、誰かが砂糖の入った重い袋をアクセルペダルの上に乗せてしまったようなものである。あなたが自分の足をダッシュボードに乗せていても、アクセルは踏まれたままで、車のスピードは上がっていく。悪性の前立腺がんで高発現している2つの長鎖ノンコーディングRNAが、この過程で重要な役割を果たしていることが明らかにされた。これらのRNAは受容体を手助けして、ホルモンがなくても遺伝子発現を活性化できるようにして細胞増殖を加速させていたのだ。これらのRNAは、車のたとえでいうと砂糖袋の役割を果たしている。がんのモデルとなる細胞でこれらの長鎖ノンコーディングRNAの発現を抑制すると、腫瘍の成長が劇的に低下するという結果は、これらの分子が前立腺がんの悪性化に重要な役割を果たしているという考えを支持している[24]。

もうひとつ別の長鎖ノンコーディングRNAも前立腺がんに関わっている。この長鎖ノンコーディングRNAの発現が高くなると、よりがんの悪性度は増し、治療後に再発するまでの期間が短くなり、さらに死亡のリスクも高くなる。先に述べたケースと同じように、この長鎖ノンコーディングRNAの発現をがんのモデル細胞で抑制すると、その増殖を抑えるような効果をもたらす。ただしこの場合の効果は、テストステロン受容体との相互作用が原因であるようには見えない[25]。この結果から、たとえ同じ種類のがんであっても、長鎖ノンコーディングRNAは異なる方法でがんの増殖に影響を与えている可能性が考えられる。

これらのRNA分子の機能に興味を持っているのは、がんの専門家だけではない。長鎖ノンコーディングRNAは、ほかのどの組織よりも脳でたくさん発現している（精巣はその例外の可能性がある）。[26] 一部の長鎖ノンコーディングRNAは、その発現パターンが鳥類からヒトまで保存されており、脳の同じ場所で、同じような発生段階において発現している。それゆえ、これらのRNAは正常な脳の発生において保存された機能を持っている可能性が考えられる。しかしながら、脳で発現している長鎖ノンコーディングRNAの多くは、ヒト、あるいは霊長類に特徴的に見出されることから、これらのRNAが、高等な霊長類に見られるきわめて複雑な認知機能や行動機能の、少なくとも一部に貢献しているのではないかと考えている研究者がいる。[27]

実際、脳の神経細胞同士の接続の仕方に影響を与える長鎖ノンコーディングRNAも見出されている。[28] 私たちヒトが、ほかの類人猿から分岐した後で進化したと考えられる別の長鎖ノンコーディングRNAは、ヒトの大脳皮質をつくり出す独特な発生過程に必要な遺伝子の発現制御に関わっているかもしれない。[29]

▼長いRNAと脳

これらの例はすべて、長鎖ノンコーディングRNAが脳で何らかの有益な役割を果たしていることを示唆している。しかし、健康と同様に病気との関連も考えられる。アルツハイマー病は重篤な認知症で、多くの場合、加齢に伴って発症する。人が長生きするようになったため、アルツハイマー病はますます一般的な病気になってきている。世界保健機関（WHO）は、3500万人以上の人が現在

この認知症を患い、患者の数は2030年までに倍になると推測している。[30]まだ治療法は確立されておらず、たとえ薬を使用したとしても、症状の進行を遅らせるのが精一杯で、完全に進行を止めたり、まして症状を回復させたりすることはない。この病気による社会的、経済的な損失は莫大なものであるが、その治療法の進展は恐ろしく遅い。この理由の一端は、患者の脳細胞の中で何がおかしくなっているのか、私たちがまだ十分に理解できていない点にある。

少なくとも、この病気につながる重要な過程のひとつに、老人斑《はん》あるいはアミロイド斑とよばれる不溶性の斑が脳内で形成されることがわかっており、これは亡くなった患者の脳を解剖することで確認できる。これらの斑は、折り畳みが不完全なタンパク質によって形成され、アミロイドβとよばれるタンパク質が最も重要な要素だと考えられている。アミロイドβは、BACE1とよばれる酵素が大きなタンパク質（アミロイド前駆体タンパク質）を切断したときに形成される。長鎖ノンコーディングRNAのひとつが、*BACE1*遺伝子と同じ場所からつくり出されているが、それは反対のDNA鎖からつくり出されており、ちょうど*Xist*と*Tsix*の関係によく似ている。

この長鎖ノンコーディングRNAは、正常な*BACE1*のメッセンジャーRNAと結合する。この結合によって、*BACE1*のメッセンジャーRNAは安定化され、細胞内で長い時間安定に存在できるようになる。そのため、細胞はより多くのBACE1タンパク質をつくり出せるようになる。これが、斑の形成に必須なアミロイドβの産生増加につながるのだ。[31]

アルツハイマー病の患者の脳で、この長鎖ノンコーディングRNAの発現量が上昇しているという報告があるが、このデータの解釈は難しい。単純に、同じ領域の別の遺伝子の発現が上昇したことに

よる、間接的な結果という可能性も考えられる。本章の始めのたとえ話を思い出してほしい。木の幹をたくさん切り出せば、そのぶん木くずもたくさん出てくる。しかし、研究者たちはアルツハイマーの病態を呈するモデルマウスを使って、この長鎖ノンコーディングＲＮＡを特異的に減少させる方法を見つけ出した。実際にこのＲＮＡの発現を抑えたところ、BACE1タンパク質が減少し、アミロイドβの斑が減少したのである。この結果は、長鎖ノンコーディングＲＮＡが、この重篤な病気において原因としての役割を果たしているという考えを支持するものである。[32]

　長鎖ノンコーディングＲＮＡの影響を受けるのは、中枢神経系だけではない。神経障害性疼痛《とうつう》は、特に身体的な刺激がないにもかかわらず、患者が痛みを感じる症状である。これは、体の末梢から中枢神経系（脳や脊髄）に信号を伝える神経において、異常な電気刺激が発生することが原因で起きる。これは患者にとっては大きな苦痛であり、アスピリンやパラセタモール（アセトアミノフェン）のような通常の鎮痛剤でこの痛みは軽減されない。なぜ神経が異常な振る舞いをするのかについて、その原因ははっきりしない場合が多い。しかし最近の研究から、一部のケースでは、ある長鎖ノンコーディングＲＮＡが増加して電気チャネルのひとつの発現量を変えていることが、この病気の原因になっているのではないかと考えられている。この長鎖ノンコーディングＲＮＡは、電気チャネルをコードするメッセンジャーＲＮＡに結合し、その安定性を変化させることで、つくり出されるチャネルタンパク質の量を変えているのだ。[33]

　長鎖ノンコーディングＲＮＡが何らかの役割を果たしていることが示唆される病気のリストは、毎日のように増え続けている。[34]しかし、これらの長鎖ノンコーディングＲＮＡが、実際のところどれだ

け機能的で重要なのかをめぐっては依然として論争が続けられている。これらのRNAは、本当にタンパク質と同じくらい重要なのだろうか？　*Xist* のようにその重要性が明白な分子でない限り、個々のRNA分子の重要性に関しては、残念ながら現時点では「ノー」と言わざるを得ないだろう。しかし、ひとつひとつの長鎖ノンコーディングRNAが及ぼす影響について考えるだけでは、重要な点を見落としている可能性がある。

最近の意見として、「多くの長い転写産物は、スイッチ本体というよりは、せいぜいゲノムに少し手を加えてその微調整をするような存在である可能性が高い」といわれている。[35] しかし、システムに最大限の柔軟性をもたらす複雑性や選択肢の幅は、オン／オフ、あるいは白／黒というような二者択一のスイッチからではなく、音量ボリュームや灰色のグラデーションのような微妙な変化からもたらされるものに違いない。生物学的に考えて、私たちは数え切れないくらいたくさんの微調整のしくみを備えているのかもしれない。

▼第8章 注

＊1　これは有名な思考実験である。この逸話の創作にあたっては、実際のカエルが傷つけられたわけではないのでご安心あれ。

＊2　これらのRNAは、linc RNAとして知られている。これはlong-intergenic non-coding RNAを表している。

第9章

ダークマターに彩りを添える

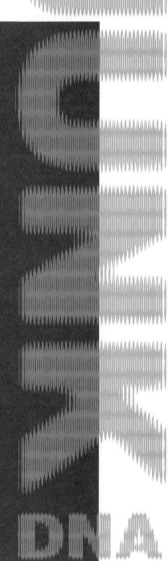

第9章　ダークマターに彩りを添える

生物学の世界では、「何がそれをしているの？」という質問の後には、決まって「どうやってしているの？」という質問が出てくる。長鎖ノンコーディングRNAがどのようなものであり、少なくともその一部が遺伝子発現を調節していることがわかった。では、次に出てくるもっともな疑問は「どうやってそれをしているのか？」になるだろう。もちろんその答えはひとつとは限らない。ヒトのゲノムからは数千種類もの長鎖ノンコーディングRNAが生み出されており、すべてが同じように働いているということはまずないだろう。しかし、いくつか共通するしくみが見え始めている。

最も重要なしくみのひとつは、第6章において、セントロメアと細胞分裂における話の中ですでに見てきたある特徴と関係している。**図6・3**（92ページ）を振り返ると、私たちの細胞の中のDNAは8個のヒストンタンパク質からなる塊に巻きつけられて存在している。私たちはここまで、これらのヒストンを単にDNAを効率よく収納するためのタンパク質として扱ってきたが、実際には、ヒストンはもっと複雑な役割を果たしている。私たちの細胞は、これらのヒストン、あるいはDNA自身に飾りをつけることができるのだ。実際につけられるのは小さな化学基であり、その化学基によって遺伝子配列が変わることはない。遺伝子は化学基がつけられる前と同じRNA分子、同じタンパク質

をコードしている。しかし化学基による修飾は、特定の遺伝子の発現のしやすさを変えるのだ。このような調節ができるのは、その修飾が、ほかのタンパク質が結合する場所として働くからである。化学基の修飾は、その場所に巨大なタンパク質複合体をつくり上げるための最初の足場となり、つくられた巨大複合体が、最終的に遺伝子のスイッチをオフにしたりオンにしたりするのである。

　このようなDNA自身への変化や、DNAと相互作用するタンパク質（ヒストン）への変化は、エピジェネティック（epigenetic）修飾とよばれている。[1] *epi*はギリシャ語の「at」「on」「in addition to」「as well as」に由来する接頭語であり、これらの修飾は、遺伝子配列に付随する存在である。一番理解しやすいのはDNA自身につけられる修飾である。DNAに起こる修飾で最も一般的なものは、Cという塩基の後ろにGの塩基が続いたときに起きる。この配列は「CpG」とよばれ（CとGの間のpはリン酸を介した結合を表している）、細胞の中の酵素はこの配列のときに「メチル基」とよばれる修飾をCにつけることができるのだ。メチル基は、炭素原子1個と水素原子3個からなる、とても小さい化学基であり、Cの塩基にメチル基をひとつつけるのは、大きなヒマワリの花のまわりに小さなクローバーの葉をつけるようなものである。

　もしひと続きのDNA上にCpGモチーフがたくさんあれば、エピジェネティックな様式でメチル基が付加される場所がたくさんあるということになる。メチル基が付加されることは「メチル化」とよばれ、メチル化されたCpGは、遺伝子発現を抑制するタンパク質をよび寄せる。極端な場合、すぐ近くにCpGモチーフがたくさんあるような場所では、DNAメチル化は絶大な影響をもたらす。DNAはその3次元構造を変えられて、遺伝子のスイッチは完全にオフとなる。注目すべきは、その

細胞だけではなく、その細胞が分裂して生み出されたすべての娘細胞でも、遺伝子はオフのままに保たれることだ。神経や脳細胞など、通常ほとんど分裂しない細胞のDNAメチル化パターンは、私たちが母親の子宮にいるときにつくり出されたものである可能性が高い。もし私たちが100歳まで生きれば、そのようなメチル化パターンの多くは、100年間その場所に存在することになる。

DNAメチル化によって、半永久的に遺伝子のスイッチをオフにできるということが明らかにされると、多くの研究者が色めき立った。なぜなら、何十年間も彼らを悩ませてきた問題を解く鍵を手にしたからである。ずいぶん昔から、遺伝学(遺伝子)だけではすべてを説明できないということがわかっていた。遺伝的に同一であるはずなのに、外見や中身が異なるケースがたくさんあるからだ。毛虫が蛹《さなぎ》をつくってチョウに変わるとき、彼らは同じゲノムを使い続けている。遺伝的に同一なマウスを、完全に制御された研究室の環境下で育てても、すべてのマウスが同じ体重になることはない。

あなたも私も、エピジェネティクスというしくみがつくり上げた傑作にほかならない。人間の体を構成する50~70兆という細胞は、すべてまったく同じ遺伝コードを持っている。[*1] 汗を分泌する汗腺の細胞、まぶたの皮膚細胞、あるいはひざで衝撃を吸収する軟骨細胞であっても、すべての細胞がまったく同じDNAを持っている。それらの細胞は、遺伝子の中の情報を各組織に応じて使い分けているにすぎない。たとえば、脳の中の神経細胞は神経伝達物質の受容体を発現しているが、赤血球の中で酸素を運ぶ色素であるヘモグロビン遺伝子のスイッチはオフにしている、といった具合である。

これらの事例はすべて、私たちが長年「エピジェネティック現象」とよんできたものである。これは、先ほどDNA自身の修飾や、ヒストンのようにDNAと結合するタンパク質の修飾に対して使っ

た単語とまったく同じであり、それはある意味当然である。つまり、これらはすべて、遺伝コードに加えて何か別のことが同時に起きている現象なのだ。

DNAメチル化の発見によって、ようやく私たちはエピジェネティック現象がどのように起きているのか理解できた。神経細胞では、ヘモグロビンをつくるための遺伝子は高度にメチル化され、そのスイッチはオフとなり、オフの状態は一生維持される。一方、赤血球を生み出す細胞では同じ遺伝子はメチル化されておらず、ヘモグロビンがつくられる。しかしこれらの細胞では、神経伝達物質の受容体をコードする遺伝子のスイッチは、エピジェネティックなしくみによってオフになっている。

DNAメチル化はとても安定であり、この修飾を取り除くのは驚くほど難しい。細胞がある遺伝子のスイッチを長期間オフにしなくてはならない場合、安定であることは望ましい。しかし、たとえばお酒を飲んだり、就職の面接でストレスを感じたりするときのように、細胞は一時的な環境変化に対応しなければならない場合が多々ある。ここで細胞は2つめのシステムに頼ることになる。細胞は、遺伝子の近傍にあるヒストンタンパク質に別の修飾を付加するのだ。ヒストンの修飾が変化すると、遺伝子のスイッチをオフにできる。しかし、これらの修飾はDNAメチル化とは違って簡単に取り除くことができるため、必要があればすぐに遺伝子のスイッチをオンに切り換えることもできるのだ。ヒストンの修飾は遺伝子発現を調節するためにも使われており、たとえば、微量、弱、中、強、最大というような調節ができる。極端にいえば、DNAメチル化はオン／オフのスイッチで、ヒストンの修飾はボリューム調節つまみと考えれば理解しやすいだろう。

ヒストン修飾が遺伝子発現の微調整を行えるのは、それだけたくさんの種類があるからだ。もし

DNAが白黒で、メチル化のレベルに応じて灰色の影がつけられるようなものだとすると、ヒストン修飾は色鮮やかなカラーに相当する。ヒストンタンパク質の中には修飾を受けるアミノ酸が数多く存在し、少なくとも60種類もの異なる修飾がそれらのアミノ酸に付加される。その結果、驚くほどの複雑さが生み出される。異なる遺伝子、あるいは異なる細胞の同じ遺伝子について、可能なヒストン修飾の組み合わせは何千通りにもなるのだ。これらの修飾は、細胞内で異なるタンパク質複合体をよび寄せ、別々の様式で遺伝子発現を調節している。ある組み合わせは遺伝子発現を促進するように働き、ある組み合わせは抑制するように働くのである。

▼ゲノム上の場所を探す

しかし、私たちは長年にわたってある難問に直面してきた。ヒストンに修飾を付加する酵素はDNA配列を見分けられないのだ。修飾酵素が直接DNAに結合することはなく、それゆえあるDNA配列と別のDNA配列を識別できない。それにもかかわらず、細胞外からの刺激に応じて遺伝子の発現を変化させる必要が生じれば、それらの酵素は特定の遺伝子上のヒストンを正確に修飾するのである。標的となる場所に存在するヒストンに修飾を付加し（あるいは取り除き）、関係のない場所のヒストンには見向きもしないのだ。

長鎖ノンコーディングRNAの役割のひとつとして、特定の遺伝子の近傍にヒストン修飾酵素をよび寄せる、いわゆるブル・タック（壁などに繰り返し貼ってはがせる粘着剤）のような働きをしているという考えが出され始めている。実際に、長鎖ノンコーディングRNAのこのような役割を示唆する証

拠のひとつは、第8章の中で紹介した、ヒトES細胞を用いて長鎖ノンコーディングRNAの影響を調べた研究から得られている。研究者たちは、長鎖ノンコーディングRNAの約3分の1が、ヒストン修飾酵素を含むタンパク質複合体と相互作用していることを明らかにしたのだ。長鎖ノンコーディングRNAとこれらのタンパク質との結合が機能的に重要なのかどうか、彼らはこの複合体に含まれるヒストン修飾酵素の発現を抑制して、細胞や遺伝子発現に対する影響を調べてみた。その結果、約半分のケースでは、その影響は長鎖ノンコーディングRNA自身の発現を抑制した結果と同じだったのだ。この結果は、長鎖ノンコーディングRNAとヒストン修飾酵素が、実際に細胞内で一緒に働いていることを示唆するものである。[2]

長鎖ノンコーディングRNAとエピジェネティック機構との間のクロストーク（相互作用）を研究する多くの研究者は、ある特別なエピジェネティック酵素に注目している。この酵素は、遺伝子のスイッチオフと強く相関する、特別なヒストン修飾を付加する酵素である。本書ではこの酵素のことを「メジャーリプレッサー」[*2]とよぶことにする（リプレッサーは転写抑制因子のこと）。このメジャーリプレッサーは、さまざまな種類の長鎖ノンコーディングRNAと結合することが示されている。

ある遺伝子領域から生み出された長鎖ノンコーディングRNAは、その領域にこのメジャーリプレッサーをよび寄せ、そしてメジャーリプレッサーがヒストンに抑制的な修飾を付加し、その遺伝子の発現を抑えるのだ。

メジャーリプレッサーによる制御は、しばしばほかのエピジェネティック酵素をコードする遺伝子を制御する際にも使われる。これらの遺伝子は、メジャーリプレッサーとは逆の効果を持つ酵素、つ

まり遺伝子を活性化するような遺伝子であることが多い。全体として、メジャーリプレッサーが遺伝子発現全般に強い影響をもたらすことになる。[3] 直接標的遺伝子を抑制するだけでなく、通常遺伝子発現のスイッチをオンにするような、ほかのエピジェネティック酵素を抑えることで、間接的にほかの遺伝子の発現を抑制する場合もある。これはまさに、エピジェネティックなダブルパンチである。

これは、遺伝子発現を制御するために細胞内で日常的に起きている現象であり、いわゆる生体内のシステムとは、本来このようにすべての細胞内経路が統合的な様式で進むべきだと考えられている。しかし、もし長鎖ノンコーディングRNAとエピジェネティック装置との間の複雑な相互作用の一端が狂うと、問題が生じるかもしれない。残念なことに、いくつかのがん細胞でこうした問題が起きているように見える。メジャーリプレッサーは前立腺がんや乳がんの一部で過剰発現されており、その発現状態が予後の不良と相関しているのだ。[4][5] ある種の血液細胞では、変異によってメジャーリプレッサーが異常に活性化されている。[6] どちらの場合も、結果的に本来抑制されるべきではない遺伝子が抑制されてしまう。これは、細胞の増殖を促進するタンパク質が、増殖を抑制するタンパク質を上回るという不均衡な状態をつくり出し、がん化を促進することになる。実際に、メジャーリプレッサーの活性を阻害する薬剤が、現在臨床試験の初期段階まで来ている。[7]

メジャーリプレッサーは、大きなタンパク質複合体の中の構成因子のひとつとして働いており、*3 さまざまな長鎖ノンコーディングRNAがこの複合体と相互作用することが示されている。このことから、標的ゲノム領域に抑制的な修飾をもたらすには、細胞の種類や働きに応じてさまざまな方法があることが示唆されている。第8章の中で、ある長鎖ノンコーディングRNAの過剰発現が、前立腺が

んを促進させる事例を紹介した（140ページ参照）。このRNAはメジャーリプレッサーに結合して、特定の遺伝子にメジャーリプレッサーを導くことが示されており、その中には通常細胞増殖を阻止するような遺伝子が含まれる。[8] この発見は、長鎖ノンコーディングRNAとエピジェネティック修飾との間に微妙なバランスが存在し、その平衡を乱すことが細胞や個体にとって危険であるという考えを裏づけるものである。同じ第8章で紹介した、骨形成の異常やさまざまながんに関わる別の長鎖ノンコーディングRNAに関しても同じような結果が得られている（137、140ページ参照）。このRNAは、メジャーリプレッサーを含む複合体に結合するだけではなく、抑制的な修飾を付加する別のエピジェネティック酵素にも結合している。[9]

これまでの説明が暗示するひとつの特徴は、メジャーリプレッサーやほかのエピジェネティック酵素がある遺伝子領域のヒストンを標的とする場合、まさにその場所、あるいはその近傍から長鎖ノンコーディングRNAが転写されている、ということである。これを実験的に検証するのは難しいが、現在までに得られている実験データは、これが実際その通りであることを示唆している。メジャーリプレッサーはあらゆる種類の長鎖ノンコーディングRNAと結合できる。メジャーリプレッサーを含む複合体は、その複合体の構成因子に応じて異なる種類のヒストン修飾を認識できる。このような複合体の構成因子は細胞間で違っている可能性が高い。それらの因子は、さまざまなヒストン修飾のパターンを認識し、抑制的なヒストン修飾を付加して抑制状態を強化していると考えられる。あるいは、もしその領域が、遺伝子発現を促進するような修飾に富んでいたとしたら、複合体の構成因子によるヒストンへの結合は妨げられ、メジャーリプレッサーはヒストンに抑制的な修飾をつけることなく

去ってしまうだろう。既存のヒストン修飾が新たな修飾の付加に影響を与えるこのような事例を考えると、いったい何が最初に起きるのかと疑問に思うかもしれない。ただし、これも「卵が先かニワトリが先か」と同じく、あまり深く前後関係を考えない方が賢明な事例かもしれない。ヒストン修飾のパターンも、しばしば、そのゲノムに存在する既存のヒストン修飾の組み合わせによって維持、あるいはつくり出されているからである。[10][11]

これは、遺伝子発現が活発な場所を、そのまま活発な状態に保つ場合にも当てはまる。タンパク質コード遺伝子のスイッチがオンになっている領域から、長鎖ノンコーディングRNAが発現しているという報告がある。これらのRNAは、おそらく2本鎖DNAと一緒になって三重鎖を形成するというような様式で、そのRNAが発現されている領域に留まる。これらの長鎖ノンコーディングRNAはDNAにメチル化修飾を導入する酵素と結合し、その働きを抑制する。このようなRNAの働きによって、そのゲノム領域は活性な状態のまま維持されるのだ。[12]

▼もし活気がなければ、ずっと活気がないまま

第7章で見てきたように、*Xist*は、雌細胞において片方のX染色体からの遺伝子発現の抑制に重要な分子として、その機能が明らかにされた最初の長鎖ノンコーディングRNAのひとつである。それゆえ、エピジェネティック機構との相互作用が最も詳しく調べられているRNAが、この*Xist*であると聞いてもそれほど驚きはしないだろう。*Xist*がX染色体に沿って広がるにつれ、ほかのタンパク質をよび寄せる。これらのタンパク質の多くは、DNAあるいはヒストンに化学修飾を付加する

エピジェネティック酵素である。その中には、先ほど出てきたヒストンを修飾するメジャーリプレッサーや、DNAをメチル化する酵素が含まれている[13]。これらの酵素が付加するエピジェネティックな修飾は、遺伝子の抑制を強固なものにし、最終的に不活性化X染色体を高度に凝縮させる。この高度に凝縮した状態が、第7章で紹介したバー小体である（109ページ参照）。

もともと不活性化されていたX染色体上に、細胞分裂の後でふたたびエピジェネティック修飾が構築されるというのは奇妙に思えるかもしれない。この状況を理解するには、何か実際の物を使ったたとえを想像するとよいだろう。いま2本の木製のバットがあり、そのうち一方を磁性塗料で塗るとしよう。この塗料が*Xist*である。塗料が乾いたら、小銭大の鉄製の円板がたくさん入った容器に両方のバットを入れる。個々の円板の片面にはマジックテープがつけられている。この円板は、*Xist*で覆われた染色体に結合するエピジェネティック・タンパク質である。この鉄製の円板は、磁性塗料で覆われているバットにはくっつくが、もう一方のバットにはくっつかない。その後、それぞれのバットを布でつくった可愛らしい花がたくさん入った容器に入れる。この花の裏側にはマジックテープが貼りつけられている。この花がエピジェネティック修飾である。この花自体は磁石ではないが、始めに磁性塗料を塗ったバットにしかくっつかない。

このちょっと奇妙な思考実験をもう少し続けてみよう。バットにくっついた花を取り去って、同じようにマジックテープを貼りつけた別の花の容器にバットを入れると、ふたたびその花で覆われる。鉄製の円板を取り去ったとしても、また最初の円板の入った容器、次の花の入った容器という順番でバットを入れれば、バットはまた花で覆われるはずである。これが、もともと不活性化されていたX

染色体上に、細胞分裂の後でふたたびエピジェネティック修飾が構築されるしくみである。
それぞれの容器に順に入れたバットが花で覆われないようにする唯一の方法は、最初の磁性塗料を取り除くことである。これは女性が卵をつくり出す際に起きていることにほかならない。X染色体から不活性化のマークがすべて取り除かれ、すべての娘細胞、つまりこの場合すべての卵は、子孫に不活性化の情報を受け渡さないように、いわばまっさらな状態になる。初期発生の過程において、2本のX染色体の一方にこの磁性の塗料がふたたび塗りつけられる。

▼古くからの侵入者をおとなしくさせる

長鎖ノンコーディングRNAがエピジェネティック・タンパク質と相互作用し、それらの機能を制御しているのは明らかである。しかし、これがジャンクDNAとエピジェネティック機構との唯一の接点だと考えるのは間違いである。第4章では、ヒトのゲノムが膨大な数の反復DNA因子に侵略されており、これらの因子のスイッチをオフにしておくことがいかに重要かということを見てきた。遺伝子発現をエピジェネティックに制御するしくみは、ある種のジャンクDNA領域を制御するために進化してきたと推測する研究者もいるくらいだ。[14] この考えに従えば、エピジェネティックなしくみが通常の内在性の遺伝子を制御するようになったのは、進化的につい最近のことだと考えられる。
ジャンクDNA、エピジェネティクス、そして最終的な哺乳動物の外観や行動との間の相互作用についての顕著な例は、アグーチ・バイアブル・イエローとよばれるマウスの系統で見ることができる。この系統のマウスはすべて遺伝的に同一のはずだが、外観はとても異なる。太っていて黄色のマウス

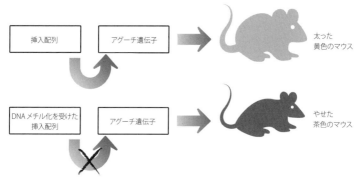

太った
黄色のマウス

やせた
茶色のマウス

図9.1 上の図では、反復DNA配列の挿入がアグーチ遺伝子の発現を促進させ、太った黄色のマウスになる。下の図では、挿入された反復DNAは、DNAメチル化による修飾を受ける。その結果、挿入DNAがアグーチ遺伝子の発現を促進することはなくなり、茶色でやせたマウスになる。

もいれば、やせていて茶色、両者の中間的な外観のマウスもいる。このような外観の違いは、あるジャンクDNA領域が異なるエピジェネティック制御を受けることで起きているのだ。このマウスの系統では、ある反復DNA因子が特別な遺伝子の上流に挿入されている。このDNA因子はさまざまな程度のDNAメチル化を受ける。このDNA因子が高度にメチル化されるほど、反復DNA因子の活性は抑制され、近傍の遺伝子の発現にも影響を与える[15]。近傍の遺伝子の発現レベルによって、マウスがどれだけ太ってどれだけ黄色に近くなるかが決まるのである。図9・1にこの状況を示している。

▼エピジェネティクスと増幅

エピジェネティクスとジャンクDNAとの間の密接な関係は、ある遺伝的変異が与える影響の原因にもなっている。その有名な例が脆弱X症候群であり、この病気については第1章と第2章で紹介した。この病気の原因となる変異は、CCGという3塩基からなる反復配列の増幅であり、その

繰り返しの数は数千コピーに及ぶ場合もある。この反復配列はCの後にGが続く、いわゆるCpGモチーフを形成しており、本章の始めに説明したように、このモチーフのCはDNAメチル化の標的となる。このジャンクの反復配列が極端に長くなると、DNAメチル化を付加する酵素やタンパク質の格好の標的となる。その結果、反復配列は高度にメチル化され、遺伝子発現を抑制するあらゆるタンパク質がよび寄せられ、DNA自身の構造まで変えられてしまうのだ。そして、最終的に細胞は脆弱Xタンパク質を発現できなくなるのである。このようなジャンクDNAとエピジェネティクスの関係は、生涯にわたって学習障害や社会的不都合を患者に与えることとなる。

▼**第9章 注**

＊1　この例外は特定の感染と戦う免疫系の細胞である。通常、これらの細胞は一部の遺伝子を再編成して、異なる組み合わせの抗体や受容体をつくり出す。このしくみによって、幅広い種類の外来タンパク質に応答できる。

＊2　この主要抑制酵素の名前はEZH2であり、ヒストンH3上の27番目のリシンとよばれるアミノ酸に、メチル分子を3個付加する働きをしている。この修飾の専門的な名称はH3K27me3であり、DNAメチル化を除いて、最もよく特徴づけられた抑制性のエピジェネティックマークである。

＊3　この複合体はPolycomb Response Complex 2またはPRC2として知られている。PRC2の活性は、PRC1とよばれるもうひとつ別の抑制的な複合体の活性と密接に連携している。通常PRC2が標的となるゲノム領域に最初に抑制的な修飾を確立し、その後PRC1が続いて、抑制状態を安定化する付加的な修飾を付加する。

第10章

なぜ両親はジャンクを愛しているのか

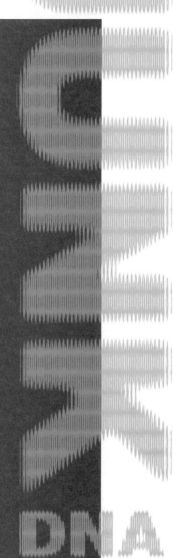

第10章　なぜ両親はジャンクを愛しているのか

ユダヤ教あるいはキリスト教の家庭で育てられる子どもは、聖書の中の話として、最初に創世記を教えられる。創世記において神は、天、地、そしてすべての物をつくり、最後にアダムとイヴをつくり出す。その後、神によって手を加えられることなく、この2人の子孫が地上で増えていく。もちろん、新約聖書の最初に記された、キリスト誕生という明らかな例外は別にして。

アダムとイヴの印象的な話は、おそらく私たちがある生物学上の考えを広く受け入れるきっかけになったと考えられる。私たちが子どもをつくるためには、男性と女性が必要である。生物学的にいって、2人の男性や2人の女性から、あるいは女性ひとりだけで新しい子どもをつくることはできない。

これは生物学的に考えてじつに明白な事実であり、私たちがその事実について疑問に思うことはない。しかし、あえてこの事実を疑ってみるべきかもしれない。生物学分野の驚くべき発見は、当然と思えるような仮説の下に隠れている場合があるからだ。また、私たちヒトは、ほかの胎生の哺乳動物と同様に、動物界の中で唯一単為生殖《たんい》（雌が単独で子どもをつくること）をしないグループに属していることからも、この事実を疑ってみるべきだろう。哺乳動物の卵は、新しい個体を生み出すために精子と受精する必要がある。一方、ほかのすべての動物界のグループでは、雌が雄と交配することなしに

子どもを生み出す例がある。これは下等な昆虫などに限った話ではない。魚類、両生類、爬虫類、さらに鳥類でさえ、一部の種は単為生殖によって繁殖することができるのだ。哺乳類に属する動物だけが単為生殖によって繁殖できないということは、この生殖に関わる制約は、進化的には比較的最近、哺乳類と爬虫類が3億年以上前に分岐した後に生じたことを示唆している。

この哺乳動物における制約は、生物学の基本原理というよりは遺伝物質の伝え方の問題だと考えられるかもしれない。たとえば、2個の哺乳動物の卵はそれ自身では融合できないため、すべての細胞の根源となる受精卵をつくり出すことができない。それゆえ、哺乳類の生殖には雄のドナーが必要だと考えることもできる。精子だけが卵に進入して、自身に組み込まれたDNAを卵に届けることができるからだ。確かに、哺乳動物の卵は通常それ自身で融合することはないが、この説明では不十分である。本当はもっと興味深い理由があり、それは1980年代中頃にマウスを使って行われた、じつにエレガントな実験によって証明されたのだ。

研究者たちは、まず受精した直後のマウスの卵から核を取り除いた。そして、別の受精卵から取ってきた卵由来の核、あるいは精子由来の核をこの卵に導入することで、核を2個持つ受精卵を再構成し、それをマウスの代理母の子宮に戻した。**図10・1**にその結果を示している。

この結果、卵由来の核と精子由来の核の両方を使って再構成した場合だけ、生きたマウスが生まれたのだ。精子由来の核を2個、あるいは卵由来の核を2個使った場合、胚は少しだけ発生したが、その後それ以上発生できなかった。遺伝的な観点から考えた場合、この結果はじつに奇妙である。まず3つの実験で、再構成された卵はすべて適正な量のDNAを持っている。さらに、実験ではX染色体

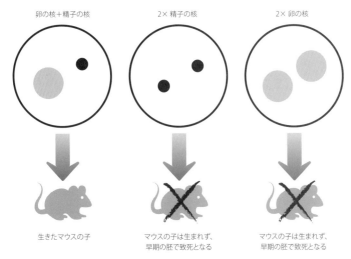

卵の核＋精子の核　　　　2×精子の核　　　　　2×卵の核

生きたマウスの子　　　マウスの子は生まれず、　マウスの子は生まれず、
　　　　　　　　　　　早期の胚で致死となる　　早期の胚で致死となる

図10.1　もし卵の核と精子の核を、もともとあった核を取り除いた卵に挿入すると、生きたマウスをつくり出せる。もし卵の核を2個、あるいは精子の核を2個使って同じ操作をすると、胚は正常に発生しない。3つのケースでは、含まれる遺伝情報はすべて同じである。

を持つ精子の核を用いており、卵由来の核、精子由来の核、いずれもX染色体を1本ずつ持っているため、DNA配列に関しても両者に差はないのだ。ここで奇妙なパラドックスが生じる。3つすべての実験において、受精卵の中に存在するDNAの配列はまったく同じなのだ。しかし、そのDNAが雄と雌から提供された場合にだけ、マウスの子どもが生まれたのである[1]。

卵と精子の両方が必要だというのは、何もマウスに限った話ではない。なぜなら、ヒトでも「胞状奇胎」とよばれる病気が知られているからだ。女性が通常の妊娠と似たような症状を示し、体重の増加やひどい吐き気（つわり）を伴うことがある。超音波エコーで見てみると、大きくなった胎盤と液体の入ったぶどうの房状の塊で満たされ、胎児は見られないことがわかる。これが胞状奇胎であり、

第10章　164

1200の妊娠あたり1例の割合で見つかり、あるアジアの集団ではもっと多く、200の妊娠あたり1例の割合で見出される。この奇胎は、通常受精後約4~5か月で自然流産するが、医療の発達した先進国では、危険な腫瘍に変化しないよう、もっと早い段階で処置して取り除くことが多い。

この異常な胎盤を遺伝子解析することで、とても重要なことがわかった。ほとんどの場合、もともと核を持たない卵と精子が受精することで、この胞状奇胎が現れることがわかったのである。このとき、精子の23本の染色体がコピーされ、ヒトの正常な細胞と同じ46本の染色体がつくられる。約20%のケースでは、核を持たない卵に2個の精子が同時に受精することで奇胎が形成され、この場合も染色体は正しい数になる。マウスの実験と同じように、胞状奇胎は正常な数の染色体を持っているが、それらの染色体は片方の親に由来し、重篤な発生異常が引き起こされるのだ。

ヒトの臨床症状とマウスの実験は、あるとても根本的なことを示している。それは、配偶子(卵と精子)は、遺伝コードのほかに何か別の情報を持っているということである。これらの結果は、単純にDNAの量やその配列では説明できないからだ。これは、まさにエピジェネティクスの一例である。このような現象が、エピジェネティック機構とジャンクDNAの相互作用によって起きているということが、分子のレベルで明らかになっている。

▼DNAは自分の由来を覚えている

科学者たちはDNAのある領域が、「私はママから来た」、あるいは「僕はパパから来た」ということを示す、エピジェネティック修飾を運んでいることを発見した。これは「片親起源効果(parent-of-

origin effect）」とよばれている。このようなゲノム領域では、特定の遺伝子について1コピーを母親から、もう1コピーを父親から受け継ぐことが、哺乳動物の正常な発生に必要となるのだ。

このエピジェネティック修飾は、どちらの親がそのコピーを受け渡したのかを示す、青やピンクの飾りのように働いているだけではない。その修飾は特定の遺伝子の発現を制御し、ペアとなる遺伝子について、たとえば父親由来のコピーのスイッチをオンにし、母親由来のコピーのスイッチをオフにしたりする。それぞれの遺伝子は、由来する親の情報を刷り込まれている（インプリントされている）と表現できるので、このシステムは「インプリンティング」とよばれている。

細胞がタンパク質コード遺伝子を2コピーずつ持っているということは、通常であれば細胞にとっては保険のようなものといえる。片方のコピーに変異が入ったり、あるいは異常なエピジェネティック修飾によって抑制されたりしても、細胞はもう一方のコピーに頼ることができる。しかし、もし細胞がインプリンティングによって片方のコピーのスイッチをオフにしていた場合、何らかの偶然の作用でもう一方のコピーがオフになって、両方とも機能しなくなってしまう危険性が高くなる。いくつかの遺伝子について、細胞があえてこのようなリスクを冒しているということを考えると、インプリンティングにはそのような不都合に勝る大きな利点が存在するはずである。

このシステムが哺乳動物だけで現れたというのは決して偶然ではない。哺乳動物の雌は、自分の子どもを発生させるのに多大な投資をしている。体の中で子どもを養育し、胎盤を介して栄養を分け与えているからだ。雌の動物が子どもに投資をする例はほかにもたくさんある。たとえば、鳥は卵を抱き、あるいはワニは草や泥を積み上げた見事な巣をつくり、温度を注意深くコントロールしている。

しかし、雌が発生している胎児に直接栄養を与えるような大胆なことをしている動物は、哺乳動物以外見られない。

しかし、雌が自分の子どもに対して献身的に振る舞う程度にも限度があり、それには進化的に見てもっともな理由がある。自分の遺伝子を子孫に受け渡すという点から、哺乳動物の雌はたった1回限りの機会ではなく、より多くの機会を持ちたいと考えるに違いない。現在自分のお腹の中にいる子どもの父親よりも、進化的な観点からよりふさわしい相手がほかにいるかもしれない。それゆえ、妊娠のたびに多くの投資はするものの、哺乳動物の雌が2回以上子どもを産めるようになっているのは理にかなっている。もちろん、お腹の中の胎児にとっては、生まれた後できちんと生き延びて生殖可能な時期まで成長できるように、母親から十分な栄養を得ることには間違いなくメリットがある。しかし、あまりにも多くの栄養を胎児に与えてしまって、母親の生存が脅かされるとか、あるいは不妊になったりしては元も子もない。

しかし、雄にとって同じ理屈が当てはまるわけではない。彼の子どもが母親からたくさんの栄養をもらって、その結果、母親がふたたび子どもをつくることができなくなったとしても、雄にしてみれば大きな問題ではない。進化的な観点からいえば、雄は自分の子どもが十分に栄養をもらってできるだけ強くなり、性成熟を迎えて自分の遺伝子を次の世代に受け渡す可能性が高くなることだけを望んでいる。また、雄はほかの雌と交配して子どもをつくることも十分考えられる。

哺乳動物の雌は、子宮の中の胎児にどれだけ栄養を与えるかを自分で決めることができない。何か不都合が生じた場合に巣を見捨てたりできる鳥とは異なるため、母親と胎児の間の栄養をめぐるせめ

167　なぜ両親はジャンクを愛しているのか

ぎ合いは、エピジェネティックな「膠着状態《こうちゃく》」に陥ってしまっている。つまり、インプリンティングは、雄ゲノムと雌ゲノムによる相反する要求のバランスを保つために進化してきたのだ。少数の遺伝子では、父親から受け継いだDNA上のエピジェネティック修飾によって発現パターンが決まり、胎児の成長が促進される。同じ遺伝子において、母親から受け継いだDNA上のエピジェネティック修飾は、胎児の成長にとって反対の効果を持つ。

胎児の発生に際して、父親側の関連遺伝子は、胎児に栄養を送るための組織である胎盤を大きく発達させる。父親由来の遺伝物質しか持たない胞状奇胎において、異常に大きな胎盤が見られるのはこのためである。

▼スイッチを入れてスイッチを切る

実際にインプリンティングを受けるタンパク質コード遺伝子の数は少なく、マウスでは140個程度しかない[2]。それらの遺伝子は2個から12個の遺伝子が集まったクラスター（集団）として存在し、これらの多くは、ヒトのゲノムにあるクラスターとてもよく似ている[3]。あまり驚くことではないかもしれないが、胎児が母親から栄養を与えられる期間がとても短い有袋類では、インプリント遺伝子の数はもっと少ない[4]。

個々のクラスターで最も重要な要素は、タンパク質発現遺伝子の発現を制御するジャンクDNA領域である。そのような領域は、「インプリンティング制御領域（imprinting control element）」、あるいは省略してICEとよばれている。これは12個の電球を使って部屋を明るくする様子と似ているかも

しれない。12個それぞれ異なる明るさの電球を使って、それらを別々のスイッチで操作すれば、もちろん部屋の明るさを調節することはできる。しかし、個別にスイッチを操作していたらかなり面倒であり、それよりも12個の電球をひとつの電気回路でつなぎ、ひとつの調光機能付きスイッチを使って明るさを調節する方がもっと簡単である。

ICEはこの調光スイッチのような働きをしているが、実際の働きはこの電気的な比喩よりももっと複雑である。ICEが重要なのは、この領域が長いノンコーディングRNAの発現を制御しているからであり、この長鎖ノンコーディングRNAは、同じクラスターに存在する近隣の遺伝子の発現スイッチをオフにすることができるのだ。つまり、インプリンティングは2種類のジャンクDNAに依存しているということができる。ひとつはICE領域であり、もうひとつはICEが制御する長鎖ノンコーディングRNAである。長鎖ノンコーディングRNAのスイッチがオンになると、このRNAがクラスター内のタンパク質コード遺伝子の発現スイッチをオフにする。一方、ICEの制御下にある長鎖ノンコーディングRNAの発現が抑制されると、そのクラスター内のタンパク質コード遺伝子を活性化することができるのだ。

また、インプリンティングは、ジャンクDNAと密接に関わるエピジェネティック機構にも依存している。ICEはエピジェネティックな修飾を受けるのだ。つまり、長鎖ノンコーディングRNAが発現するかどうかは、ICEのDNAがメチル化されるかどうかに依存している。もしICEのDNAがメチル化されると、長鎖ノンコーディングRNAの発現は抑制され、逆にICEがメチル化を免れると、長鎖ノンコーディングRNAは発現することになる。まさに逆相関の関係である。長鎖

169　なぜ両親はジャンクを愛しているのか

ノンコーディングRNAが一方の染色体のクラスターから発現すると、そのクラスターの遺伝子のスイッチはオフになる。長鎖ノンコーディングRNAが発現しない染色体では、同じクラスターの遺伝子のスイッチはオンになる。インプリント領域に存在する長鎖ノンコーディングRNAには、ときどき桁外れの長さを持つものがあり、最も長いものになると100万塩基対にも及ぶ。[5]

長鎖ノンコーディングRNAが、同じクラスター内で近接する遺伝子の発現を抑制する詳細なメカニズムについては、残念ながらまだよくわかっていない。タンパク質コード遺伝子上に抑制的に働くエピジェネティック修飾が施されていることから、エピジェネティック機構が関与していることは間違いないように見える。発生段階のマウスの胚において、第9章で見たメジャーリプレッサーのようなエピジェネティック因子の遺伝子をノックアウト（遺伝子の機能を完全に停止させること）すると、通常なら発現が抑制されるはずのインプリント遺伝子が活性化される。[6] これはメジャーリプレッサーに限った話ではなく、抑制性のヒストン修飾を付加するほかのエピジェネティック因子をノックアウトしても同様な影響が見られる。[7][8] この結果は、長鎖ノンコーディングRNAがその役目を実行する際、エピジェネティック機構が重要な役割を果たしていることを示すものである。長鎖ノンコーディングRNAは、インプリンティング・クラスターにこれらの酵素をよび寄せ、タンパク質コード遺伝子上にヒストン修飾をもたらしている可能性が十分考えられる。

ヒストンのエピジェネティック修飾はICE自身の上にも存在している。ICEのDNAがメチル化されると、その領域のヒストン修飾は抑制的な修飾になっていると推測できる。反対にメチル化されていない場合、その場所のヒストン修飾は遺伝子をオンにするような修飾だと考えられる。実際に

ICE上のエピジェネティック修飾のパターンは、この推測と完全に一致している。[9]

インプリンティングの過程で最も重要なのは、ICEを形成するジャンクDNAがメチル化されるかされないか、ということである。ICEのメチル化は、第4章で見てきた寄生性因子（反復配列）の抑制が近傍の領域に広がることで進化したということが示唆されている。これは適応上の利点をもたらし、世代を超えて選択されてきたのかもしれない。[10] 興味深いことに、最も原始的な哺乳動物である、カモノハシやハリモグラのような孵卵性の単孔類に属している動物では、高等な哺乳動物のICEに相当するゲノム領域の近くに寄生性因子の存在が確認されている。[11]

▼インプリントをリセットする

しかし、母由来と父由来のゲノムでDNA配列に違いがないのだとしたら、高等哺乳動物のICEでは、どのようにメチル化のパターンが確立され子どもに受け渡されるのだろうか？ たとえば、女性が父親からインプリント領域を受け継ぐと、そのICEは父由来であることを示すメチル化の状態にある。しかし、もし彼女が同じインプリント領域を子どもに受け渡すとすると、この父由来というインプリントを消去して、母由来というインプリントに書き換えなくてはならない。

一見するとこれは矛盾したシステムのように見えるが、もう一度ミュージカルの世界に行ってみたら、もう少しこの状況が理解しやすくなるかもしれない。今回は第6章で紹介したオスカー・ハマースタインではなく、長い間バート・バカラックと一緒に仕事をした作詞家のハル・デヴィッドである。彼らは、1973年に公開されたミュージカル映画「ロスト・ホライズン」のための曲をつくった。

図10.2 メチル化と脱メチル化のサイクルが、由来する親を示す正しい修飾を持った染色体が子どもに受け渡されることを保証している（ICE：インプリンティング制御領域）。

この映画で使われて有名になった曲の中に、先ほどの問題を考えるうえでとても役に立つ歌詞がある。その歌詞は次のようなものだ。「♪世界は始まりのない円、誰も本当の終わりを知らない（The world is a circle without a beginning and nobody knows where it really ends.）」。

言い換えると、発生の過程は、一直線の線ととらえるよりも終わりのない円と考えると、もっと簡単に理解できるようになる。

図10・2に、ICEにおけるインプリントをつくり出す際に起きる、「つける→外す→つける」というサイクルを示している。この図では、どうやって卵がつねに、母由来というICEメチル化のパターンを受け渡しているかを示している。同じような過程を経ることによって、精子はつねに父由来というパターンを伝えることができる。

もちろん、このシステムにおける疑問は、どうやって発生途中の卵や精子がICE領域を見つけ出し、メチル化すべき場所とメチル化すべきでない場所を知るのかということである。これは熱心に研究されている分野であり、個々のICEや雄と雌の生殖細胞の間で異なっている可能性が考えられる。一部のICE領域に

ついてそのしくみは未だ謎のままだが、それでもある特徴が見え始めてきた。雌の生殖細胞系列、つまり将来卵を生み出す細胞では、それまでメチル化されていなかったCpGモチーフに新たにDNAメチル化を付加する酵素が、この過程で重要な役割を果たしているのだ。*1・[12] 新たにつくられたメチル化のパターンは、既存のメチル化パターンを維持する酵素の働きによってそれ以降もきちんと保たれる。*2・[13] ほかのタンパク質も正しいメチル化パターンを確立する過程に関与していると考えられており、そのうちのいくつかは発生中の生殖細胞で選択的に発現しているらしい。

それでは、それらの酵素はどうやってゲノムDNAの中からICE領域を認識しているのだろうか？　この点については、現在でも不明な点が多いが、ICEというジャンクDNA中に存在する、ある反復配列が何らかの役割を果たしているようだ。[14] これらは配列だけ見ると種間での保存性は低いが、3次元構造を考えるとその類似性が見えてくる場合がある。細胞は配列ではなくその形によって認識するしくみを持っているのかもしれない。[15] これは、第8章で見てきた長鎖ノンコーディングRNAにおける場合と似ている。

インプリンティングのしくみについては、まだわからないことが数多く残されている。しかし、子孫を残すのに両性を必要とする理由がこのインプリンティングという現象にあるのは間違いない。2007年、遺伝的な操作を施したマウスを使った複雑な実験によって、研究者たちは核を取り除いた受精卵に、卵由来の2個の核を導入して生きたマウスをつくり出すことに成功したのだ。なぜこの実験が成功したのだろうか？　彼らは、マウスゲノム中の2か所のインプリンティング領域のパターンを、人工的に変えることによってこの実験に成功したのである。卵由来の核の一方について、母由

来のメチル化パターンではなく、通常は父由来に見られるようなメチル化パターンをつくったのだ。この操作によって、発生経路はその遺伝物質が雌由来ではなく雄由来であるとだまされてしまったのである。この実験によって、2つのインプリント領域が、発生の制御において特に強力な役割を果たしていることが実証された。さらに、雌ゲノム2個による生殖を阻害している実体が、鍵となる遺伝子のDNAメチル化パターンであるということも示されたことになる。それまで、生殖に精子が必要な理由は、精子がゲノムDNAと一緒に、タンパク質やRNAといった発生を促進させるのに必要な物質を運んでいるからだとする説があったが、この実験によって否定されたのである[16]。

図10・2に戻って図の右下を見ると、インプリンティングのパターンは、発生の段階で変化する可能性があることがわかる。インプリントによる遺伝子発現制御は、発生段階で特に重要である。たとえばマウスでは、140個程度あるインプリント遺伝子の多くは、胎盤だけでインプリンティングによる制御を受けている。成長したマウスの組織では、両方のコピーが発現、あるいは抑制されている。これは、インプリンティングが、初期発生における成長を制御するために進化してきたという考えを裏づけるものであろう。このような制御には、ゲノム上の相対的な位置が関与しているように見える。インプリンティング・クラスターでは、ICEに近接する遺伝子はすべての組織でインプリントされたままだが、ICEから離れた位置にある遺伝子は、胎盤でのみインプリントされているように見える。脳内のある種の細胞では、インプリンティングの状態が特によく保持されているように見えるが、それが進化的にどうして有利に働いたのかについて統一した見解は得られていない。ひとつの考えとして、ICEから生み出された長鎖ノンコーディングRNAが、近傍の遺伝子にはDNAメチル化を

よび込み、離れた遺伝子にはヒストン修飾をよび込むという考えがある[17]。ヒストン修飾はDNAメチル化に比べて容易に変化するので、離れた遺伝子のインプリンティングの状態が、組織が成熟するにつれて解除されるしくみになり得るかもしれない。

インプリンティングは実際に起きており、この現象がどのように起きるのかについて、少なくともそのしくみの一端は明らかになってきている。インプリンティングという現象が、母親と胎児（間接的な意味では父親）による拮抗的な要求のバランスを取るために進化してきたという理論に基づいて考えれば、インプリンティングによって制御されているタンパク質コード遺伝子の大部分が、胎児の成長や乳児の授乳、さらに代謝と関わるというのは不思議なことではない[18]。インプリンティングがうまくいかないと、共通の症状として成長の異常が見られるというのも当然であろう。

▼インプリンティングがうまくいかないと

インプリンティングに関する病気の研究は1980年代には始まっており、当時は、遺伝病に関わる遺伝子の同定がようやく可能になってきた時代だった。実際には、同じような症状を示す患者が複数見つかるような家族を探し、その家族を調べることで病気の原因となる染色体領域を絞り込んでいくという手法が用いられていた。いまでは参照すべきヒトのゲノム配列があり、しかも非常に安価で配列を解読できる技術があるため、同じような解析をするのはとても簡単である。しかし1980年代当時、病気の原因となっている遺伝子変異を探し出すのは、アメリカのどこかの家の中にあるという情報だけで、1個の壊れた電球を全米から探し出せといわれるようなものであった。実際、大きな

175　なぜ両親はジャンクを愛しているのか

研究チームが何年もの時間をかけて病気に関わる変異を同定していた。
多くの研究チームがプラダー・ウィリー症候群とよばれる病気を調べていた。プラダー・ウィリー症候群の赤ちゃんは、低体重で産まれ哺乳行動が上手にできない。離乳期まで筋肉の緊張が正常に発達せず、そのため赤ちゃんはだらりとした状態をしている。子どもは成長するにつれて食欲を抑えるのが難しくなり、その結果極度の肥満になる。また、プラダー・ウィリーの子どもは軽度の精神遅滞の症状を示す[19]。
まったく別の研究チームが、これとは似ても似つかない症状の病気について研究していた。アンジェルマン症候群とよばれる病気である。この病気の子どもは、頭部の発達が未熟で小さく、重度の学習障害があり、固形食への移行がとても遅いという特徴を示す。この病気の子どもは理由なく突然笑い出す傾向があり、かつてはこの患者を指して「幸福な人形」という心ない表現が使われていたことがあったが、幸い現在は使われなくなっている[20]。
ちょっとここで、大陸を横断する鉄道をつくることを想像してほしい。一部の鉄道労働者は大陸の東の端から西に向かって線路をつくり始め、別の鉄道労働者は大陸の西の端から東に向かって線路をつくり始める。最初それぞれの労働者はまったく別々の場所にいるが、時が経つにつれお互いどんどん近づいて、うまくいけば最終的にある地点で出会い、最後の犬釘を打ち込み、握手して祝杯を交わすことになるだろう。これは、まさにプラダー・ウィリー症候群を研究する研究者と、アンジェルマン症候群を研究する研究者の間で起こったことだった。もちろん、鉄道のたとえ話と違うのは、研究者たちが同じ場所で会うとは想像もしていなかったということである。彼らはまったく異なる都市で

独立に鉄道をつくっていたつもりが、まったく同じ地点にたどり着いたのである。

プラダー・ウィリー症候群とアンジェルマン症候群の原因となるゲノム領域が狭められていくと、2つの病気の原因となる領域が同じ領域であることが明らかになった。最初、それぞれの病気の原因遺伝子は別で、単に近接しているだけではないかと考えられた。しかし最終的には、どれだけ厳密に調べても、まったく同じ領域の異常が原因でこれらの病気が引き起こされることが明らかになった。

どちらの病気も根本的には同じ原因によって起きており、それは15番染色体上の小さな領域の欠失である。いずれの病気においても、それぞれの親に病気の症状は見られず、彼らの染色体を調べても異常は見つからなかったことから、15番染色体の欠失は、卵や精子を形成する過程で起きたと考えられた。[*3]

染色体の小さな領域の欠失によって、まったく異なる症状が引き起こされるというのはじつに奇妙なことである。しかし、これらの病気の原因が、単に15番染色体の小さな領域の欠失ではないことに研究者たちが気づいて、ようやくその謎が解け始めた。じつはどのように失われたか、ということの方が問題だったのだ。プラダー・ウィリー症候群の子どもの70％は、精子から異常な染色体を受け継いでいる。一方、アンジェルマン症候群の子どもの70％は、卵から異常な染色体を受け継いでいる。少し後になって、プラダー・ウィリーの患者の25％では、何の欠失も持たない、完全な2本の15番染色体を持つことがわかった。これらの患者における問題は、15番染色体の両方のコピーを母親だけから受け継いだということであった。[*4] ごく一部のアンジェルマン症候群の患者では、やはり完全な2本の15番染色体を持っているが、その両方とも父親から受け継いでいたのだ。

正常な 15 番染色体の組み合わせ

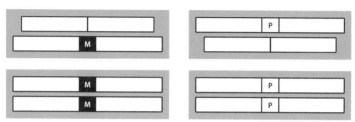

プラダー・ウィリーの 15 番染色体の組み合わせ　　　　アンジェルマンの 15 番染色体の組み合わせ

| M | 母親特異的な情報を持つインプリント領域 |

| P | 父親特異的な情報を持つインプリント領域 |

図10.3 通常私たちは15番染色体を母親と父親から1コピーずつ受け継いでいる。もし両方のコピーを母親から受け継ぐと、その子どもはプラダー・ウィリー症候群を発症する。あるいは、父親由来という印を運んでいるインプリント領域を失った染色体コピーを、父親から受け取った場合も同じことが起きる。本質的に、父親特異的な情報が失われるとプラダー・ウィリー症候群になる。アンジェルマン症候群は、15番染色体上のまったく同じ領域の異常が原因で起きるが、母親特異的な情報が失われることで疾患の症状が起きる。

図10・3に示すように、この遺伝病の継承パターンは、インプリンティングをふまえて考えればとてもつじつまが合う。すべての異常な状況において、細胞は片方の親から受け継ぐはずのインプリンティング制御領域を、きちんと受け取っていないということになる。この結果、通常なら母由来、父由来という由来に応じて厳密に制御されるべき遺伝子の発現が異常になり、それによって成長異常を含む病態が引き起こされるのである。

インプリンティング制御領域の遺伝子を調べることで、これらの病気を引き起こす問題を絞り込むことができるようになった。アンジェルマン症候群の約10％のケースでは、両親から適切なDNAをすべて受け継いでいる。そのような患者における問題は、母親から受け継いだ

第10章　178

DNAに変異があったのである。このような変異はICEの中ではなく、ICEによって制御される遺伝子の中にあった。これはタンパク質コード遺伝子であり、通常母親から受け継いだ染色体だけから発現される。父親から受け継いだ染色体上の遺伝子は、インプリンティングによってその発現が抑制されている。

母親から受け継いだ方の遺伝子が変異によってタンパク質をつくり出せないと、細胞はこのタンパク質をまったくつくれないことになり、これが病気を引き起こす原因となる。[*5]

プラダー・ウィリー症候群の状況はもっと奇妙である。少数の患者において、15番染色体の重要な領域に存在する遺伝子のひとつが失われていることが明らかにされた。ただし、この遺伝子はタンパク質をコードしていない。その代わり、この遺伝子は一群のノンコーディングRNAをコードし、それらはすべて似たような働きをしている。[21][22][23] これらのRNAの機能は、タンパク質をコードしていないまた別の・RNA分子の制御に関わっているのだ。これらの遺伝子の欠損が重要なように見える。プラダー・ウィリー症候群の大部分の症状は、タンパク質をコードしていないこの遺伝子の欠損が重要なように見える。

この事実が意味することをあえて考えてみてほしい。ジャンクDNA領域（ICE）が、長鎖ノンコーディングRNAをコードするジャンクDNAの発現を制御する。この長鎖ノンコーディングRNAが、今度は一群のノンコーディングRNAをコードする遺伝子の発現を調節する。そして、これらの一群のノンコーディングRNAの役割が、さらにまた別のタンパク質をコードしていないRNAを調節するというのである。このように説明してみると、ジャンクDNAが何も機能を持たないと議論することと自体、まったく無意味なことのように思える。

インプリンティングの異常によって引き起こされ、成長異常や学習障害を伴う病気は、プラダー・

179　なぜ両親はジャンクを愛しているのか

ウィリー症候群やアンジェルマン症候群だけではない。成長遅延が特徴のシルバー・ラッセル症候群[24]と、過剰成長が特徴のベックウィズ・ウィーデマン症候群[25]は、同じように相互的な関係を持つ病気である。この2つの病気は、11番染色体の同じ領域が片親だけに由来することが原因で引き起こされる。この場所はとても複雑なインプリンティング領域であり、複数のICE領域と多数の遺伝子が関与している。

同じような関係が別の染色体でも見出される。14番染色体の両方のコピーを母親から受け継いだ子どもは、出産前や出産後の期間の成長は制限されるが、後に肥満になる[26]。しかし、もし14番染色体の両方のコピーを父親から受け継ぐと、胎盤が異常に大きく成長し、子どもは腹壁の異常を含む別の問題を持って生まれてくる[27][28]。

これらの病気の多くで、染色体の由来が原因ではなく、エピジェネティクスの異常が原因で病気が引き起こされているまれな症例がある。少数の患者では、正しいDNAをそれぞれの親から受け継ぎ、DNAに変異はない。それにもかかわらず、患者はインプリンティングの異常によって引き起こされるのと同じ病状を呈する。これらのまれな症例では、たいてい受精卵や初期発生においてインプリントの確立と維持が正しく行われなかったことが原因になっている。ICEが不適切なメチル化修飾をされ、そのスイッチのオン、オフが正しく行われず病気が引き起こされる。これは、またしてもジャンクDNAとエピジェネティック機構との間のクロストークの重要性を示す結果である。

▼劇的な出来事がもたらす影響

　1978年、ルイーズ・ブラウンと名づけられた小さな女の子が生まれた。もしあなたがルイーズ・ブラウンを見たら、彼女がまったくふつうの赤ちゃんになると確信していたに違いない。しかし、彼女の両親は、ルイーズが世界中で最も注目される赤ちゃんになると確信していたに違いない。しかし、彼女の両親は、ルイーズに対してそんな風に考える親がいるだろうか？　もちろん、ここでブラウン夫妻に対してこのような言い方をしても、きっと2人は許してくれるだろう。そう、彼らの方が正しかったのである。ルイーズ・ブラウンの誕生は世界中の新聞の一面を飾った。それは、彼女が世界で最初の「試験管ベビー」だったからである。

　研究室の培養皿の中で彼女の母親の卵を父親の精子と受精させ、その受精卵を母親の子宮に戻した。ルイーズ・ブラウンの母親の卵管はもともと閉塞して、自然妊娠は期待できなかったため、このような人工的な方法がとられたのである。ルイーズ・ブラウンの誕生は、不妊治療の新しい道を切り拓いたのだ。現在までに、生殖補助医療によって500万人以上の子どもが生まれたと推測されている。[29]。

　ところで、生殖補助医療によって、インプリンティングの異常、特にベックウィズ・ウィーデマン症候群、シルバー・ラッセル症候群、アンジェルマン症候群のリスクが高くなるのではないかという主張がある。このような懸念が生じる背景には、研究室で胚を培養しているのが、ちょうどインプリンティングを確立する重要な時期と重なるからである。本当に問題があるのかどうかを、私たちが知らないというのは奇妙に思えるかもしれない。500万人の子どもを調べれば、すぐに確かめられる

181　なぜ両親はジャンクを愛しているのか

と考えるだろう。しかし問題は、インプリンティングの異常による病気がまれであり、自然には数千、あるいは数万人に1人の割合でしか起こらないということである。非常にまれにしか起こらない現象を調べる場合、統計の数値は容易にゆがめられてしまう恐れがある。

かつて商業利用されていた超音速の旅客機、コンコルドを覚えているだろうか？　一度も事故を起こしたことがなかったため、何十年もの間世界一安全な旅客機といわれていた。しかし、2000年にシャルル・ド・ゴール空港で悲劇的な事故が起き、搭乗客と乗務員合わせて109人が亡くなった。統計的にいえば、この事故の後コンコルドは世界で最も安全ではない旅客機になってしまった。もちろんこれは、ほかの旅客機に比べてコンコルドの飛行回数が少なく、搭乗客の数も少なかったためである。したがって、単純に計算するだけでは、ひとつの出来事が統計上の数値に大きな影響を与える可能性があるのだ。

これはインプリンティング異常による病気の場合も同じである。もし500万人の子どもの中で、自然に病気を持って生まれる子どもが50人いると見込まれるとき、実際に生殖補助医療によって生まれた子どもの中に、病気を持って生まれた子どもが55人いたとしたらどうだろうか？　医療的な介入によってインプリンティングの異常を持って生まれる子どもの割合が10％増加したと考えるべきか、あるいはただの統計的な誤差と見なしたらよいのか？[*6]　また、不妊ということ自体がインプリンティング異常の割合をわずかに上昇させ、それが生殖補助医療によって単に目に見えるようになっただけという可能性も考える必要がある。生殖能力が不十分な人から採取した精子、あるいは卵に、そもそもインプリンティングの異常があり、それが生殖医療のおかげで認識されただけという可能性も十分

考えられる。かつてはそのような人が子どもを持つことはなかったため、インプリンティング異常の影響が現れていなかっただけかもしれない。[30] これは、目に見えるものが、じつは目に見えないものによってゆがめられているという、込み入った生物学的状況の一例である。

▼第10章 注

＊1 鍵となる酵素はDNMT3A, DNMT3Lとよばれ、これらはもともとDNAメチル化がない場所に新たに（de novoに）メチル化を付加するde novo DNAメチル化酵素である。

＊2 このタンパク質はDNMT1とよばれ、維持DNAメチル化酵素（DNA複製に際して、もともとDNAメチル化がある場所のメチル化を維持する酵素）として知られている。

＊3 これはde novo変異（新しく生じた変異）として知られている。

＊4 これは「片親性ダイソミー」として知られ、この場合は「母性片親性ダイソミー」である。

＊5 この遺伝子は*UBE3A*とよばれる。UBE3Aタンパク質はほかのタンパク質にユビキチンとよばれる分子を付加し、このユビキチンの付加はそのタンパク質の分解につながる。

＊6 ここで示した数は、論点を明確にするために選んだ適当な数字である。

第11章

ある使命を持ったジャンク

第11章　ある使命を持ったジャンク

生物学が人々を惹きつける最大の特徴は、あらゆる面で一貫性を欠いている点といえるかもしれない。生物システムは数々のプロセスを取り入れ、まったく新しい目的に流用しながら、見事なほど独創的な方法で進化してきた。つまり、何かある共通するような特徴を見出したとしても、ほぼ必ず例外があることを意味している。ときには、どちらが標準でどちらが例外かを見極めるのがとても困難な場合もある。

ジャンクDNAとノンコーディングRNAを考えてみよう。これまで見てきたすべての事例をもとに考えると、次のような仮説を立てるのはきわめて妥当といえるだろう。

ジャンクDNAが、タンパク質をコードしていないRNA（いわゆるジャンクRNA）をコードしている場合、そのRNAは足場のような役割を果たし、活性を持つ酵素などのタンパク質をゲノムの特定の領域に導く。

この仮説は、長鎖ノンコーディングRNAの役割と矛盾しない。それらのRNAは、エピジェネ

ティック・タンパク質とＤＮＡ、あるいはヒストンとの間をつなぐマジックテープのような働きをしている。そのようなタンパク質はしばしば大きな複合体を形成し、少なくともその中のひとつは何らかの化学反応を司る酵素である場合が多い。そのような酵素には、ＤＮＡやヒストンにエピジェネティック修飾をつけたり外したりする酵素もあれば、伸長中のＲＮＡに塩基を付加する酵素もある。このような酵素の働きを考えた場合、タンパク質は分子で書かれた文章の中の動詞と見なすことができる。つまり、何かをする、あるいは活動する分子ということである。

このモデルはとても魅力的に聞こえるが、残念ながら完璧ではない。タンパク質とＲＮＡの働きが逆転するような状況があるのだ。この逆転の状況では、タンパク質の方がむしろあまり動かず、ジャンクＲＮＡの方が酵素として働き、ほかの分子に対する化学反応を担っているというのである。

この状況はかなり奇異なことであり、何か特別な例外だと考えたくなるかもしれない。ただ、もしそうだとすると、それは驚異的な例外といわざるを得ない。なぜなら、この酵素としての機能を持つジャンクＲＮＡは、ヒトの細胞内に存在するＲＮＡの約80%を占めているからだ[1]。私たちがこの奇妙なＲＮＡ分子の存在を何十年も前から知っていながら、いまなおタンパク質中心の考え方に固執しているのは、逆に驚くべきことかもしれない。

この奇妙な機能を持つＲＮＡは「リボソームＲＮＡ」、略してｒＲＮＡとよばれている。その名前からわかるように、これらのＲＮＡは、おもにリボソームとよばれる細胞内の構造体の中に見出される。この構造体は核ではなく細胞質に存在する。細胞質については第2章で触れており、**図2・3**（23ページ）に示した。リボソームという構造体の中では、メッセンジャーＲＮＡ分子の情報がアミ

ノ酸に変換され、そのアミノ酸がつなぎ合わされてタンパク質がつくり出される。第1章と第2章で紹介したニットのパターンのたとえをまたここで使うと、リボソームは、紙面に書かれた符号に従って、海外の兵士に送るための暖かいソックスや手袋を編んでいる女子従業員にあたる[2]。

単純に重量の割合でいうと、リボソームという構造体の60%をrRNAが占め、残りの40%がタンパク質に相当する。リボソームは2つの大きな構造体に分けることができる、ひとつは3種類のrRNAと約50種類のタンパク質から構成され、もう一方は1種類のrRNAと約30種類のタンパク質からなる。リボソームはとても巨大で、数多くの異なる構成要素からなる構造体であるため、巨大分子複合体とよばれることがある。つまり、巨大な「タンパク質合成ロボット」と考えることができる。

タンパク質コード遺伝子からメッセンジャーRNA分子がつくられると、それらのRNAは核外へ輸送され、リボソーム・ロボットがある細胞内の場所まで運ばれる。リボソームはメッセンジャーRNA分子を挟み込み、端から端へ移動しながら、メッセンジャーRNAが運んできた遺伝子の指令を読み出していく。その結果、アミノ酸が正しい順番でつなげられていく。このとき、アミノ酸とアミノ酸を結合させる反応を実行しているのがリボソームRNAである。この反応によって、長く安定なタンパク質分子がつくり出される。

リボソームはメッセンジャーRNAを挟み込んで移動するため、同じメッセンジャーRNA分子の開始部分に別のリボソームが結合し、新たにタンパク質の鎖をつくり出すことができる。このようにして、1分子のメッセンジャーRNAが同じタンパク質をつくるための鋳型として何度も繰り返

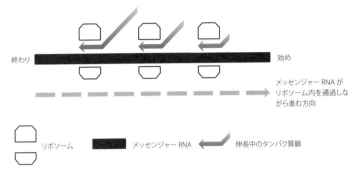

図11.1 メッセンジャーRNA分子がリボソームの中を左から右へ動いている様子。リボソームはタンパク質の鎖を組み立てる。メッセンジャーRNAの始めの部分が、タンパク質合成中のリボソームから出てくると、別のリボソームが結合してタンパク質合成を開始できる。その結果、1分子のメッセンジャーRNA上に複数のリボソームが存在して、そのすべてが完全長のタンパク質を合成できる。

して利用される。

図11・1にこの過程を示している。個々のアミノ酸は、別の種類のジャンクRNAである「転移RNA（tRNA）」によってリボソームに運ばれてくる。これらのRNAはとても小さなノンコーディングRNAで、約75〜90塩基の長さしかない[3]。しかし、そのRNA自身が折り畳まれて、クローバーの葉のような形をもとに複雑な3次元構造を形成しており、個々のtRNA分子の一方の端に特定のアミノ酸が付加されている。アミノ酸が付加された端から離れたところにループ状の構造があり、その部分に3塩基の配列（トリプレット）がある。このトリプレットは、メッセンジャーRNA上の配列と正しく合うときだけその配列と結合できる。これには、DNAが塩基対を形成するのとまったく同じ原理が使われている。

つまり、tRNA分子は、メッセンジャーRNAによって運ばれる核酸の配列（元はDNAの配列）と、最終産物であるタンパク質の間をつなぐアダプターとしての役割を果たしている。このしくみによって、アミノ酸は正しい順番で並べられ正しいタンパク質がつくられるのである。図

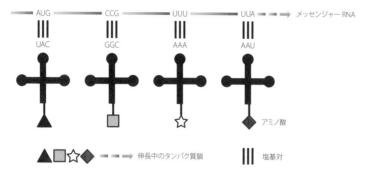

図11.2 メッセンジャーRNAがリボソームの中を動いていくと、tRNA分子が塩基対を利用して適切なアミノ酸を正しい場所に運んでくる。リボソームRNAはアミノ酸を結合してタンパク質の鎖をつくり出す。

11・2 にこの過程を示している。リボソームで2個のアミノ酸が隣り合わせに並べられると、rRNAがひとつのアミノ酸の端を次のアミノ酸に結合するという化学反応を行うことで、タンパク質の鎖がつくられていく。

ちなみに、メッセンジャーRNA上のいくつかのトリプレットは、どのtRNAトリプレットとも合わない。これらのトリプレットは「停止信号」とよばれている。リボソームがこのような停止信号に達すると、適切なtRNAをその場所に合わせることができず、メッセンジャーRNA上からリボソームが離れてしまい、タンパク質の伸長反応は終結する。これは第7章で紹介した、屋根に相当するレゴのブロックと同じである（111ページ参照）。いったん離れたリボソームは、また別のメッセンジャーRNAを見つけてそのタンパク質を合成するか、あるいは同じメッセンジャーRNAの開始部位に戻って、ふたたび同じタンパク質を合成する。

この全体の過程は、4種類のリボソームRNAと約80個もの結合タンパク質からなる巨大複合体に依存し、しかもとても繊細な過程であるにもかかわらず、新しいアミノ酸を伸長

中のタンパク質の鎖に付加する過程は驚くほど速い。ヒト細胞を用いてこの過程の速度を正確に測定するのは難しいが、細菌のリボソームは、1秒間に約200個ものアミノ酸を結合することができる。もちろん、ヒト細胞のリボソームのスピードが細菌より速いということはないだろうが、それでも私たちがレゴのブロックを1個ずつ積み重ねてタワーをつくる速さに比べたら、10倍以上速いに違いない。しかも、リボソームの仕事はブロックをランダムに積み重ねていくのとはわけが違う。異なる20種類のブロックの中から、ほんの一瞬で適切なブロックを選び出し、それを正しい順番に積み重ねていかなくてはならない。途方もない作業である。

私たちの細胞は毎秒何百万というタンパク質をつくり出さなくてはならず、リボソームはかなり効率的な作業を要求される。さらに、私たちの細胞はこの需要に応えるため、膨大な数のリボソームを必要とする。その数は、1個の細胞あたり1000万個にも及ぶ[4]。私たちの細胞は、十分な数のリボソームをつくるために、rRNA遺伝子のコピーを大量に蓄えている。ふつうの遺伝子の場合、両親から1組の遺伝子しか受け継がないが、rRNA遺伝子については、5つの染色体に分散された約400コピーものrRNA遺伝子を両親から受け継いでいるのだ[5]。

このように膨大な数のrRNA遺伝子を持つ結果、私たちはrRNA遺伝子の変異が原因で引き起こされるような病気にはなりにくい。もし1コピーのrRNA遺伝子に変異が入っても、ほかのたくさんの正常なコピーが代わりに働けるからだ。しかし、リボソームに存在するタンパク質をコードする遺伝子の変異の場合はそうはいかない。リボソームに存在するタンパク質の多くは、その詳細な働きはよくわかっておらず、いくつかのタンパク質はリボソームの機能にあまり重要ではないようにも

見える。しかし、実際にリボソームのタンパク質の変異が原因で引き起こされるヒトの病気が存在しているのだ。

最もよく知られている2つの症例は、それぞれダイアモンド・ブラックファン貧血、トリーチャ・コリンズ症候群とよばれている。これらの病気は、異なるタンパク質コード遺伝子の変異を受け継ぐことで発症するが、どちらのケースもリボソームの数が減少する。しかし、リボソームの減少がどのように細胞機能に影響を与えるのかについてははっきりしない部分がある。というのも、もしリボソームの数の減少が主たる原因であれば、臨床的な所見は同じになると考えられるからである。しかし、これらの病気の臨床所見は異なっている。ダイアモンド・ブラックファン貧血のおもな症状は、赤血球の産生に異常が起きることである。一方、トリーチャ・コリンズ症候群のおもな症状は頭部と顔の奇形であり、それが原因で呼吸や嚥下《えんげ》、聴覚において問題が起きる。[6]

私たちの細胞がたくさんのリボソーム、そしてたくさんのrRNAを必要としていることを考えれば、アミノ酸をリボソームへ運搬するtRNAもたくさん必要だとしてもまったく不思議ではない。ヒトゲノムはおよそ500個のtRNA遺伝子を持ち、それらの遺伝子はほとんどすべての染色体に散らばって存在している。[7] 多数のコピーが存在していることで、先ほどのrRNAの場合と同じようなメリットがあると考えられる。

ところで、rRNAとインプリンティングには、奇妙で不思議な共通点がある。第10章で述べたように、プラダー・ウィリー症候群の患者の中には、一群のノンコーディングRNAをコードするジャンクDNA領域が原因で、病気を発症している患者が少数存在している（179ページ参照）。これら

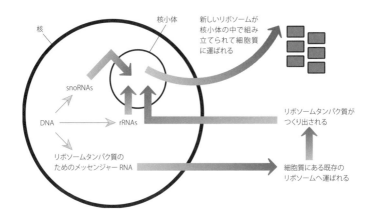

図11.3 リボソームタンパク質のためのメッセンジャーRNAは、核の中で合成されて細胞質にある既存のリボソームに運ばれる。新しいリボソームタンパク質は、核内の特別な領域(核小体)に送り返される。その場所でリボソームRNA分子と一緒になって新しいリボソームが合成され、細胞質に運ばれて機能を果たす。

のノンコーディングRNAは、「snoRNA (small nucleolar RNAs：小分子核小体RNA)」とよばれている[*1]。これらのノンコーディングRNAは、核内の「核小体」とよばれる重要な場所に移動する。核小体はリボソームを組み立てて完成させる場所であり、その様子を図11・3に示している。

rRNAとリボソームのタンパク質は、核小体でさまざまな修飾を受けてからリボソームに組み込まれ、その後細胞質に戻されて、ようやくタンパク質合成ロボットとして機能できるようになる。

snoRNAは、ある修飾がrRNAに付加される際、それが正しい場所に付加されるように、その場所を決める働きをしている。DNAやヒストンがメチル化によって修飾されるように、rRNA分子もメチル化されるのだ。snoRNAは、おそらく自分自身と塩基対を形成できるようなrRNA上の場所を探して、その位置を決めているのだと考えられている。snoRNAがいったんrRNAに結合すると、rRNAにメチ

ル基を付加するような酵素をよび寄せる。これは、長鎖ノンコーディングRNAがヒストン修飾酵素をよび寄せるしくみと、見方によっては似ているかもしれない。[*2] どうしてメチル化などの修飾がrRNAの機能に重要なのかについて、すべてが解明されているわけではないが、rRNAとリボソーム中のタンパク質との相互作用を安定化する働きをしているという説がある。

プラダー・ウィリー症候群の症状が、snoRNAによるrRNAの修飾に異常があるために起きていると考えたくなるが、現段階ではただの仮説でしかない。問題は、snoRNAがrRNA以外にもさまざまなRNA分子を標的にできるということであり、そのため、この病気の子どもでどの過程が実際におかしくなっているか確かめることができないのだ。

リボソームはきわめて起源の古い構造体であり、原始的な生物の中にも見つけることができる。もちろん、小さな単細胞生物で、DNAと細胞質を隔てるための核膜を持たない細菌の中でも見つかる。そのため、進化生物学者はしばしば、rRNAをコードする遺伝子のDNA配列を、異なる種が分岐してからの進化的時間を推測するのに利用している。

進化的に私たちからとても離れた単細胞生物であっても、そのゲノムを調べてrRNA遺伝子を見分けることはできる。ただし、細菌と高等生物は約20億年前に分岐しており、[8] 私たちヒトと細菌のrRNA遺伝子では配列や構造が大きく異なっている。このようにrRNA遺伝子が違うのは、じつはとても幸運だということが後にわかったのである。最もよく使われる効果的な抗生物質、たとえばテトラサイクリンやエリスロマイシンなどの抗生物質は、細菌のリボソームの働きを阻害しているのだ。[9] これらの抗生物質は細菌のリボソームの働きを阻害するが、ヒトのリボソームの働きは阻害しな

い。医学の発達した社会では、抗生物質に慣れ親しんでしまったため、それがどれだけ重要かをときに忘れてしまうことがあるが、1940年代に抗生物質が医療の現場に登場してから、控えめに見積もっても数千万人の命が救われたのだ。多くの人々の命が、生物種間におけるジャンクDNAの違いによって救われたと考えると不思議な気がする。

▼私たちは内部の侵略者に依存している

さらに奇妙なことは、私たちヒトの祖先が現代の細菌の祖先から分岐した頃から、私たちの体の中にすみ着いたままの生物がいるという事実である。「すみ着く」というような控えめな表現はふさわしくない。私たち自身だけでなく、牧草からシマウマ、クジラからミミズに至るまで、地球上のすべての多細胞生物は、この定着した生物がいないと生きていけない。これは、多細胞生物だけでなくパンやビールをつくるための酵母でも同じである。

数十億年前、私たちの祖先細胞に小さな生物が侵入した。この時期、おそらく4個以上の細胞から構成されるような生き物は存在せず、その4個の細胞もそれぞれ特殊化した役割は持っていなかったと考えられる。私たちの祖先細胞と小さな侵入者はお互い争うことはせず、その代わり妥協して手を組むことにしたのだ。この妥協はお互いにメリットがあったため、その後、数十億年も続く美しい友好関係が生まれたのである。

この小さな生物は進化して、現在「ミトコンドリア」とよばれる細胞の重要な構成因子になった。ミトコンドリアは細胞質の中にいて、細胞内の小さな発電所として働いている。ミトコンドリアは細

胞小器官のひとつとして、通常の細胞機能に必要とされるエネルギー源を生み出しているのだ。このミトコンドリアのおかげで、私たちは酸素を利用して、外から取り入れた食物から有用なエネルギーをつくり出すことができるのである。もしミトコンドリアを細胞内に住まわせていなかったら、私たちは周囲ににおいを放ちながら増殖するだけで、何か特別な活動のためのエネルギーを持たないつまらない細胞のままだったに違いない。

ミトコンドリアが、かつて自由に生活した独立の生物に由来していると考えられる理由のひとつに、彼らが自分自身のゲノムを持っていることがある。ミトコンドリアのゲノムは、核の中にあるヒトの本来のゲノムに比べたらとても小さい。核ゲノムの30億塩基対に対して、ミトコンドリアのゲノムはたった1万6500塩基対しかなく、しかも私たちの染色体が線状であるのに対して、ミトコンドリアのゲノムは環状である。ミトコンドリアのゲノムは37個の遺伝子しかコードしておらず、驚くべきことに、そのうち半分以上の遺伝子はタンパク質をコードしていないのだ。22個の遺伝子はミトコンドリアのtRNA分子をコードし[10]、別の2個の遺伝子はミトコンドリアのrRNA分子をコードしている。これらのRNAを使ってミトコンドリアは独自のリボソームをつくり出し、そのリボソームを使って自身のゲノムDNAにコードされたほかの遺伝子からタンパク質をつくり出している*3・[11]。

ミトコンドリアのこのシステムは、進化的な観点から考えるととても危険なものに見える。私たちの生存にとってミトコンドリアの機能は重要であり、そのミトコンドリアの機能にとってリボソームの機能はきわめて重要である。そのような重要な存在であるにもかかわらず、私たちの発電所であるミトコンドリアでは、rRNA遺伝子のコピーを余分に持つという安全策はとられていないのだろう

か？

これには、核DNAの伝達様式とは異なるミトコンドリアDNAの伝達のしくみが関係している。私たちは両親から受け継いだ1組の染色体を核内に持っている。しかし、ミトコンドリアDNAの場合は異なる。私たちはミトコンドリアを母親からしか受け継がない。そうだとすると、もし母親から変異を持つミトコンドリアDNAを受け継いだ場合、正常な父由来の遺伝子で代替することができないため、これはさらにリスクの高いシステムのように思える。

しかし、もちろんここにも複雑な事情がある。私たちは母親から1個のミトコンドリアを受け継ぐのではなく、数百個、数千個、あるいは100万個ものミトコンドリアを受け継ぐのだ。さらに、これらのミトコンドリアは親細胞の1個のミトコンドリアに由来しているわけではないため、遺伝的にすべて同じではない。細胞が分裂する際、ミトコンドリアも分裂して娘細胞に受け渡される。これらのミトコンドリアの一部に変異が入ったとしても、細胞には正常なミトコンドリアが十分存在していることになる。

しかし、だからといって問題が起きないというわけではない。これまでに、ミトコンドリアDNAのtRNA遺伝子における異常が数多く報告されているのだ。このような病気の症状には、筋肉の萎縮[12]、難聴[13]、高血圧[14]、心臓疾患[15]などがある。しかし、その症状は患者によって大きく異なり、同じ家族の間でも異なる場合がある。そのおもな理由として、変異を持つミトコンドリアの割合がある閾値を超えない限り、それぞれの組織で症状が現れないためだと考えられている。正常なミトコンドリアと異常なミトコンドリアが、細胞分裂のときに何らかの理由で不均等に分離されることが、病気の症状

が現れる原因だと考えられるため、必ずしも年を取ってから起きるというものではない。
本章でここまで述べてきた話を聞いて、まだＲＮＡはＤＮＡに比べて見劣りするとか、タンパク質より劣ったものだと思っているのであれば、次のことを考えてみてほしい。ＤＮＡは生物学のイメージキャラクターではあるが、地球上のすべての生物は、じつはＤＮＡではなくＲＮＡから生まれたと考えられているのだ。

▼おそらく最初はＲＮＡだった

ＤＮＡは素晴らしい分子である。多くの情報を保存し、2本鎖という性質によって容易に複製することが可能であり、しかもその配列は安定に維持される。しかし、生命が誕生したと考えられる数十億年前にさかのぼって、ＤＮＡゲノムをもとにして生命が発生したと考えるのは難しい。ＤＮＡは情報を保持するには魅力的だが、その情報から何かをつくり出すという意味においてはまるで役に立たないからだ。ＤＮＡは決して酵素として働くことはないので、自身のコピーをつくり出すことすらできない。ＤＮＡはタンパク質なしでは何もできない。それでは、最初の遺伝物質は何だったのか？
しかし、これまで多くの科学者からあまり注目されていなかったＲＮＡに目を向けてみたら、ピンとくるはずである。ｒＲＮＡは配列情報を持っていながら、同時に酵素でもある。この事実から、かつてはＲＮＡがさまざまな酵素活性を担っていて、自己増殖可能な独立した遺伝物質として進化した可能性が生まれるわけである。

2009年、研究者たちは驚くべき研究を発表した。実際にそのようなシステムをつくり出したというのだ。彼らは酵素として機能する2種類のRNA分子をつくった。そしてこれらのRNAを混ぜて、RNA塩基など材料となる化学物質を与えたところ、2つのRNA分子はお互いのコピーをつくり出したのだ。元のRNAの配列を鋳型にして、完全なコピーをつくったのである。必要な材料を供給する限り、この2つのRNAは次々にコピーを増やしていった。これは、まさに自己増殖システムである。研究者たちはさらに実験を進め、酵素活性を持つさまざまなRNA分子を混ぜる実験をした。実験を開始すると、2種類のRNAが優先的に増えて、ほかのすべてのRNAを数で凌駕してしまったのである。このシステムは単なる自己増殖システムではなく、自己選択という特徴も兼ね備えている。最も効率に勝るRNAペアが、ほかのペアよりもより速く自分たちの複製をつくったからである。[16] さらに最近になって、自分自身を複製できる単独のRNA分子をつくり出すことにも成功している。[17]

いまでもイギリスで耳にすることわざに、「汚物のあるところ金がある」というものがある（「金銭に対する欲望が諸悪の根源になる」という意味）。変な言い換えかもしれないが、「ジャンクのあるところ生命がある」ということができるかもしれない。

▼第11章注

＊1　ここで記述する過程に関わるのは、snoRNA C/D boxとよばれる特別な種類のsnoRNAである。

＊2　この過程に必要なメチル化酵素はフィブリラリンとよばれ、ほかの3つのタンパク質やsnoRNAと一緒に複合体を形成して働いている。

＊3　ミトコンドリアは、自身の生化学的なプロセスにほかのタンパク質をたくさん使っている。それらの遺伝子は核ゲノムにコードされ、細胞質にある通常のリボソームで翻訳された後ミトコンドリアへ輸送されている。ミトコンドリアが独自にコードしているタンパク質は、すべて電子伝達鎖とよばれる、ミトコンドリア内で起きる過程に関与している。これは生物にとって不可欠な過程であり、細胞活動を支える、貯蔵可能で使いやすいエネルギーがこの過程を通じて供給される。

第12章

スイッチを入れて音量を上げる

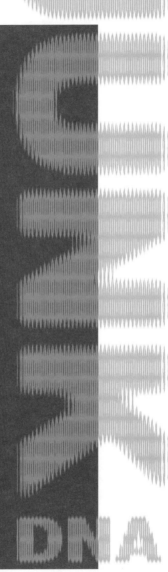

第12章　スイッチを入れて音量を上げる

2億円の値札がつけられたブガッティ・ヴェイロンは、世界一高価な市販車である。最も安い市販車がどのメーカーのどの車かは定かではないが、ダチア・サンデロ（ルーマニアのダチア社が製造・販売する小型のハッチバック）なら、おそらくヴェイロンの約100分の1の金額で手に入るに違いない。しかし、これらの2つの車には共通する部分がたくさんあり、どこかに出かける前に必ずスイッチを入れるところも同じである。そう、エンジンを起動させなければ何も始まらない。

私たちのタンパク質コード遺伝子の場合も同じである。どんな遺伝子であろうと、活性化されてメッセンジャーRNAにコピーされなければ何もできない。うんともすんとも言わないただのひと続きのDNAでしかない。高価なヴェイロンであっても、エンジンをかけなければただの鉄の塊にすぎないのと一緒である。遺伝子のスイッチをオンにするのは、「プロモーター」とよばれるジャンクDNA領域である。どのタンパク質コード遺伝子でも、その始めの部分には必ずこのプロモーターがある。

昔ながらの車でたとえれば、プロモーターに相当するのは車のキーを差し込む部分で、差し込むキーの方は、プロモーターに結合するタンパク質複合体である。これらのタンパク質複合体は「転写因子」

とよばれている。プロモーターに結合した転写因子は、その次にメッセンジャーRNAをつくり出す酵素と結合する。この一連の流れによって遺伝子発現が行われるのである。

DNA配列を解析して、プロモーターを探し出すのは比較的簡単なことである。プロモーターはつねにタンパク質コード遺伝子のすぐ上流にあるからだ。また、その中には、ある特定のDNAモチーフが含まれている場合が多い。というのも、転写因子は特定のDNA配列を認識して結合する特殊なタンパク質だからである。また、プロモーター領域のエピジェネティック修飾を調べれば、ある共通したパターンがあることがわかる。その遺伝子が細胞内で活性化されているかどうかによって、プロモーターは特定の組み合わせのエピジェネティック修飾を持っているのだ。エピジェネティック修飾は、転写因子の結合を調節している重要な要素である。ある修飾の組み合わせは転写因子やそのほかの結合因子をよび寄せ、その結果遺伝子発現が起きる。別の組み合わせの修飾は逆に転写因子などの結合を妨げ、遺伝子のスイッチをオンにするのを難しくさせる。

研究者たちは、プロモーター部分をコピーしてゲノムのほかの領域に挿入したり、あるいは異なる生物のゲノムに入れたりすることができる。この種の実験によって、プロモーターが遺伝子のすぐ上流で機能するということが確認された。さらに、プロモーターが機能するためには、正しい方向を向いている必要があることも示された。もしプロモーターを遺伝子のすぐ上流に逆向きにして入れると、そのプロモーターは正しく機能しない。車のキーを逆さまにして差し込むようなものである。つまり、プロモーターは向きに依存した様式で活性を持つのだ。

プロモーターは、自身がどの遺伝子を制御するかについて区別をすることはない。遺伝子の十分近

くに正しい方向で入れられていれば、その遺伝子のスイッチをオンにできる。このため、研究者たちはプロモーターを使って自分たちの興味ある遺伝子を細胞内で発現させることが可能となる。実験に使う観点からは、このプロモーターの性質はとても便利で都合がよいが、この性質が逆にあだとなることがある。染色体のDNAが不適切につなげられた結果、あるプロモーターが本来発現すべきでない遺伝子を発現させてしまい、それが原因で細胞ががん化することがあるのだ。そのような場合、発現されている遺伝子は細胞の増殖を促進させるような遺伝子である。最初に発見されていまだに最も有名な例が、バーキットリンパ腫である。この類のがんについては、「不適切な環境に置かれたおとなしい遺伝子」という議論の中ですでに紹介している（65ページ）。このがんの場合、14番染色体の強力なプロモーターが、8番染色体にコードされた細胞増殖を促進するタンパク質をコードする遺伝子の上流に置かれてしまうのだ*1・[1]。その結果は悲惨である。この染色体再編を持つ白血球は急速に増殖し、あっという間に血液成分の大部分を占めることになる。早期に発見された場合、治療によって約半数の患者は快復するが、それでも徹底的な化学療法が必要である[2]。診断が遅れた患者の場合、急速に衰弱して、それこそ数週間のうちに亡くなってしまうこともある。

　正常な組織では、個々のプロモーターは特定の種類の細胞だけで活性化する。多くの場合、細胞種特異的に発現されている転写因子によって、プロモーターの活性化が調節されているからだ。プロモーターはそれぞれ異なる強さを持っている。つまり、強力なプロモーターは遺伝子のスイッチをかなり強引にオンにして、そのタンパク質コード遺伝子から大量のメッセンジャーRNAのコピーをつくり出すという意味である。これはまさにバーキットリンパ腫において起きていることである。逆に弱

いプロモーターは、非常に低いレベルで遺伝子を発現させる。たとえば哺乳動物の細胞の場合、プロモーターの強さは複数の要素によって決まり、それには、DNA配列、その細胞で発現している転写因子の種類や量、エピジェネティック修飾、そのほかまだ私たちが知らない多くの因子が含まれていると考えられる。

▼段階的な反応をもたらす

少なくとも実験環境下では、どんな細胞のどんなプロモーターを調べても、だいたい安定した一定レベルの遺伝子発現をもたらす。しかし、細胞が本来置かれた状況下では、遺伝子発現は1か0かで決まるようなものではなく、実際には遺伝子は可変的に発現されているに違いない。たとえばヴェイロンであれば、時速数キロから最高時速の400キロまで、あるいはサンデロの場合だと最高時速はその半分くらいかもしれないが、いずれにしても車の時速を自在に変えられるようなものである。細胞では、この遺伝子発現の柔軟性は、エピジェネティクスを含む複数の過程の相互作用によってもたらされている。しかし、遺伝子発現の柔軟性は別のジャンクDNA領域による影響も受けている。このような領域は「エンハンサー」とよばれている。

プロモーターに比べると、エンハンサーはかなり漠然とした存在である。たいてい数百塩基対の長さを持つ場合が多いが、単にDNA配列を調べるだけでその場所を特定するのはほとんど不可能である[3]。あまりにも変化に富んでいて、配列からは見分けがつかないのである。エンハンサーの特定を難しくしている要因は、それがつねに機能しているとは限らないからだ。たとえば、ある刺激によって

エンハンサー自身が活性化されて、初めて遺伝子発現の制御を開始するような一群のエンハンサーが見つかっている。この事実は、エンハンサーという存在が、ゲノム配列によってあらかじめ決められているわけではない、ということを示している。

ところで、炎症反応とは、細菌感染のような体への攻撃に対する防御の最前線の反応である。侵入部位の近くの細胞は、化学物質やシグナル分子を分泌して侵入者にとって好ましくない環境をつくり出す。これは、住居侵入者に対する警報装置が作動して、強盗に侵入された部屋に強烈な臭いの液体をまき散らすようなものである。

このような炎症反応を研究していた研究者たちが、必要に応じてあるDNA配列がエンハンサーに変化することを初めて明らかにした。彼らはその研究の中で、一度エンハンサーになったDNA配列が、炎症刺激がなくなった後に元の不活性な状態には戻らないことを見出した。その代わり、その配列はエンハンサーであり続け、細胞がふたたび炎症刺激に遭遇したら、自身が制御する遺伝子をすぐに高発現できるように準備しているのだ[4]。このようなエンハンサーが、外来侵入者の応答に関わるような遺伝子を制御しているのは偶然ではないだろう。このように、遺伝子発現を記憶しておくしくみは、感染を効率よくしかも迅速に撃退するのにとても有利だと考えられるからだ。

▼エピジェネティクスとエンハンサーの連携プレー

ゲノムのある領域が、刺激が去った後でも記憶を維持し続けられるひとつの方法は、エピジェネティクスを介した方法である。エピジェネティック修飾は、そのゲノム領域の抑制を解除したままにする

ことで、ふたたび遺伝子のスイッチを入れやすくすることができる。まるで、よべばいつでも来てくれる主治医のようなものである。先ほどの例では、あるヒストン修飾が、炎症刺激が去った後でも新しいエンハンサーにとどまって、待機状態を維持していることが明らかにされた。

先に説明したように、DNA配列からエンハンサーを同定するのは難しいが、エピジェネティック修飾を調べることでエンハンサー領域を見つけようとする試みがすでに始まっている。そのような修飾は、特定の細胞がどのように隠れたDNAをエンハンサーとして使っているのかを調べる際に、機能的なマークになるからだ。またがん細胞では、エンハンサー領域のエピジェネティック修飾が変化して異常な遺伝子発現パターンがつくられ、それががん化につながるような細胞変化に寄与していることが示されている[5]。

しかし、その領域がエンハンサーであるといえるようなエピジェネティックな特徴を見つけることができたとしても、まだ別の問題が残されている。どのタンパク質コード遺伝子がそのエンハンサーの影響下にあるかがわからないのだ。これを知るためには、遺伝学的な方法でエンハンサーを破壊して、その結果どの遺伝子の発現が変化したかを直接調べるしか方法がない。なぜなら、エンハンサーの機能はプロモーターとは異なるからである。エンハンサーの機能はその向きに依らない。つまり、どっちの方向を向いていてもエンハンサーとしての機能を果たせるのだ。もうひとつ決定的な違いがある。エンハンサーは、タンパク質コード遺伝子から遠く離れたところにあっても影響を及ぼすことができるのである。

私たちのゲノムには、予想をはるかに上回る数のエンハンサーが存在している。最近の網羅的な研

究では、150種類に及ぶヒトの細胞株を使ってヒストン修飾が解析されている。エンハンサーに見られるエピジェネティック修飾のパターンを指標に探索したところ、約40万か所にも及ぶエンハンサーの候補領域が見つかったのである。[6] もし1個のタンパク質コード遺伝子に1個のエンハンサーが対応するとしても、この数は予想をはるかに上回っている。たとえタンパク質コード遺伝子だけではなく、長鎖ノンコーディングRNAの遺伝子にエンハンサーがあるとしても、それでもまだ多すぎるのだ。

エンハンサーはすべての種類の細胞で見つかるわけではない。これは、同じDNA配列が、エピジェネティックな修飾の違いによって、異なる細胞で異なる機能を果たすというモデルに合っている。

エンハンサーがどのようにして働いているのかについて、長年はっきりとしたモデルは立てられていなかった。現在、多くの場合において、エンハンサーの働きが別の種類のジャンクに依存していると考えられてきている。そのジャンクとは長鎖ノンコーディングRNAである。事実、特別な種類の長鎖ノンコーディングRNAがエンハンサー自身から発現されているらしいのだ。[7] 私たちが第8章で見てきた多くの長鎖ノンコーディングRNAは、ほかの遺伝子の抑制に関わっている。しかしいままでは、遺伝子発現をむしろ促進するような長鎖ノンコーディングRNAが数多く存在していると考えられている。このような長鎖ノンコーディングRNAについては、もともとすぐ隣にある遺伝子を制御するような場合にその存在が示唆されていた。実験的に長鎖ノンコーディングRNAの発現を上昇させると、隣のタンパク質コード遺伝子も上昇し、反対に長鎖ノンコーディングRNAの発現を抑えると、タンパク質コード遺伝子の発現低下が見られたのである。[8]

このような考えをさらに支持する証拠が、特定の長鎖ノンコーディングRNAと、それらが制御していると考えられるメッセンジャーRNAの発現タイミングを調べることで得られている。研究者たちが、ある特定の遺伝子発現が引き起こされるような刺激を細胞に与えたところ、長鎖ノンコーディングRNAの方が、すぐ隣のタンパク質コード遺伝子のメッセンジャーRNAに先立って発現誘導されていることがわかったのだ。[9][10] この結果は、刺激に応答してまずエンハンサー領域から発現される長鎖ノンコーディングRNAのスイッチがオンになり、その後でタンパク質コード遺伝子の発現スイッチがオンになるよう、長鎖ノンコーディングRNAが働きかけるというモデルと話が合う。

長鎖ノンコーディングRNAは、それ自身が直接タンパク質コード遺伝子の発現上昇を促しているわけではない。この過程は巨大なタンパク質複合体に依存しており、この複合体は「メディエーター（仲介因子という意味）」とよばれている。長鎖ノンコーディングRNAはこのメディエーターに結合し、その活性を近傍の遺伝子に導く役割を果たしている。メディエーターの中のひとつのタンパク質は、近傍のタンパク質コード遺伝子にエピジェネティック修飾を付加することができる。[*2] この修飾はメッセンジャーRNAをつくり出す酵素をよび寄せ、メッセンジャーRNAの合成が促進されるのだ。メディエーターと長鎖ノンコーディングRNAとの間には一貫した関係がある。実験的に長鎖ノンコーディングRNAを減らしても、あるいはメディエーターの構成要素を減らしても、近傍の遺伝子の発現低下が引き起こされるのである。[11]

長鎖ノンコーディングRNAとメディエーターが物理的に相互作用することの重要性は、ヒトの遺伝病から明らかにされている。この遺伝病は、オピッツ・カヴェッジア症候群とよばれている。この

病気の子どもは、学習障害、筋緊張低下、不自然に大きな頭を持つというような症状を示す[12]。この病気はある遺伝子の変異を受け継いだことによって起きる。この遺伝子はメディエーター複合体の中で、長鎖ノンコーディングRNAと相互作用するタンパク質をコードしている*3。

研究者たちは、メディエーターの働きを調べれば調べるほど、さらにこの因子に惹かれるようになっていった。そのひとつの理由は、このメディエーターがある特別な力を持つ一群のエンハンサーの働きに関与していたからである。それらは「スーパーエンハンサー」とよばれ、ES細胞（胚性幹細胞）にとって特に重要な働きをしているエンハンサーである。ES細胞とは、ヒトの体のどんな細胞にもなることができる多能性の細胞のことである[13]（136ページ参照）。

スーパーエンハンサーとは、すべて一緒に働くエンハンサーの集合であり、通常のエンハンサーの約10倍もの大きさを持っている。このため、スーパーエンハンサーには、通常のエンハンサーに見られるよりも、はるかにたくさんの数と種類のタンパク質が結合できる。この特徴によって、スーパーエンハンサーは、標的となる遺伝子の発現を確実に増加させることができるのだ。しかし、研究者たちがスーパーエンハンサーに惹かれるようになったのは、何も結合しているタンパク質の数が多いためだけではない。そもそも結合しているタンパク質が特別だったからである。

第8章で見てきたように、ES細胞は何もしない状態でそのまま多能性を維持することはない。ES細胞の多能性を維持するためには、とても注意深く遺伝子を制御する必要がある。遺伝子発現がほんの少し乱れただけで、ES細胞は分化する方向に進んでしまうからだ。この様子を想像するには、スリンキー（ユニークな動きをするバネ状の玩具）を高い階段の一番上に置いた場合を考えてみたらよい。

先端をちょっと押しただけで、スリンキーを階下までの長い旅路へ送り出すには十分である。一番後ろに何か重しをつけて、落ちかけたスリンキーを止めている様子の方がもっとES細胞の状況に近いかもしれない。その重しを取ってしまったら、スリンキーはとたんに階下へ落ちて行ってしまうだろう。

ES細胞の多能性を維持するのにきわめて重要な一連のタンパク質がある。これらは、「マスター調節因子」とよばれ、スリンキーの端につけた重しのような役割を果たしている。マスター調節因子はES細胞でとても高いレベルで発現しているが、分化した細胞ではもっとずっと低いレベルでしか発現していない。

これらの因子の重要性については、2006年にはっきりと証明された。日本の研究者たちが、これらのマスター調節因子を分化した細胞で高発現させたところ、分子の連鎖反応が引き起こされ、驚くべきことに、ES細胞とほとんど見分けがつかないような細胞が生み出されたのである。[14] これは階段の一番下にあるスリンキーを、階段の一番上まで戻すようなことに等しい。この方法でつくり出された細胞は、潜在的に体のどんな細胞にも変化できるのである。これらの細胞は「人工多能性幹細胞（iPS細胞）」として知られている。この素晴らしい業績とその後の研究は、はかりしれない興奮をもたらした。なぜなら、代替となる細胞をつくり出して、数々の病気を治療できる可能性が生まれたからである。そのような病気には、失明から1型糖尿病、さらにパーキンソン病から心臓疾患まで含まれる。

この新しい技術が開発されるまで、ヒトの病気の治療のために適切な細胞をつくり出すのはきわめ

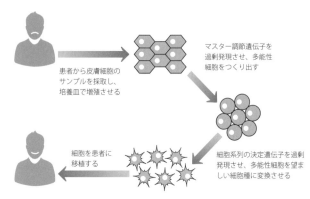

図12.1 特定の患者へのオーダーメイド治療に、その患者由来の細胞を利用する背景の理論。

て困難だった。これは、通常ある人から取ってきた細胞を別の人に移植することはできないからである。免疫系が移植された細胞を異物と認識して、あたかも侵入者のように攻撃して殺してしまうからである。しかし、図12・1に示すように、いまでは患者に完全に適合する細胞をつくり出せる可能性があるのだ。

彼らの2006年のiPS細胞の研究は、何十億ドルにも値する産業を創出し、実際にノーベル生理学・医学賞につながった。オリジナルの論文が発表されてからわずか6年での受賞は、これまでで最も早い記録のひとつだろう。[15]

正常なES細胞では、いくつかのマスター調節因子がスーパーエンハンサーに高密度に結合している。スーパーエンハンサー自身、細胞の多能性維持に関わる重要な遺伝子を制御している。メディエーター複合体も同じ場所に高密度に存在している。マスター調節因子をノックダウンする、あるいはメディエーターをノックダウンすると、これらの標的遺伝子の発現に対してとてもよく似た影響を及ぼす。標的遺伝子の発現レベルが低下し、その結果ES細胞はより特殊化した細

第12章 212

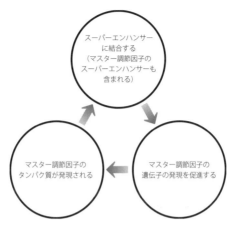

図12.2 マスター調節遺伝子の高レベルの持続的発現を促進する正のフィードバックループ。

胞へ分化し始めるのだ。

ES細胞の多能性状態はマスター調節因子の高い発現に依存しているため、マスター調節因子自身がスーパーエンハンサーによって制御されているということは、驚くにはあたらないかもしれない。これは**図12・2**に示すような正のフィードバックループをつくり出す。

生物界では正のフィードバックループは珍しい。それは、もしその過程が少しでもおかしくなった場合、ふたたび元の状態に戻すのが難しいからだと考えられる。幸いなことに、スーパーエンハンサーによって制御されているタンパク質コード遺伝子は、マスター調節因子やほかの多くの因子の結合がわずかに変化しただけで鋭敏に反応する。それゆえ、これらの因子の一部のバランスが少し変化しただけでも、正のフィードバックループを妨げるのには十分であり、その結果、細胞は多能性を維持するのではなく分化する方向に進んでしまうことになる。スリンキーを階段の下へ行かせるのに、それほど大きな力を加えなくてもよいのと同じである。

スーパーエンハンサーの働きはがん細胞でも報告されている。がん細胞では、スーパーエンハンサーは細胞増殖やがんの進行を左右する重要な遺伝子と関連している[16]。スーパーエンハンサーによって制御されている遺伝子のひとつは、本章の始めの方で紹介したバーキットリンパ腫を引き起こす遺伝子と同じ遺伝子である。通常の分化した細胞でもスーパーエンハンサーは存在している。これらのスーパーエンハンサーには細胞種特異的なタンパク質が結合して、細胞のアイデンティティの確立に寄与している。

▼距離を克服する

これまでに説明してきた話のほとんどは、標的とする遺伝子までの距離が比較的短いものであり、だいたい5万塩基対以下の距離を隔てて働くようなエンハンサーについての話である。これがどのように起きているのかについては比較的想像しやすい。長鎖ノンコーディングRNAとメディエーターが、メッセンジャーRNAをつくり出す酵素をつなぎ止める働きをしている。しかし、エンハンサーとそれが制御するタンパク質コード遺伝子がもっと離れて存在している場合もたくさんあり、中には数百万塩基対も離れているものまである。これは、朝食でテーブルの反対側にいる人に塩入れを手渡すのと、サッカー場の反対側の端にいる人に塩入れを投げて手渡そうとするほどの違いである。このような長い距離を隔てた遺伝子とエンハンサーの相互作用が、いったいどのように起きているのかを想像するのはとても難しい。長鎖ノンコーディングRNAもメディエーター複合体も、そのようなはるか彼方に及ぶほど大きくはない。

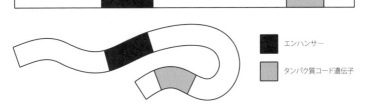

図12.3 柔軟なDNA分子を折り曲げることで、どうやってエンハンサーとタンパク質コード遺伝子のような2つの離れた領域を互いに近づけることができるかを示した単純な模式図。

この過程を理解するためには、もう少し洗練された様式でゲノムについて考える必要がある。DNAをはしごや鉄道の線路にたとえて考えるのは、多くの場合とても役に立つ。これはDNAの2本鎖が塩基対を介して結合している様子を想像しやすいからである。しかし、このようなたとえを使ったときの問題は、私たちがゲノムやDNAを直線的なものと考えてしまうということである。また、無意識に身のまわりの人工物と比べてしまうため、DNAがとても堅いもののように考えがちである。

しかし、私たちはDNAが堅い分子ではないことをもちろん承知している。そもそも、DNAが非常にコンパクトな形にまとめられて、核という小さな空間に押し込められていることを知っているからだ。この様子についてもう少し詳しく見ていこう。2本鎖というDNAの特徴を考慮すると、私たちのゲノムの一部分は、とても長いパスタ（形としてはタリアテッレ）のようなものとして考えることができるだろう。食用色素で印をつけた部分が、エンハンサーとタンパク質コード遺伝子を表している。図12・3を見れば2つの状況を見ることができる。もし調理前のパスタであれば、堅いままでエンハンサーと遺伝子は遠くに離れている。しかし、パスタを調理したら、タリアテッレは柔らかくなる。そうするとさまざまな形に折り曲がるようになり、エンハンサーと遺伝子と

して色をつけた2つの領域を近づけることができるようになる。

細胞や組織によっては、染色体の一部の領域をほとんど半永久的に抑制し、不要な遺伝子が発現しないようにしている。たとえば皮膚の細胞では、血液中で酸素を運ぶ際に使われるタンパク質を発現する必要はない。皮膚細胞において、このような不要な遺伝子のゲノム領域は、きつく巻き上げたバネのようになっており、細胞内のタンパク質がまったく近づけないようになっている。しかし、そのほかの多くの領域はそこまできつく凝縮された状態ではなく、細胞内のタンパク質が接近してスイッチがオンにされる可能性がある。このようなゲノム領域では、DNAは調理したパスタのような状態で存在し、世界で最も長いタリアテッレが鍋の中に収まっているようなものである。それは湯の中でループやアーチを形成しながら柔軟に曲げられている。

このようにすれば距離的に離れたタンパク質コード遺伝子とエンハンサーが、お互い接近することが可能になる。長鎖ノンコーディングRNAやメディエーターは、2つのループを結びつけ、確実に遺伝子が発現するようにする。メディエーターがこのような働きをするには、別の複合体が一緒に働く必要がある。[*4] この際一緒に働く複合体は、DNAの大規模な動きを制御する機能を持ち、細胞分裂の際に倍加した染色体を分離させる場合にも必要とされる。この複合体の構成因子をコードする遺伝子に変異が入ると、ロバーツ症候群やコルネリア・デ・ランゲ症候群とよばれる発達障害が引き起こされる。[17] この遺伝病の子どもが示す症状は多様であり、おそらくどの遺伝子のどの場所に変異が入っているかによって変わるのだと考えられる。典型的な症状としては、通常より小さく生まれ、その後も小さいまま成長する。また、しばしば学習障害や四肢の奇形が見られる。[18]

このように、離れたDNA領域同士をループのようにして結びつけるしくみが使われる範囲は多岐にわたり、エンハンサーに限らずほかの制御領域を遺伝子に近づける際にも使われている。3種類のヒト細胞種を用いた研究では、ヒトゲノムの1%にあたる領域を調べただけで、どの細胞種でも1000個以上の長い距離を隔てた相互作用が見出されている。相互作用の様式は複雑で、最も頻繁に観察されたのは、約12万塩基対の領域を隔てた相互作用である。ループを形成した制御領域が、最も近傍の遺伝子ではなく、もっと離れた遺伝子に作用する場合がよく見出される。実際、ループをつくっている制御領域の90%以上は最も近い遺伝子には作用していない。コップ1杯の砂糖を借りに行くのに、隣の家に行くのではなく数百メートルも離れた別の家に行かなくてはならないようなものである。

もし距離を隔てて制御領域と遺伝子が相互作用でき、それが隣の遺伝子、また隣の遺伝子というように繰り返されたとしたら、その関係はきわめていいかげんで見境のない関係になるに違いない。1970年代に話題になった乱交パーティーを想像してみたらよい。たとえばある遺伝子が、20個の異なる制御領域と相互作用できるとしよう。このような相互作用はつねに起きているのではなく、細胞の種類や細胞の状況によって起きる。その場合、遺伝子と制御領域の関係は単純なAとBというような関係にはならない。その代わり、きわめて複雑な相互作用が生まれ、細胞あるいは個体の遺伝子発現の様式には信じられないほどの柔軟性がもたらされる。[19] 相互作用がどのようなネットワークを形成し、それがどうやって制御されているのかについてはまだわからない点が多く残されているが、少なくとも、プロモーターを形成するジャンクDNAが私たちのゲノムのエンジンをオンにする一方で、

ノンコーディングRNAやエンハンサーを形成しているジャンクDNAが、そのエンジンをサンデロ並のパワーからヴェイロンを加速させる圧倒的なパワーにまで変えているということができるだろう。

▼家内工業からファクトリーへ

個々の制御領域と遺伝子がループを形成して相互作用しているのは確かに注目に値することだが、細胞の中ではもっと驚くべき長距離相互作用が起きている。この重要性を理解してもらうために、少し歴史的なことを紹介しよう。19世紀初めのイギリスでは、すべての織物は家内工業でつくられていた。必然的に人々は家で働き、少しずつ織物をつくっていた。ある地域で織物をつくっている場所を、地図上で印をつけて示したら、おそらく細かい点がたくさんつけられることになるだろう。そして、約50年後の産業革命まで時代を早送りして同じことをすると、地図上の様子は大きく異なっているはずだ。まるで点描画のようにほぼ一様に分布した点から、巨大な工場の場所を示す数個の大きなスポットに変わっていったことに気づくに違いない。

ここで、もしタンパク質コード遺伝子の場合を考えたとして、たいていどのヒト細胞を調べたとしても、おそらく数千個の遺伝子のスイッチがオンになっていると考えられる。これらの遺伝子は46本の染色体上に散らばって存在しており、もし細胞を使ってスイッチの入った遺伝子の地理的な場所を見たとしたら、核内に一様に広がった数千という小さな点が見えるに違いない。ところが実際には、**図12・4で**模式的に示しているように、約300~500個の大きなスポットとして観察されるのだ[20]。私たちの細胞の中で起きている遺伝子発現は、家内工業のように行われているのではなく、「ファク

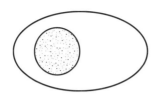 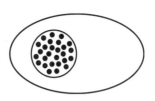

図12.4 各点は核内のタンパク質コード遺伝子の場所を示している。もし核内の遺伝子の場所が、単に染色体上の位置に応じて決まるのであれば、左図のような分散したパターンが見られると考えられる。実際には遺伝子は3次元的なクラスターをつくり、右図に示すような点状のパターンを形成する。

トリー（工場という意味）」とよばれる核内の特定の場所で行われているのである[21]。

それぞれのファクトリーには、鋳型DNAからメッセンジャーRNAをつくり出す酵素（RNAポリメラーゼ）が4個～30個程度と、加えてその作業に必要とされる数多くのタンパク質が含まれている[22][23]。それらの酵素はひとつのファクトリーにとどまり、遺伝子の方がその場所に引き寄せられてコピーされるのである[24]。遺伝子がファクトリーに近づくためには、その遺伝子を含むDNAがループをつくる必要がある。このファクトリーの素晴らしい点は、2個以上の遺伝子が同時に同じファクトリー内でメッセンジャーRNAにコピーされ得ることである。ひとつのファクトリーに見出される遺伝子の組み合わせはランダムではない。同じファクトリー内で見出される遺伝子は、細胞内の関連した機能に使われるタンパク質をコードしている場合が多い。これは、実際の工場で複数の組み立てラインを並列して持っているのに等しい。すべてのラインが各部品の組み立てを終えると、その工場（ファクトリー）はそれらの部品を使って最終製品を組み立てることができる。あるファクトリーは船をつくり、別のファクトリーはフードミキサーを組み立てているといった具合である。私たちの細胞では、ファクトリーの存在が協調的な遺伝子発現を保証している。これは、

たくさんのループが染色体から広がり、核内の同じ場所に同時に局在していることを意味している。

ひとつのファクトリーに集まる遺伝子の例として、ヘモグロビンという血中で酸素を運搬する複合体をつくり出すためのタンパク質をコードする遺伝子が挙げられる。[25] また別のファクトリーは、免疫反応を増強させるのに必要なタンパク質をつくり出すために使われている。[26] 効果的な免疫反応をもたらすために重要なのは、抗体とよばれるタンパク質をつくり出すことである。抗体は血液や体液の中を循環し、異物を見つけてそれに結合する。研究者たちは、抗体を産生するように細胞を活性化させ、抗体産生に関わる一連の遺伝子がどのようにループをつくって動くか調べた。そして、これらの遺伝子が同じファクトリーに移動することを見つけたのだ。驚くべきは、そのうちのいくつかの遺伝子は異なる染色体上にあるため、通常は完全に物理的に離れているにもかかわらず、ループを形成して同じファクトリーに移動していたのである。

これは遺伝子発現を協調的に行うには素晴らしい方法だが、リスクを伴う可能性もある。バーキットリンパ腫は、本章の前半にも出てきた悪性腫瘍である。この病気で異常になる細胞は、抗体をつくり出す種類の細胞である。その細胞では、ある染色体上の強力なプロモーターが、別の染色体上のある遺伝子のすぐ隣に誤って置かれてしまうのだ。最近まで、これらの領域がどうして細胞内でつなぎ合わされてしまうのかまるで見当がつかなかった。そもそも、これらの領域は異なる染色体上にあるため、物理的に離れていると考えられていたからである。しかし、いまではその理由が明らかになっている。危険で異常な融合染色体を生み出すことになるこれらの領域は、どちらも前段落で説明した「ファクトリー」に移動する領域だったのである。2本の異なる染色体がそれぞれの一部を交換でき

るくらい近くまで接近できるのはそのためであり、おそらくそれぞれの領域で同時に切断が起き、それがファクトリー内で間違って修復されてしまったのだと考えられる。

進化の過程において、あえてこのようなリスクの高いしくみが選択されてきたかのように見えるかもしれないが、自然選択は多くの場合妥協の産物であり、完全なものではないということを思い返す必要がある。病原菌と戦うための抗体を産生して、生殖可能な年齢まで私たちを長生きさせるという利点の方が、がん化のリスクを高めるという欠点よりはるかに重要だったに違いない。

▼第12章注

＊1　この遺伝子はMYCとよばれるタンパク質をコードしている。MYCはほかのさまざまながんにも関与している。

＊2　この修飾は、ヒストンH3上の特定の場所にリン酸基（1個のリン原子と4個の酸素原子からなる）を付加する修飾である。この修飾は通常遺伝子の活性化に関係している。

＊3　このメディエーターの構成要素はMED12である。

＊4　この付加的な複合体は「コヒーシン」とよばれる。

第13章

無人緩衝地帯

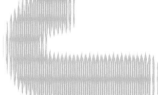

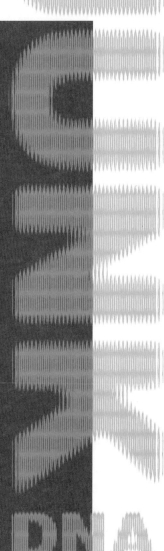

第13章　無人緩衝地帯

第一次世界大戦と聞くと、塹壕《ざんごう》に中にいる兵士たちのイメージを思い浮かべるかもしれない。戦争を行うために敵対する軍隊同士がそれぞれぬかるんだ地面を掘り、その中で兵士たちは何か月も退屈と恐怖に耐える。[1] それぞれの軍が占拠する塹壕同士はある距離を置いて離れていて、塹壕に挟まれた場所はどちらの軍も支配していない。この場所が「無人緩衝地帯」であり、たいてい数百メートルか、あるいは1キロメートルを超えるくらいの幅がある。夜になると、兵士は偵察のために塹壕を這い出して、有刺鉄線を設置したり、負傷した仲間や、あるいは戦死した仲間を自陣に連れ帰ったりする。

ヒトのゲノムには無数の「無人緩衝地帯」があり、異なる領域がお互い離れるようになっている。ちょうど第一次世界大戦の塹壕のように、これらのゲノムの境界領域は大きさがまちまちで、しかも軍隊の移動によって場所が変わる無人緩衝地帯のようにかなり流動的である。また、ヨーロッパの無人緩衝地帯では何年にもわたって数多くの兵士が虐殺されたように、これらの領域は何の活動もしていない場所では決してない。ヒトゲノムの無人緩衝地帯はタンパク質と結合し、エピジェネティック修飾を集め、さらに異なるゲノム領域との相互作用を積極的に調節しているのだ。

このような境界領域の存在は私たちの細胞にとって重要である。そもそも私たちの遺伝子の多くは

ゲノムのあちこちに散らばって存在しているからである。[*1・2] すでに前章で見てきたように、ヘモグロビンをつくるために必要なタンパク質をコードする複数の遺伝子は、染色体の3次元的な配置を変えることで集まってくる。このような構造変化によって、たとえ関連のある遺伝子が2次元的に隣り合って配置されていなくても、協調的に制御できるようになっている。多くの遺伝子がどのようにゲノム上に配置されているかを見てみると、それはバザーやチャリティーショップに寄付するために集められた、整理する前の雑多な品々を眺めているようなものである。

私たちの細胞では、たとえば胎児の肝臓に必要なタンパク質をコードする遺伝子が、成人の皮膚で発現されているタンパク質をコードする遺伝子の隣に置かれていたりする。このような状況は無数にあり、それによって問題が生じる可能性もある。つまり、私たちの細胞では、異なる遺伝子発現パターンを保っている領域と領域の間に、何らかの境界を設ける必要があるのだ。そのような境界は、特定の細胞の種類や発生段階に対応できるようなものでなければならない。歯をつくるための遺伝子が目の中で発現されたり、心臓の遺伝子が膀胱《ぼうこう》で発現されたりしては困るからだ。

すでに知っているように、エピジェネティック修飾は遺伝子発現に影響を与える。脳を例にとって考えた場合、神経細胞の中では決して発現しないような遺伝子が数多くある。たとえばケラチンタンパク質は髪の毛や爪で使われているが、脳の神経組織で使われることはない。神経細胞では、ケラチン遺伝子のスイッチはオフにされており、特別なパターンのエピジェネティック修飾によって不活性な状態が維持されている。しかし、ここまで見てきたように、エピジェネティック修飾はＤＮＡ配列を見分けてはいない。いったい何が、抑制的な修飾がケラチン遺伝子から周囲に広がって、ほかの遺

伝子のスイッチまでオフにしてしまわないように歯止めをかけているのか？

エピジェネティック修飾は自律的に維持されている場合が多いため、このような歯止めがなければ深刻な問題が起こり得る。ここで遺伝子発現の抑制に関わる修飾について考えてみよう。これらの修飾はほかのタンパク質をよび寄せて、最初のきっかけとなった抑制的な修飾を強固なものにして、遺伝子発現の再活性化をより困難にする。これらのタンパク質は、抑制的なエピジェネティック修飾を付加する別のタンパク質をよび寄せ、さらに活性化を妨げる。しかし、エピジェネティック修飾をもたらす酵素や複合体の多くは、特定のDNA配列を識別しないため、抑制を受けている領域の境界はかなり漠然と決められているに違いない。それゆえ、抑制的なエピジェネティック修飾が、近接する遺伝子領域にまで広がってしまうことが十分起こり得る。

▼拡張を止める

私たちの細胞はこのような拡張を防ぐための素晴らしい方法を進化させてきた。消防士が木立を切ったり、わざと建物を壊したりして猛火の勢いを止めるように、私たちのゲノムはエピジェネティック装置の燃料を取り除いてしまうのだ。抑制領域と活性な領域の間にある緩衝地帯（インスレーター）として働くジャンクDNAは、ゲノムからヒストン自体をなくしてしまうのだ。ヒストンがなければエピジェネティックなヒストン修飾も存在することはない。修飾がなければ、エピジェネティックな活性が広がることもない。このようなインスレーターの働きによって、抑制的な修飾が活性な遺伝子へ広がるのが抑制され、逆に遺伝子の活性化に関わる修飾が抑制領域へ広がるのも抑えられる。図

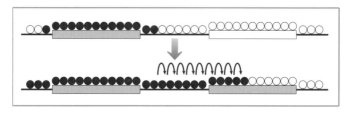

● 抑制的なエピジェネティック修飾を持つヒストン
○ 抑制的な修飾を持たないヒストン

▢ 抑制された遺伝子
□ 発現している遺伝子

図13.1 上の図では抑制的な修飾のパターンがひとつの遺伝子（左）から隣の遺伝子（右）に広がる。下の図では、2つの遺伝子間のインスレーター領域のヒストンがなくなることで抑制的なエピジェネティック修飾の広がりが阻止され、右側の遺伝子が異常な抑制を受けるのを防いでいる。

13・1 にこの様子を示している。

しかし、たとえばケラチンであれば髪の毛をつくり出す細胞で発現させたいと思うように、異なる細胞では異なる領域を隔離する必要があるため、DNA配列だけでインスレーターをつくるのは難しいと考えられる。実際には、細胞で常時発現しているようなタンパク質が、状況に応じてゲノムDNAと相互作用することでインスレーターがつくり出されるのだ。

このようなタンパク質で最も重要な因子が、さまざまな種類の細胞で広く発現している 11-FINGERS とよばれるタンパク質である。[*2] これは高度に保存された大きなタンパク質で、特徴的な構造を持っている。この名前の由来は、タンパク質を折り畳んだ3次元構造を見ると、11本の指のような突起がタンパク質から出ているように見えるところから来ている。この11個の指のひとつひとつが決まったDNA配列を認識することが

できるが、それぞれ同じ配列を認識するわけではない。

いま11本の指を持つピアニストがいて、指の部分が4色で色分けされた毛糸の手袋をしている様子を想像してほしい。そして鍵盤が同じ4色でランダムに色分けされたピアノと組み合わせてみるとしよう。ピアニストは好きな音符を選ぶことができるが、必ず2個から11個の音符を同時に、しかも指の色と鍵盤の色が合うようなルールに従ってピアノを弾いてもらうとする。そうすると、すぐに信じられないほどの組み合わせがあることに気づくだろう。さらに別のオプションとして、鍵盤が数千個あるピアノを想像してほしい。

11-FINGERSタンパク質は、数多くの異なるゲノム配列に同じような様式で結合することができる。実際ヒトの細胞では、ゲノムの数万か所に結合できる。それ自身がDNAに結合するだけでなく、11-FINGERSは別のタンパク質にも結合できる。再度、11本の指を持つピアノ演奏者で想像してみることにしよう。手袋の甲の部分にマジックテープが張られていて、フワフワした毛糸玉がそこにくっつくとしたらどうだろう。色分けされた手袋の指がピアノの鍵盤をたたくと、その手袋の甲の部分は毛糸玉で覆われることになる。

これが11-FINGERSの状況である。指のような突起はDNAに結合し、タンパク質の別の表面がほかのタンパク質に結合する。正確な結合パートナーは、その細胞で発現されている補助的な因子によって決まる。ひとつのタンパク質はヒストンに対するDNAの巻き具合を変化させるようなタンパク質であり、このようなタンパク質は遺伝子発現の制御に重要な働きをしている。[3] 別のタンパク質は、特定のエピジェネティック修飾を付加するものである。[4] 一部のゲノム領域では、第4章で紹介したよ

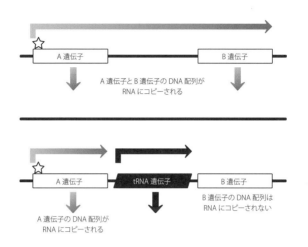

図13.2 タンパク質コード遺伝子のDNAをメッセンジャーRNAにコピーする酵素が、A遺伝子の開始部分の星印（☆）に結合する。もし何も止めるものがなかったらそのままコピーを続け、下流に位置する別のB遺伝子も不適切にコピーしてしまう可能性がある。tRNA遺伝子は、別の酵素によってDNAから機能を持つtRNAにコピーされる。これはA遺伝子からメッセンジャーRNAをつくる酵素の伸長を阻止し、B遺伝子が不適切にコピーされるのを抑制している。

うなゲノムの侵入者がインスレーターとして働いていて、転写を活性化、あるいは抑制するようなエピジェネティック修飾がひとつの領域から別の場所へ広がるのを防いでいる[5]。

また、tRNA遺伝子がインスレーターとして働いている場合もある。遺伝子と遺伝子の間にあるtRNAが、ひとつの遺伝子の発現によって隣の遺伝子が不適切に発現されてしまうようなことを防いでいる。これはtRNA遺伝子を数多く持つことの利点でもあり、進化の過程がもともと存在していた材料を有効に利用した一例である。

tRNA遺伝子がインスレーターとして働いている様子を**図13・2**に示している。典型的なタンパク質コード遺伝子は、発現を促すエピジェネティック修飾で覆われている。この遺伝子に結合してRNAコピーをつくり出す酵素は、暴走列車のような側面があり、いっ

たんコピーを始めるとそのまま走り続けてしまう傾向がある。もし別のタンパク質コード遺伝子がすぐ隣にあると、酵素はそのまま進んでもうひとつの遺伝子も同じようにコピーしてしまう。しかし、もし2個以上のtRNA遺伝子が2つの遺伝子の間にあると、このようなことは起きない。tRNAは全タンパク質の合成に関わっているため、tRNA遺伝子のスイッチはつねにオンになっている。tRNA遺伝子をコピーしてtRNA分子をつくり出す酵素は、典型的なタンパク質コード遺伝子からメッセンジャーRNAをつくる酵素と同じような働きをしているが別の酵素である。[*3] tRNA分子をつくり出すこの酵素は、たくましい体をした用心棒のような働きをし、別の酵素がドアを抜けて次の遺伝子に行くのを防いでいる。tRNA遺伝子をコピーする酵素は、典型的なタンパク質コード遺伝子には結合しないので、この領域全体の遺伝子発現を厳しく統制できるのだ[6]。

本書のこれまでの話で紹介してきたように、生物学上の数々の重要な発見がDNAの解読技術の進歩によってもたらされてきたことから、既存の概念を覆すような大きな発見のほとんどは、高度な分子解析からもたらされると考えているかもしれない。しかし、地味なヒトの生物学と論理的な考え方によって、長い時間をかけて明らかになった次のような発見もある。

▼なぜXXはXXXと違うのか

第7章で見てきたように、雌の哺乳動物の細胞では、2本あるX染色体の1本をつねに不活性化し、X染色体上の遺伝子の発現量が、X染色体を1本しか持たない雄と同じになるように保証している。私たちの細胞はX染色体の数を数えることができる。もし雌の細胞が3本のX染色体を持っていたら、

そのうち2本を不活性化し、逆に、もしX染色体が1本しかなかったら、細胞はこのX染色体をオンのままにする。

このことから次のような予想ができる。X不活性化はつねに1本のX染色体が活性な状態になるように保証しているのだから、細胞が何本X染色体を持っていても問題はない。それゆえ、少なくとも1本のX染色体を各細胞が持っていれば、そのような人は完全に健常だろうと。

しかし、実際はこの通りにはならないのである。X染色体を1本しか持たない、あるいは3本持っている女性では明らかな症状が現れる。Y染色体に加えてX染色体を2本持つ男性も同様である。このような人ではX不活性化がきちんと起きなかったと考えることもできるが、それでは説明できないように見える。X染色体不活性化はとても強固なシステムだからである。もちろん、生物の持つシステムで、いつでも完璧と断言できるものはないかもしれない。しかし、X染色体を1本しか持たないすべての女性が、みな似たような臨床的な所見を示すという事実は、X染色体の不活性化がたまたま不完全だったという考えで説明することはできない。

X染色体を1本だけ持っている女性は平均より身長が低く、子宮が十分に発達しない。[7] X染色体を3本持つ女性は平均より身長が高く、子どものときに学習障害や発達遅延が起きるリスクが高くなる。[8] Y染色体に加えてX染色体を2本持つ男性は平均より身長が高く、睾丸《こうがん》のサイズが小さくなることが多く、通常、男性ホルモンであるテストステロンの産生量が低いとこのような問題が現れる。また、彼らは学習障害のリスクも高くなる。[9]

このような症状は患者や家族にとっては困難なことに違いないが、その症状は常染色体の数が異常

になった患者と比べたらかなり軽度といえる（ダウン症、エドワーズ症候群、パトー症候群［100ページ］を思い出してほしい）。X染色体は巨大な染色体だが、染色体上のほとんどの遺伝子はきちんと不活性化されているからである。しかし、じつは不活性化を免れている遺伝子があるのだ。

このような患者の細胞で何が起きているかを理解するためには、卵や精子をつくる際に起きている現象まで立ち戻って考える必要がある。卵や精子をつくるある段階において、染色体のペアが整列した後、ペアの片方ずつが細胞の反対の端へ引っ張られる。その後で細胞が分裂し、娘細胞はそれぞれの染色体ペアの1本ずつを持つことになる。雌の細胞では、容易にこの過程をイメージできる。2本のX染色体がペアをつくって、1番から22番までの常染色体ペアと同じように分離することができるからだ。しかし、雄が精子をつくる際はそう簡単にはいかない。雄の細胞は、巨大なX染色体を1本と小さなY染色体を1本持っており、これらの染色体はお互いかなり異なっているからだ。しかし、そのような違いにもかかわらず、精子をつくるときにはX染色体とY染色体は何とかしてお互いを見つけてペアをつくるのである。

どうしてペアをつくれるかというと、X染色体とY染色体の端にはお互いとてもよく似た小さな領域が存在しているからだ。この領域が存在するため、X染色体とY染色体はお互いを認識して、ダンスフロアで手をつなぎ合っているように細胞分裂の間くっついていられるのだ。

この領域は「偽常染色体領域」とよばれている。この領域はタンパク質コード遺伝子を含んでおり、それらの遺伝子はX染色体不活性化の際に発現抑制を免れている。この偽常染色体領域にある遺伝子は、細胞の中でX染色体上のほかのほとんどの遺伝子とはかなり違った扱いを受ける。このように、

一部の遺伝子が不活性化を免れて活性化されたままというのが、異常な数のX染色体を持つ男性や女性において症状が現れる理由である。また、この偽常染色体領域の存在は、細胞が、染色体を機能的に異なる区画に分けるような根本的なしくみを持っているということを如実に示している。

X染色体の不活性化は、*Xist* と名づけられた長鎖ノンコーディングRNAが、それを発現している染色体上に広がることで引き起こされる。しかし、*Xist* は偽常染色体領域には広がって行かない。偽常染色体領域が*Xist* の拡張から保護されているということは、私たちのゲノムがある重要な部分に線引きするような方法を進化させてきたことを意味する。ジャン＝リュック・ピカード（「スタートレック」の登場人物、U.S.S.エンタープライズEの艦長）が、惑星連邦に侵攻してきたボーグ集合体に向かって宣言した「ここで線を引かねばならない！　これ以上は一歩も進ませない！」という台詞が表現としてはぴったりかもしれない。[10] ジャンクDNAによるインスレーター領域が、*Xist* 遺伝子座からじわじわ広がる染色体の麻痺を食い止めているのだ。

図13・3は、不活性化を免れた偽常染色体領域が、どうやって異常な数のX染色体を持つ人に変化をもたらすのかを示している。X染色体を1本だけ持つ女性では、正常にXXを持つ女性に比べて偽常染色体領域の遺伝子産物については正常な量の50％しか発現していないことになる。また、X染色体を3本持つ女性では、これらの遺伝子産物を正常な人に比べて50％多く発現していることになる。これはY染色体に加えてX染色体を2本持つ男性でも同様である。

X染色体を1本多く持つ男性と女性がいずれも平均より身長が高くなり、X染色体を1本しか持たない女性が平均より身長が低くなったのは、どちらも偶然ではない。偽常染色体領域にあるひとつの

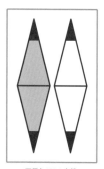

正常なXXの女性
1本の活性化X染色体
1本の不活性化X染色体
4個の偽常染色体領域

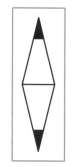

XOの女性
1本の活性化X染色体
2個の偽常染色体領域

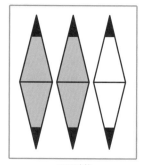

XXXの女性
1本の活性化X染色体
2本の不活性化X染色体
6個の偽常染色体領域

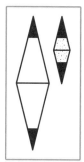

正常なXYの男性
1本の活性化X染色体
1本のY染色体
4個の偽常染色体領域

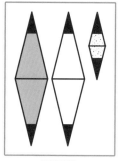
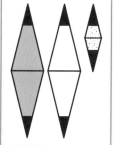

XXYの男性
1本の活性化X染色体
1本の不活性化X染色体
1本のY染色体
6個の偽常染色体領域

 X染色体とY染色体の末端にある偽常染色体領域

 不活性化X染色体

活性化X染色体

 Y染色体

図13.3 X染色体の数が異なることで雌細胞と雄細胞へもたらされる影響。X不活性化によって、それぞれの細胞には活性なX染色体が1本だけ存在している。しかし、X染色体とY染色体の端に存在する偽常染色体領域がX不活性化を免れるため、X染色体の数が変化すると、偽常染色体領域の数は病理学的な見地から増加、あるいは減少することになる。

タンパク質コード遺伝子は、ほかの遺伝子の発現を調節するタンパク質をコードし[*4・11]、骨の発達、特に手足の長い骨の形成に重要な働きをしている。X染色体を余計に持つ男性や女性では、このタンパク質が通常より多く発現されており、その結果足が長くなり身長が高くなるのだ。X染色体が1本少ない場合にはそれとは逆のことが起きる。これは、単一のゲノム領域が人の身長に大きな影響を与えることがわかった数少ない例のひとつである。この領域を除けば、身長はゲノムの複数の場所の影響を受けており[12]、その多くはジャンクDNA領域であることがわかっている。しかし、個々の領域がどうやって身長に寄与し、あなたをバスケットボール選手のような高身長にさせるのかはわかっていない。

▼**第13章 注**

＊1 これにはいくつか例外が存在し、そのような場所では遺伝子が集まって存在し、その集合様式は各遺伝子の発現パターンを反映している。主要な場所としては、体の基本構造の形成を制御する*HOX*遺伝子や、抗体をコードしている免疫グロブリン遺伝子がある。

＊2 このタンパク質の正式名称はCTCFである。

＊3 ［訳注］タンパク質をコードする通常のメッセンジャーRNAは、RNAポリメラーゼII（PolII）によって転写され、tRNAはそれとは異なるRNAポリメラーゼIII（PolIII）によって転写される。

＊4 このタンパク質はSHOX（short stature homeobox）とよばれる。

第14章

ENCODEプロジェクト

――ジャンクDNAがビッグ・サイエンスへ

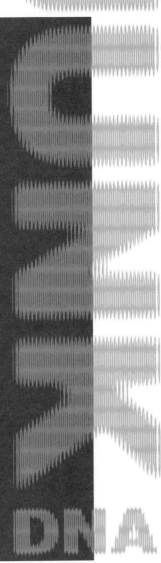

第14章　ENCODEプロジェクト——ジャンクDNAがビッグ・サイエンスへ

雲ひとつなく月も出ていない夜に、光にあふれた都会から離れて星空を見上げたことがあるだろうか。それは想像できる限り最も素晴らしい眺めのひとつであり、都会に長く暮らしていた人にとっては息をのむような景色である。漆黒の天球にまたたく銀色の光は、とても数え切れない。

しかし、もし望遠鏡を使って同じ星空を眺めたら、夜空には裸眼で見ていたときよりもっとたくさんの星があることに気づくだろう。土星の環のような構造も見えるし、想像よりもはるかに多くの星が存在しているはずだ。自分の目ではただの暗闇にしか見えない宇宙の中には、もっと多くのものがあるのだ。可視光の波長を超えて、電磁スペクトルという別のエネルギー領域を検出できるような装置を使えば、それはもっとはっきりする。ガンマ線からマイクロ波背景放射まで調べたら、さらに多くの情報があふれ出てくる。こうした宇宙の背景にある情報や遠く離れた星はつねに存在している。自分たちが目だけに頼っていたために、単に見つけることができなかっただけなのだ。

2012年、おびただしい数の論文が発表された。天空に望遠鏡を向けるのと同じように、ヒトゲノムの最果てまで見ようとした論文である。これは「ENCODEコンソーシアム」という、多数の研究機関に所属する数百人の研究者が携わった、巨大な研究プロジェクトによる成果だった。

ENCODEは、Encyclopedia of DNA Elementsの頭文字を取ってつけられた名前である[1]。最も感度の高い解析手法を使って、研究者たちは約150種類の異なる細胞を解析して、ヒトゲノムのさまざまな特徴を徹底的に調べた。彼らは実験データを一貫した方法で統合し、異なる技術を使って得られた結果を比較できるようにした。これは重要なことで、通常、異なった手法を使って得られた実験データを比較するのはかなり難しいからである。私たちはかつて、そのような寄せ集めのデータを頼りにして議論してきたのだ。

ENCODEのデータが発表されたとき、メディアや研究者から大きな注目を集めた。マスコミの報道では、「画期的な研究によって、ゲノムの大半はジャンクであるという『ジャンクDNA』理論がひっくり返された[2]」、「DNAプロジェクトが『生命の本』を解き明かした[3]」、「世界規模の科学者集団が『ジャンクDNA』の暗号を解読した[4]」、というような大見出しが一面を飾った。多くの科学者たちがこの成果に賛辞を送り、発表と一緒に公表された実験データに感謝したと思うかもしれない。確かに多くの人がこの成果に刺激されて、実際にデータを自分の研究室で毎日のように利用している。しかし、称賛ばかりではなかった。批判はおもに2つの陣営から起こった。ひとつはジャンクDNAに対して懐疑的な人たちであり、もうひとつは進化理論の研究者たちである。最初のグループの人たちがなぜ批判的な立場を取ったかを理解するために、ENCODE論文の中の記述の一部を見てみよう。

これらのデータによって、ゲノムの80%、特に、よく研究されているタンパク質コード領域以外の領域に、生化学的な機能を割り当てることが可能になった[5]。

これを言い換えれば、夜空の2％足らずの空間が星で占められているのではなく、私たちのゲノムという天蓋の80％の空間が何らかの物体で占められている、とENCODEは主張しているのである。タンパク質コード遺伝子を星（恒星）にたとえれば、夜空に存在する物体のほとんどは恒星ではなく、小惑星、惑星、流星、衛星、彗星、その他の星間物質といえるかもしれない。

本書でここまで見てきたように、すでに多くの研究グループが暗闇の一部の機能を明らかにしてきた。それにはプロモーター、エンハンサー、テロメア、セントロメア、長鎖ノンコーディングRNAなどが含まれる。それゆえ、科学者たちの多くは、私たちのゲノムにはタンパク質をコードする狭い領域以外に多くの機能を持つ領域がある、という考えには賛同する立場を取っていた。しかし、ゲノムの80％もの領域が本当に機能を持っているのだろうか？　これはかなり大胆な主張であった。

この主張は確かに驚きではあるが、このようなデータは、「ヒトという種はなぜここまで複雑なのか」という問題に取り組んできた研究者たちが、最近までの約10年の研究から間接的に予見していたことである。この問題は、ヒトゲノムの解読が完了して、その中に見出されたタンパク質コード遺伝子の数が、ほかの単純な生物とほとんど変わらないということがわかってから、多くの研究者を悩ませてきた。研究者たちは動物界のさまざまな種のゲノムを使って、タンパク質コード遺伝子とジャンクDNAがゲノムに占める割合を調べた。第3章でも触れているが、その結果を**図14・1**に示している。

すでに議論してきたように、タンパク質をコードする遺伝物質の絶対量は、その生物の複雑性とはほとんど相関しない。一方、ジャンクの割合とその生物の複雑さには確固たる関係がある。この結果

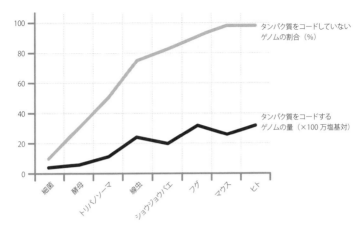

図14.1 生物の複雑さが、ゲノムに占めるタンパク質コード部分の大きさではなく、ジャンクDNAの割合とよく相関することを示したグラフ。

は、生物の複雑さの違いはおもにジャンクDNAによってもたらされていることを示唆している。これを裏返せば、ジャンクDNAのかなりの部分が何らかの機能を持っていると見なさざるを得ないのだ[6]。

▼複数のパラメータ

ENCODEの研究では、さまざまなデータを組み合わせて私たちのゲノムの中の機能を評価した。このデータには検出されたRNA分子の情報も含まれている。その中には、タンパク質をコードするRNAもあればタンパク質をコードしていない、いわゆるジャンクRNAもある。その長さは数千塩基から数十塩基のものまで多岐にわたる。ENCODEでは、ゲノムのある領域が、すでに機能を持つことがわかっているゲノム領域に見出される、特定の組み合わせのエピジェネティック修飾を持っていれば、その領域を機能的な領域と定義した。ENCODEの中の別の評価方法では、前章で見てきたように、ループをつくって相互作用し

ているような領域の解析結果が使われている。また、機能を持つことで変化する、ゲノムのある特別な物理的特性を調べるような手法でも機能的なゲノム領域を推測している[*1]。

これらの特徴は解析に用いた異なる種類のヒト細胞でそれぞれ異なっていた。この結果は、細胞はすべて同じゲノム情報を持っているが、その使い方にはきわめて高い可塑性がある、という考えを裏づけるものである。たとえば、ループの解析から明らかになったあるゲノム領域同士の相互作用は、調べられた3種類の細胞のうち1種類の細胞でしか検出されない[7]。この結果は、私たちの遺伝物質の複雑な3次元的折り畳みが、細胞種ごとに制御された精緻な現象であることを示唆している。

もしあるゲノム領域において、通常、調節領域に見られる物理的特徴が見つかったら、その場所も細胞の種類や状況に応じて活性化され、細胞の特性を決める調節領域だと結論づけられた[8]。125種類の細胞を用いた解析によって、そのような場所がおよそ300万か所も見つかったのだ。これは個々の細胞に一律に300万か所あるという意味ではない。個々の細胞種で見つかった異なる場所を数え上げると300万か所見出されたという意味である。またしてもこの結果は、ゲノムに存在する潜在的な制御領域が、細胞の種類や必要に応じて使い分けられていることを示唆している。異なる種類の細胞で見出された制御領域の分布のしかたを**図14・2**に示している。

この方法で見出された調節領域の90%以上は、一番近い遺伝子の先頭部分から2500塩基対以上離れていた。ときには、どの遺伝子からも遠く離れた場所で見つかることもあれば、遺伝子の先頭部分から離れた、遺伝子内部のジャンク領域（イントロン）で見つかることもあった。

ほとんどの遺伝子のプロモーターは、このような調節領域の少なくとも2か所以上と相互作用し、

1種類の細胞だけで見出される　　2種類以上の細胞で見出される　　すべての細胞種で見出される
機能部位　　　　　　　　　　　機能部位　　　　　　　　　　　機能部位

図14.2 ENCODEのデータを解析した研究者たちは、さまざまなヒト細胞の評価から、調節領域の特徴を持つ300万以上の部位を同定した。この図の円の面積は、これらの部位の分布を表している。2種類以上の細胞で見出される部位が多数を占めるが、個々の細胞種で特異的に見出される部位も大きな割合を占めている。調べたすべての細胞に見出される部位の割合は非常に少ない。

反対に個々の調節領域は、通常2つ以上のプロモーターと相互作用している。私たちの細胞は、遺伝子発現を直線的に制御しているのではなく、複数の結節点（ノード）の相互作用を介した複雑なネットワークによって制御しているように見える。

最も衝撃的なデータのひとつは、私たちのゲノムのじつに70％以上の領域が、細胞の種類や状況に応じてRNAにコピーされているという結果であった。これは驚くべき結果である。私たちの細胞が持つジャンクDNAの4分の3近くが、RNAをつくるために使われているというのは誰ひとり想像していなかったからだ。タンパク質をコードするメッセンジャーRNAと長鎖ノンコーディングRNAを比較したところ、両者の大きな違いは発現パターンにあることがわかった。15種類の細胞株が調べられた結果、**図14・3**に示すように、すべての細胞株で共通して発現しているタンパク質コード・メッセンジャーRNAの割合は、長鎖ノンコーディングRNAに比べてはるかに高かった。この発見から、長鎖ノンコーディングRNAは細胞運命を制御するのにきわめて重要だという結論が出された。

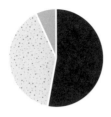
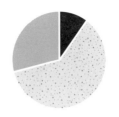

タンパク質をコードするRNA　　　タンパク質をコードしていないRNA

■ すべての細胞株　　　∷ 一部の細胞株　　　▨ 1種類の細胞株

図14.3 15種類の異なる細胞を用いて、タンパク質コード遺伝子とノンコーディングRNA遺伝子の発現が調べられた。タンパク質コード遺伝子は、ノンコーディングRNAを生み出す遺伝子に比べて、すべての細胞で発現されている割合が高い。

まとめると、ENCODEコンソーシアムから出されたさまざまな論文のデータは、きわめて複雑な相互作用のパターンを持つ、とても活動的なヒトゲノムの像を描き出している。ジャンクDNAには情報や指令がぎっしり詰め込まれているのだ。序章で述べた架空の舞台指示を振り返ってみよう。「もしバンクーバーで『ハムレット』を、パースで『テンペスト』を演じたら、『マクベス』のこの台詞では4音節目を強調する。アマチュアの演出によるモンバサでの『リチャードⅢ世』や、雨降りのキトの場合はその限りではない」[10]。

ここまで紹介してきた結果はすべてとても刺激的である。なぜこれらのデータの重要性について大きな批判があるのだろうか？　その理由の一部は、ENCODEの論文がゲノムについて大胆な主張をしている点にある。特に、ゲノムの80％が機能を持っているという主張である。問題は、これらの主張の一部が間接的な機能の評価に基づいているという点である。その領域に存在するエピジェネティック修飾、あるいはDNAの物理的特性と結合タンパク質から機能を推測している部分が、まさにこの間接的な機能の評価にあたる。

▼可能性 vs 実在

ENCODEの成果に対して懐疑的な人たちは、これらのデータは単にその領域が機能を持つ可能性を示唆しているだけであり、有用なデータとして使うにはあまりにも曖昧すぎる、と異議を唱えている。何かたとえを使って説明した方がわかりやすいかもしれない。ある大豪邸を想像してほしい。ただし、所有者の事業が傾き、その豪邸の電気が止められてしまっている。たちの悪い投資家がダウントン・アビーの豪邸を管理していると考えたらよいかもしれない（イギリスのテレビドラマシリーズ『ダウントン・アビー〜貴族とメイドと相続人〜』に出てくる豪邸）。部屋が200室あり、それぞれの部屋には照明のスイッチが5個以上もある。各スイッチは電球をオンにできるかもしれないが、いくつかのスイッチはもともと配線がつながっていないかもしれないし（照明の電気配線に詳しい貴族はまずいないだろう）、あるいは電球が切れているかもしれない。スイッチは壁にあり、オン、オフの位置にスイッチを動かすことができるが、それで実際に部屋の明るさを変えられるのかどうかはわからない。

私たちのゲノムの状況もこれと同じである。確かにエピジェネティックな修飾、あるいは特別な物理的特徴を持っている領域は存在している。しかし、この結果は、それらの領域が機能を持っていることを直接証明するものではない。これらの特徴は、近傍のゲノム領域で起きた何らかの現象の、副次的な影響で生じただけかもしれない。

ジャクソン・ポロック（20世紀のアメリカの画家）が、抽象表現主義の傑作を描いている際の写真を見てみるとよい。[11] 彼が絵を描いているとき、彼のアトリエの床には、間違いなく絵の具があちこちに

飛び散っているだろう。しかし、床に飛び散った絵の具は絵の一部ではなく、また飛び散った絵の具に彼が何か意味を持たせようとしたのではない。床の絵の具は、作品を描く過程でやむを得ず生じた副産物でしかない。同じことが私たちのDNAの物理的変化にも当てはまるかもしれないのだ。

ENCODEの出した主張に一部の研究者たちが懐疑的である別の理由は、ENCODEで使われた技術の感度が挙げられる。ENCODEの研究者たちは、ゲノム解析が始まった頃に比べて、はるかに感度の高い方法を使うことができた。その結果、彼らは非常に少量のRNAも検出できるようになったのである。批判的な人たちは、検出感度が高すぎて、単にゲノムからの雑音（バックグラウンド・ノイズ）を拾っているのではないかと懸念しているのだ。もしあなたがオーディオ・テープを使っていた世代であれば、オーディオの音量を上げていったときに何が起きるか思い出してみるとよい。実際の音楽の後ろに「シュー」という雑音を耳にしていたはずである。これは音楽の一部として記録された音ではなく、記録媒体の技術的な限界によって生じた必然的な副産物である。ENCODEに批判的な人たちは、同じような現象が細胞内でも起きており、遺伝子発現の活発なゲノム領域からは、少量のRNAがランダムに発現されていると考えている。このモデルに従えば、細胞はこれらのRNAのスイッチを意図的にオンにしているわけではなく、単に活発に転写されている遺伝子が近傍にあるために、細胞の意図とは関係なく非常に低いレベルの転写が起きているにすぎないということになる。海で波が来るとすべての船は持ち上げられるが、同じように海を漂う流木や捨てられたペットボトルも持ち上げられるはずである。

ENCODEの解析では、1細胞あたり1分子未満のRNAを検出している場合もあったことを考え

ると、RNAの検出感度が必要以上に高いというのは確かに問題があるように見える。細胞が0コピーと1コピーの間に相当するRNA分子を発現しているというのは現実的ではない。単一の細胞で考えたら、そのRNAをまったく発現していないか、あるいは1コピー以上発現している状態のはずだからである。ある意味これは女性の妊娠と似ているかもしれない。妊娠しているか妊娠していないかという2つの状態しかなく、その間の状態というのは存在しない。

しかし、これは使われている技術の感度が高すぎるといっているわけではなく、私たちの技術の感度がまだ十分ではないことを示唆している。1個の細胞を単離してその細胞の中のすべてのRNAを解析するには、私たちの技術はまだ十分ではないのだ。複数の細胞を単離し、それらのRNAをまとめて解析することで、平均して何個の分子が細胞1個に含まれているかを計算するような方法に頼らざるを得ないからである。

この方法による問題は、サンプルの中の大多数の細胞が特定のRNAを少量発現しているのか、サンプルの中の一部の細胞だけが、そのRNAを大量に発現しているのかの区別ができないことである。この違いについて**図14・4**にわかりやすく示している。

別の問題は、RNA分子を調べるために細胞を殺さなければならないということである。このようにして得られた結果は単なるRNA発現のスナップショットでしかない。私たちが理想としているのは映画のようなものであり、それによってRNA発現に対して何が起きているかをリアルタイムで知ることができるものである。リアルタイムで見ていないことで起きる問題を**図14・5**に示している。

もちろん、ENCODEの発見が実際に精査に耐えられるものかどうか、直接実験によって検証でき

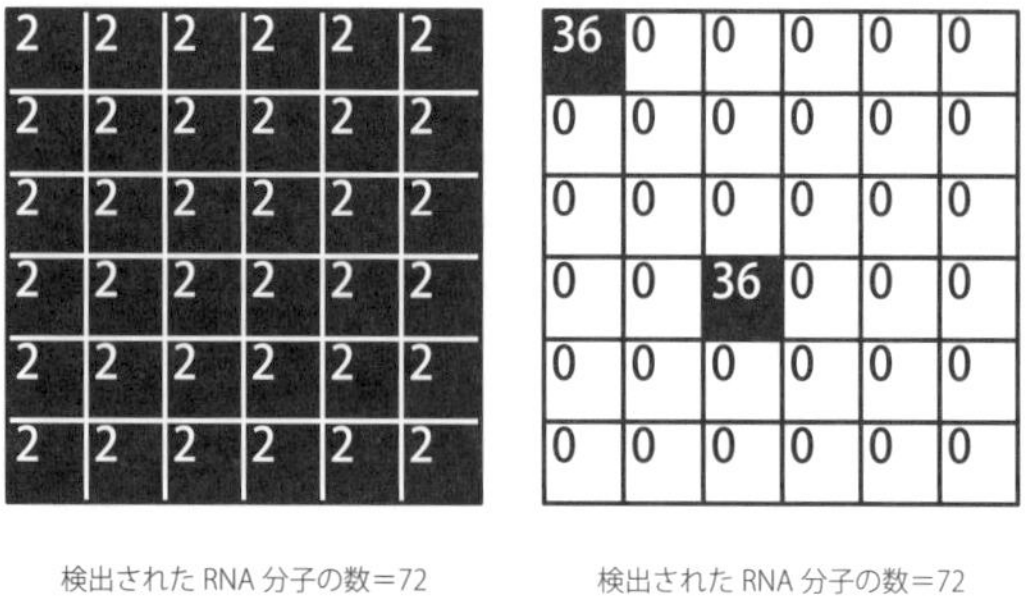

検出された RNA 分子の数＝72　　　　　　検出された RNA 分子の数＝72

図14.4　小さな四角形はそれぞれ個別の細胞を表している。細胞の中の数字は、その細胞の中でつくられているある特定のRNA分子の分子数を示している。解析に用いる検出手法の感度に限界があるため、研究者は細胞をまとめて解析する。この場合、ひとまとまりの細胞の中に含まれる全分子数の情報を得られるだけであり、36個すべての細胞が2分子ずつのRNAを発現している状態（左）と、36個の細胞のうち2個の細胞だけが、それぞれ36分子のRNAを発現している状態（右）、あるいは、図には示していないが、全分子数が72分子になるようなほかの組み合わせの状態を区別できない、ということを意味している。

れば理想である。しかし、これにはまた別の問題があり、そもそもENCODEによる発見はたくさんありすぎるのだ。どうやって研究対象とすべき候補領域や候補RNAを決めたらよいのだろうか？　実験による検証をさらに難しくしているのは、ENCODEの論文によって見出された特徴は、巨大で複雑な相互作用ネットワークだからである。個々の構成要素は、全体的に見れば限定的な影響しか持たない可能性がある。たとえば漁に使う網の結び目のひとつを切ったとしても、網としての全体の機能は損なわれないのと同じである。結び目を切ってできた穴からときどき魚が逃げてしまうかもしれないが、小さな魚を1匹逃したところで、おそらく漁全体にはほとんど影響を与えることはないだろう。しかし、だからといってすべての結び目が重要ではないという意味にはならない。協調して働いている結び目はすべてが重要といえるからだ。

第14章　　248

図14.5 ある特定のRNAの細胞内での発現は、周期的なパターンに従っているかもしれない。四角形は、研究者がそのRNA分子の発現を測定するために細胞をサンプリングしたタイミングを示している。異なる組織に由来するような、別々の細胞集団を用いた解析結果は、一見とても異なるように見えるかもしれない。しかし、生物学的に重要な本当の差ではなく、単に一時的な変動を見ているだけかもしれない。

▼進化の戦場

ENCODE論文の著者たち自身、また、その論文に付随した論評は、得られたデータを使ってヒトゲノムについての進化的な結論を引き出した。進化的な議論をした理由のひとつは、機能を持つという彼らの結論と実際の保存性との間に明らかな不一致が見られるからである。もしヒトゲノムの80％が機能を持つのであれば、ヒトと、少なくともほかの哺乳動物のゲノムの間でかなり高い保存性があると予想できるはずである。しかし問題は、ヒトゲノムの中で、ほかの哺乳動物との間で保存されているのはわずか5％程度しかなく、しかもその保存された領域はタンパク質コード領域に大きく偏っているのだ。この明らかな不一致を説明するため、著者たちは調節領域がかなり最近、おもに霊長類で進化したと推測した。また、異なるヒトの集団におけるDNA配列の差異を調べた大規模な研究データによって、ヒトの間では調節領域の配列多様性は比較的低く、一方、まったく機能を持っていないと考えられる領域の配列多様性ははるかに高いと結論づけている。さらにある論評では、配列保存性について次のように論じている。

タンパク質コード配列が高度に保存されているのは、2種類以上の組織や細胞でタンパク質が使われているからである。もしタンパク質の配列が変化したら、変化したタンパク質はある組織では前よりも優れた働きをするかもしれない。しかし、別の組織では悪影響を及ぼす可能性もある。これはタンパク質の配列を維持するような進化的な圧力（進化圧）として作用する。

しかし、タンパク質をコードしていない調節RNAでは、より組織特異的になる傾向がある。ひとつの組織だけがある調節RNAを必要とし、さらに生涯のある時期だけ、あるいはある環境変化に応答したときだけ必要になるのだとすれば、当然その進化圧は低くなる。その結果、調節RNAからは進化的な制約が失われ、そのRNAをコードする領域の変化が近縁の哺乳動物で大きくなった。しかし、ヒトの集団では、これらの調節RNAの最適な配列を維持するための進化圧が存在してきたのだ。[13]

生物学者の間で意見の相違が生じた場合、彼らはかなり控えめな態度を取る場合が多い。ときには攻撃的な質問やそれに対する反論が飛び交っている会議もあるが、一般的な公式発表では注意深く言葉が選ばれている。会議中の発言よりも、文章として発表されたものについては特にそうである。もちろん私たちは、たとえば**図14・6**に示すように、どうやって行間を読んで真意を理解すべきか知っている。しかし、公表された論文は注意深い言葉で表現されているのがふつうである。このような背景があったため、ENCODEの発表に続く激しい論争は、利害の及ばない第三者にはとても面白く見えたのである。

図14.6 研究者はふだん、外見上は礼儀正しく見える（左側の言及）。しかし、ときには本音を隠しているだけの場合もある（右側の考え）。

最も率直な反応はおもに進化生物学者から示された。これは取りたてて驚くことではない。そもそも進化は人々が感情的になりやすい分野である。通常なら当事者だけが批判の標的になるが、機関銃のような攻撃でほかの科学者も巻き添えを食う可能性がある。親から子へ伝えられる獲得形質の遺伝について研究していたエピジェネティクス研究者たちは、ENCODEによる発表が自分たちの領分まで及んでいなかったため、おそらくホッとしていたに違いない。[14]

ENCODEに対する最も辛辣な批判としては次のような表現があった。「論理的誤謬」、「ばかげた結論」、「無責任な仕事」、「誤った定義の誤使用」。進化生物学者たちはさらに念を入れて、次のような激しい非難で論文を締めくくっている。

ENCODEを先導してきた研究者たちは、自分たちの成果によって教科書が書き換えられるだろうと言っている。私たちはこの意見に賛成だ。マーケティング、マスメディアの誇大広告、広報活動を扱っている多くの教科書は確かに書き換える必要があるだろう。[15]

彼らのおもな批判は、機能の定義に集中していた。ENCODEの著者たちが自分たちのデータを解析して、進化圧についての結論を導き出した方法についてである。あるゲノム領域が機能を持っているかどうか判断する際の問題については、先ほどジャクソン・ポロックとダウントン・アビーのたとえを使って説明した。このような問題が起きる背景には、生物学を数学的に解析するのが難しいということがある。ENCODEの著者たちは、おもに統計学や数学的手法を用いて一連のデータの解釈を行った。懐疑派の人たちは、この方法には生物学的に重要な関係性が考慮されていないため、ある意味袋小路に陥ってしまっていると主張している。この問題を説明するため、彼らはとてもわかりやすいたとえを使っている。私たちの心臓が大切なのは、体中に血液を送っているからだ。これが生物学的に重要な関係性である。心臓の働きについて、もし数学的に導き出された相互作用によって解析したら、滑稽な結論が導き出されてしまう。その中には、心臓があるとその分体重が増加する、ドクンドクンという音を出している、というような結論が含まれているかもしれない。いずれも心臓に関する説明だが機能の説明ではない。本当の役割に付随するただの特徴にすぎない。

懐疑的な人たちは、ENCODEの著者たちがアルゴリズムを適用する方法には一貫性がないと批判している。そのために、大きな領域が不適切に評価されている可能性があると言っている。たとえばある機能領域を定め、そのうちのほんの一部だけを使ってゲノム全体の評価をしてしまったら、機能を持つゲノム領域の割合は大きくゆがめられてしてしまうに違いない。

進化の標準的なモデルでは、もし変動の大きな領域があれば、それは進化圧がかかっていないことを表しており、比較的重要性の低い領域だと判断する。進化の専門家たちは、ENCODEの著者たち

はこの標準的なモデルを無視していると言って批判しているのだ。長年信じられてきたこの原理をひっくり返すには、非常に強力な根拠が必要である。懐疑的な人たちは、ENCODEの論文では膨大なデータがあるにもかかわらず、ヒトやほかの霊長類の配列から進化的な結論を導き出す際に、不適切なほど少数の領域にしか注目していないと主張している。

どちらの側にも興味深い科学的論拠があるのは確かだが、ENCODEによって生み出された興奮や情熱が、すべて純粋な科学的な探究心からのものだったと信じるのは現実的ではないかもしれない。もうひとつの要因、人的要因を無視することはできないからだ。ENCODEはビッグ・サイエンスの一例である。巨大なプロジェクトであり、何百万ドルもの研究費が費やされている。研究予算は無限ではない。先駆的なビッグ・サイエンスに巨費が投じられたら、もっと小さな、たとえばきちんとした仮説に基づいた基礎研究へ配分される予算は当然減ることになる。

研究資金を提供する機関は、このような2種類の研究に公平に予算を配分するのに苦心している。多くの場合、ビッグ・サイエンスの成果がほかの科学分野を大きく刺激するような共通資産（リソース）を生み出すような場合に予算がつけられる。ヒトゲノム計画はそのよい例であるが、このプロジェクトのときでさえ批判がなかったわけではない。しかし、ENCODEの場合、論争はENCODEによって生み出された生のデータに関して起きているのではなく、そのデータの解釈によって起きている。批判する人たちから見れば、純粋な基盤整備のための投資とは状況が異なっている。

ENCODEに投じられたすべての研究資金を計上すると、だいたい2・5億ドル（約300億円）にのぼる。これは、ひとつひとつの仮説を検証するような一般的な研究の平均的な研究助成金に換算す

ると、少なくとも600件分の助成金に相当する。資金の配分方法を決定するのは綱渡りのようなものであり、このような規模の資金では、配分の仕方に懸念が生じるのは仕方がない一面もある。

以前、ガートナーという会社が、新しい技術がどうやって人々に受け入れられるのかを示す概念図をつくった。これは「ハイプ・サイクル」とよばれる。最初の段階ではみなが興奮してその技術を受け入れる。これは「過剰期待のピーク」である。新しい技術が人々の生活を一新するものではないとわかると、期待は崩壊し「幻滅の窪地」に至る。結果的に全員落ち着きを取り戻し、その技術の有用性を合理的に理解するようになってじわじわと期待は回復し、最終的にある一定の期待値に落ち着く。

ENCODEにまつわる期待は、2つの陣営によって上下していることから、まさにこのハイプ・サイクルを如実に表している。過剰な期待を抱いていた研究者たちは、いままさに幻滅の窪地にいるのと同じ状況にある。今後多くの研究者は現実的な対応をして、ENCODEのデータが自分たちの研究や個別の問題を解決するのに役立つとわかれば、しだいにそのデータを使うようになるに違いない。

▼第14章注

＊1　この物理的特性とは、一般的にDNA分子を切断する酵素の接近しやすさのことであり、接近しやすい（切断されやすい）ゲノム領域は、RNAコピーを生み出し得る開いた構造の指標となる。

第15章

首なし王妃と奇妙な猫と太ったマウス

第15章 首なし王妃と奇妙な猫と太ったマウス

ENCODEコンソーシアムによって、ヒトゲノムの中には潜在的に機能を持つと考えられる領域が、気が遠くなるほどたくさん存在することが明らかにされた。その膨大な数を考えると、どの候補領域から調べたらよいのか合理的な研究方針を定めるのは難しく思える。しかし、この作業は見かけほど難しくはないかもしれない。なぜなら、いつものように自然がその方針を決めてしまったからである。近年、科学者たちは、ゲノムの調節領域の微妙な変化が原因で起きるヒトの病気を見出している。以前であれば、このような変化はジャンクDNAの中に起きた無害でランダムな変異だと片づけられてしまっただろう。しかしいまでは、一見意味のないゲノム領域の中のたった1塩基対の変化が、個人に確かな影響を与える場合があることがわかっている。非常にまれなケースでは、その影響が生存を脅かすほど深刻な場合もある。

ここではまず、それほど深刻ではない影響の例から見てみよう。時はヘンリー8世がイングランド王だった約500年前の時代までさかのぼる。イギリスの学校に通うほとんどの子どもは、たいていある学年でこの悪名高い君主の6人の妻に起こったことを覚えるために、次のような覚え歌を教えられる。

離婚、斬首刑、死亡、
離婚、斬首刑、生き延びた。
Divorced, beheaded, died,
Divorced, beheaded, survived.
（何かのクイズでもしこの歌が役に立ったら、遠慮なくメールで知らせて下さい）

最初に斬首刑になった妻（2番目の妻）はアン・ブーリンで、後のエリザベス1世の母である。彼女の死後、チューダー朝の政治広報官たちは酷い中傷キャンペーンを始め、アン・ブーリンの身体的な特徴をまるで16世紀の魔女のように記している。彼女は出っ歯で、あごの下には大きなあざがあり、そして右手には6本の指があった。彼女の指が多かったという話は、それが真実だということを示す証拠はほとんどないにもかかわらず、民衆の間で伝えられていった。[1]

この話が民衆に受け入れられた背景には、おそらくこれが荒唐無稽な話ではなかったからだろう。史書の編さん者が「先の女王には足が3本あった」と主張するのとはわけが違う。指を1本多く持って生まれる人は確かにいる。ただし、たいていは片方の手ではなく両手とも指の数が多くなる。

手足の正常な発達にとても重要なあるタンパク質コード遺伝子がある。*1 その遺伝子のタンパク質は「モルフォゲン（形態形成因子）」として働いて、組織の発達パターンを制御している。このタンパク質の効果はその場所での濃度に依存し、発生中の胚ではこのタンパク質の濃度勾配ができている。あ

る領域では高い濃度で存在し、隣り合う組織に行くにつれて徐々にその濃度が減少していく。

▼ミトンと子猫

このモルフォゲンによって制御される特徴に指の数がある。もしこのタンパク質が異常に発現されると、多指症の赤ちゃんが生まれる。10年以上前にある研究者たちが、多指症の一部の症例がほんのわずかな遺伝的変化で引き起こされることを発見した。しかし、これはモルフォゲンタンパク質をコードする遺伝子領域の変化ではなく、100万塩基対も離れたジャンクDNA領域に起きた変化だったのである。彼らは、多指症が明らかな遺伝形質として現れる、オランダの家系を数多く調べることでこの変化を見出した。多指症で生まれた96人の患者のすべてにおいて、ジャンク領域の中のある1塩基が、C（シトシン）からG（グアニン）に変わっていた。同じような1塩基の変化は、多指症で生まれた人がいる別の国の家系でも見つかった。変化した塩基は、オランダの家系で見つかった場所と同じゲノム領域の200〜300塩基離れた場所にあった[2]。

1塩基の変化が起きていたこれらのジャンクDNA領域は、モルフォゲンのエンハンサーである[*2]。生物の体の形を正しくつくるために、モルフォゲンの発現はたくさんの調節因子によって時空間的に制御されている。変異が見られた多指症の患者では、エンハンサーの活性がわずかに狂ってしまっていたのである。たった1塩基の違いによって多指症という大きな影響が現れるということは、この制御の微調整がいかに重要かを物語っている。

ここでまた別のクイズのヒントを教えよう。自分の指の数に合った手袋（ミトン）を買うのに苦労

しているオランダ人と、20世紀のアメリカ文学界の偉人のつながりは何だかわかるだろうか？　どう、降参？　それでは答えを教えよう。1930年代に、アーネスト・ヘミングウェイは船の船長から1匹の猫を譲り受けた。その猫の前足は6本指だった。現在ヘミングウェイの家（ヘミングウェイ博物館）にはこの猫の子孫が40匹ほど飼われていて、そのうちの約半分の猫が6本指の前足を持っているのだ。インターネットを使えばすぐに猫たちの写真を見つけることができる[3]。猫たちは可愛く見えるが、同時にちょっと不思議にも見える。1本余計な指の形は親指のように見え、ふつうの猫に比べて少し余分に癒しの効果があるかもしれない。

多指症の患者の解析からエンハンサー領域における変化を見出した同じ研究グループによって、ヘミングウェイの猫でも同じ領域に変化があることが明らかにされた。そのエンハンサーを別の動物のゲノムの同じ領域に挿入することで、塩基の変化が実際にモルフォゲンの発現を変化させていることが確かめられた。モルフォゲンの発現量を実験的に上昇させたところ、前足の指の数が多くなったのである。その実験動物とはマウスである。つまり、猫のゲノムDNAをマウスの胚に導入することで塩基変化の効果が確かめられたのだ[4]。

前足の指の数が多い猫はイギリスやほかの国でも見つかっている。イギリスの猫では、同じエンハンサー領域に変化が存在しているが、完全に同じではない。ヘミングウェイの猫で変化している場所から2塩基対離れているが、いずれの変化も進化的によく保存された3塩基対からなるモチーフ中における変化である。ヒトの手と猫の前足の多指症に関わるエンハンサー領域は約800塩基対の長さがあり、その配列の大部分はヒトから魚まで高度に保存されている。これは四肢発生の制御がとても

259　首なし王妃と奇妙な猫と太ったマウス

古いシステムであることを示唆している。

四肢の形成に働いているモルフォゲンは、ほかの部位の発生過程にも重要である。そのうちのひとつは、脳の前部や顔の形を形成する過程である。もしこの過程に異常があると、その影響はとても穏やかな場合もあり、一般に口唇裂《こうしんれつ》とよばれる症状となる。しかし、モルフォゲンの発現がひどく乱された極端な場合には、その影響は悲惨なものとなる。脳と顔の形態は完全に異常となり、正常な脳の形は形成されない。最も悲惨なケースでは、額の真ん中に奇妙な形の目をひとつだけ持ち、異常に発達した脳を持った赤ちゃんが生まれることがある。そのような赤ちゃんはたいてい出生後すぐに亡くなってしまう。

▼形態形成因子と顔面発育

このような病態は「全前脳症」とよばれている[5]。数多くのタンパク質コード遺伝子の変異が、この症状を示す別々の家系の解析から報告されている。これらの遺伝子の多くは、先ほど正常な指の形成に必要だと紹介した、モルフォゲンの制御に関わっている。ある症例では、モルフォゲンの遺伝子自身に変異が起きている。この場合、片方の染色体からしか機能的なタンパク質が産生されないため、発生中の胚は通常の半分の量のモルフォゲンしかつくることができない。その結果として患者に異常が生じるということは、発生の大事な時期に、モルフォゲンの量がある適正な範囲内にあることが重要だということを示している。

全前脳症の原因となるすべての変異が同定されているわけではない。研究者たちはこの病気を発症

した500人近い患者のDNAを解析した。そして重篤な症状を示すひとりの子どもの患者において、ジャンクDNA領域に予期せぬ変化を見出したのである。これは、モルフォゲンの遺伝子から45万塩基対以上も離れた領域における、C（シトシン）からT（チミン）という1塩基の変化であった。[6]。

このCからTへの変化は、保存された10塩基対の配列の中に位置し、その配列は私たちの祖先がカエルなどの両生類から分岐した3億5000万年前から保存されていたのである。このことから、このひと続きのジャンクDNAが進化の過程でずっと維持され、しかも機能を持っていると推測できる。

この特別なエンハンサーでは、変化していたCの塩基は、ある転写因子を結合させるために重要だったのである。エンハンサーに転写因子が結合するというのは珍しい。通常、転写因子はプロモーター中の特別なDNA配列を認識して結合し、遺伝子をオンにするのに必要とされているからである。このエンハンサーに結合する転写因子は、標的となるDNAの適切な場所にCが含まれている場合は結合できるが、そこにTが含まれている場合は結合できない。

このエンハンサー内のCからTへの変化は、450人の血縁関係を持たない健常な人を調べても見つからなかった。それゆえ、この変化が患者の病気の原因になっている可能性は非常に高い。しかし、この変化は、ほぼ同数の全前脳症患者を調べても1人の赤ちゃんの患者でしか見られなかった、ということにも注意すべきである。しかし、予期せぬことに、父親はその赤ちゃんとまったく同じ遺伝子配列に正常なCを持っていた。一方の染色体の該当箇所にCを持ち、もう一方の染色体の同じ場所にTを持っていたのだ。しかし父親はまったくの健常で、全前脳症に関わる症状は何も現れていない。

その赤ちゃんの母親に病気の症状は見られず、予想通り両方の染色体の同じ場所に遺伝子配列を持っていたのである。*3

261　首なし王妃と奇妙な猫と太ったマウス

これは、CからTへの変化が病気の原因となっているという考えに対して、明らかに不利な証拠のように見えるが、状況は単純ではない。全前脳症の場合、たとえその病気の原因となる変異がモルフォゲンの遺伝子自体にあるような家族の場合でも、その症状に大きな差が見られるのが一般的なのだ。そのような変異を持つ家族の約30%はまったく病気の症状を示さず、そのほかの人も多様な症状を示す。前述した、発症する人と発症しない人がいる状況は「可変的浸透度（variable penetrance）」とよばれ、後述した、多様な症状を示す状況は「可変的表現度（variable expressivity）」とよばれる。

残念なことに、このように状況を記述するのは、生物学者がある現象を見つけ、高尚な専門用語をつけるだけで、それ以上考えることをやめてしまう典型例である。これらの用語は確かに現象を記述しているが、私たちは、その現象がどのように起きるのかについてまるで理解していないということを忘れている。これはまだ解明されていない魅力的な学問領域である。一部の人では、DNAの変化による影響を相殺するような別の変化がゲノム中に存在している可能性が考えられる。それは、エンハンサーをより強力に働かせて、モルフォゲンの発現を上昇させるような変化かもしれない。あるいは、重要な遺伝子の発現をある方向へ変化させる、エピジェネティックな差異によるものかもしれない。これら両者の組み合わせとともに、さらにまだ未同定の要因が働いている可能性も考えられる。

同じ遺伝的変化を持つ父と子で症状が異なるという不確実な点は否めないが、別の方法でこの塩基の変化が病気の原因になっているという仮説を検証することも重要である。CからTへの変化を見出した研究者たちが、実際にこの変化の影響についてマウスをモデルとして使って確かめた。そして、実際に保存された10塩基の配列の中にCが存在すると、そのひと続きのジャンクDNAはモルフォゲ

ンの発現を促進するエンハンサーとして機能することを示した。一方、CをTに置換するとその領域はもはやエンハンサーの機能は果たさず、その結果脳内のモルフォゲンは必要な量まで発現しなかったのである。

▼モルフォゲンと膵臓

調節DNA領域の変化が原因で引き起こされるヒトの病気は、モルフォゲンが関わる多指症や全前脳症だけではない。膵臓がきちんと発達しない「膵無形成」とよばれる病気がある。この病気を持って生まれた赤ちゃんは深刻な糖尿病の症状を呈することが多い[7]。膵臓は血糖値を制御するホルモンであるインスリンを生み出している器官だからである。

膵無形成の家族の大部分は、ある特定の転写因子の遺伝子に変異を持っており[*4・8]、少数の家族では別の転写因子が関わっている[*5・9]。しかし、家族の誰もこの病気に関連した症状を持たず、家族歴からは説明できない膵無形成の子どもが数多く存在している。通常であれば、このような症例はランダムに現れ、おそらく膵臓が発達する際に、未知の環境刺激に応答して何かおかしなことが起きたのだろうと考える。しかし、このような散発的な症例の多くでは、病気の子どもの両親がいとこ同士というような血縁関係にあることが明らかになってきた。ある病気の高いリスクに血縁している場合、通常は遺伝的な変化の存在を考える。ここでいう遺伝的な変化とは、染色体の両方のコピーが同じ変異を持っているようなことを指す。なぜこのような状況が血縁関係にあるカップルの間で起こりやすいのかについて、**図15・1**に示している。

ランダム（一般の集団）

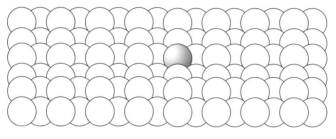

血縁関係のある集団

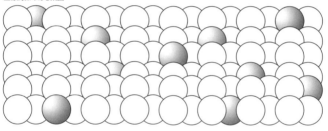

 キャリア 非キャリア

図15.1 上の図は、あるまれな遺伝的変異を持つ人が、一般の集団の中で同じ変異を持つ別の人に出会うのは、統計的に見て非常に可能性が低いということを示している。しかし、自身の家族や親族の誰かが同じ変異を受け継いでいる可能性ははるかに高く、それを下の図で示している。これが、両親が親類同士、たとえばいとこ同士のような場合に、まれな劣性の遺伝的疾患の症状がその子どもで現れる頻度が高くなる理由である（両親は変異の遺伝子を1コピーだけ持つため症状が現れない）。

第15章 264

研究者たちは散発性の膵無形成の患者からDNAを抽出し、すべてのタンパク質コード遺伝子を解析したが、病気を説明できるような変異を見出すことはできなかった。そのため、今度は調節領域と推測される領域を調べることにした。すでに本書で見てきたように、ヒトゲノム中にある推測調節領域の数は膨大である。探索の範囲を狭めるため、研究者たちは培養液中で幹細胞を膵臓細胞に分化させたときに何が起きるかを調べた。そして、エンハンサー機能に関係しているようなエピジェネティック修飾を持つ領域や、膵臓細胞の発生に重要なことが知られている転写因子が結合する領域を探したのである。

この方法によって候補となる領域のリストは6000を超える程度まで絞られた。この程度の数であれば、個々の領域をさらに詳しく調べることが可能となる。そして4人の患者において、10番染色体上の約400塩基対の長さを持つ推定エンハンサー領域内に、AからGへの変化が起きていることがわかった。この領域は、少数の家族性膵無形成の原因として知られている転写因子の遺伝子から2万5000塩基対離れた場所にある。さらにほかの患者についても調べたところ、血縁関係を持たない10人の患者のうち7人が同じ塩基配列の変化を持っていることがわかった。10番染色体の両方のコピーで、このエンハンサー領域の通常AであるところがGだったのである。残りの3人のうちの2人はすぐ近くに別の変異があり、最後のひとりはエンハンサーごと失っていることがわかった。一方、健常な人を400人調べても、誰もこのAからGへの変化を持っていなかった。

研究者たちは彼らが同定した領域が、発生中の膵臓細胞においてエンハンサーとして働いていることを実験的に示し、さらにAからGへの変化でその領域のエンハンサー活性が失われることを示した。

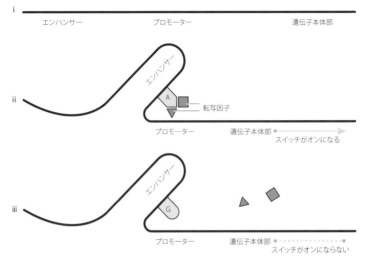

図15.2 （ⅰ）はエンハンサー、プロモーター、遺伝子の本体部の直線的な位置関係を示している。（ⅱ）ではDNAが折れ曲がり、エンハンサーがプロモーターに近づけられる。エンハンサーのある部分がA塩基を含んでいると、転写因子とよばれる特別なタンパク質に結合できる。これらのタンパク質がプロモーターを活性化して、遺伝子のスイッチをオンにする。（ⅲ）ではエンハンサーの中のA塩基がG塩基に置き換えられ、転写因子が結合できない。これは、転写因子がプロモーターを活性化できず、遺伝子のスイッチがオンにならないことを意味する。

彼らはさらに実験を進めて、このエンハンサーがどのように標的遺伝子を調節しているかを解明した。このしくみを**図15・2**に示している。簡単にいうと、エンハンサーがループをつくって標的遺伝子の近くに来るのだ。通常エンハンサーは転写因子と結合し、標的遺伝子のスイッチをオンにするのを助ける。しかし、転写因子はある決まったDNA配列にしか結合しない。AがGに変わると転写因子は結合できなくなり、その結果、標的遺伝子をオンにすることができなくなる。[10]

この状況は少し釣りに似ている。釣り針にミミズをつけて池に投げ込めば、肉食性の魚がそれに食いつく。もし釣り針にニンジンをつけて池に放っても、魚が食いつくことはないだろう。釣り

針、釣り糸、おもり、魚。すべて図の中の様子と同じである。しかし、ひとつの重要な要素（エサ）を変えることで魚を釣り上げるチャンスは劇的に変化することになる。

▼変奏曲

実際に調節領域として機能しているジャンクDNA領域における塩基の変化は、すべて細胞や個人に深刻な結果を及ぼすと考えたくなるかもしれない。しかしそれは、健常な人の間で見られる穏やかな違いと比べて、明らかに異常とわかるような状況の方が認識しやすいからに違いない。病気と健康の違いを見ている場合は特にそうである。先述した事例では、確かに調節領域のたった1塩基の変化が劇的な影響をもたらしている。しかし、このような塩基の変化は、白か黒かで区別できない健康な人々に見られる多様性にも関与している。

たとえば、色素沈着について考えてみよう。色素沈着は複雑な形質であり、一緒に働いている多数の遺伝子の影響を受ける。その結果として、目、髪の毛、肌の色が決まるのである。私たちは人が外見で大きく異なることを経験的に知っている。色素沈着の程度を決めるいくつかの遺伝子には、わずかに変化した変異型の遺伝子も存在し、それによってさらに多様性が生み出される[11]。

おもな変異型のひとつは1塩基の違いであり、CかTのいずれかを持っている。Tの場合は高度な色素沈着と関連し、Cの場合は低度な色素沈着と相関する[*6]。しかし、この変異はタンパク質コード遺伝子の中にあるのではない。標的遺伝子から2万1000塩基対離れたエンハンサー領域の中にあり、エンハンサーの機能を介して色素沈着に影響を与えていることが明らかにされたのだ。標的遺伝子は

色素産生に重要なタンパク質をコードしている。この遺伝子に変異が入ると色素欠乏症とよばれる病気になり、その患者は色素をつくり出せなくなることが知られている。*7・[12]

エンハンサーがループを介して標的遺伝子に結合することが実験的に示されている。標的遺伝子を制御する転写因子は、エンハンサー内の塩基がCかTかによって標的遺伝子への結合の強さが決まるのである。[13] これは先述した脾無形成の状況とよく似ており、**図15・2**で示したのとほとんど同じしくみが使われている。

ジャンクDNA中の1塩基変化とタンパク質コード遺伝子の発現には、似たような関係がたくさんある可能性が高い。これは人の多様性、そして健康や病気を理解するのに重要な意味を持つ。人がある病気を発症するかしないかについて、遺伝が関与している状況はたくさんある。そのような場合、その人の遺伝的な背景が病気のかかりやすさを左右しているが、それですべてが説明できるわけではない。環境が関与している場合もあれば、単に運が悪かっただけという場合もある。

遺伝的な要因が関わっている病気は、その病気がどのくらい家族の間で頻繁に起きるかを調べれば特定できる。このような解析では、特に双子が役に立つ。たとえば、ひとつの遺伝子の変異が原因で起きる悲惨な神経変性疾患であるハンチントン舞踏病を見てみると、一卵性双生児の一方がこの病気を発症したら、もうひとりもつねにこの病気を発症する（交通事故のように、病気とは関係ない理由で病気の発症前に亡くならない限り）。ハンチントン舞踏病は、１００％遺伝による病気であるといえる。

しかし、統合失調症の場合、一卵性双生児の一方がこの病気を発症したら、もうひとりも発症する確率は50%だけである。これは、たくさんの双子のペアを調べて、両方がこの病気を発症する頻度か

ら計算されている。この結果は、統合失調症を発症するリスクの約半分は遺伝が関係し、残りのリスク要因はゲノムによるものではないということを示している。

このような研究は、どの程度遺伝情報を共有しているかがわかっているほかの家族にまで広げることができる。たとえば、二卵性の双子は50％の遺伝情報を共有し、これは親子でも同じである。いとこ同士であれば12・5％の遺伝情報を共有している。この情報を使ってさまざまな病気、たとえばリウマチから糖尿病まで、多発性硬化症からアルツハイマー病まで、その発症にどの程度遺伝が寄与しているかを計算することができる。これらの病気だけでなくそのほかの多くの病気において、遺伝と環境の両方がその発症に関わっている。

もし多数の家族がいれば、彼らのゲノムを調べて病気に関わる領域を同定することができる。しかし、私たちが手にするデータは、ハンチントン舞踏病のように、完全に遺伝が原因で起きるような病気の場合とは大きく異なるということを理解する必要がある。ハンチントン舞踏病における１００％の遺伝的関与は、ひとつのタンパク質コード遺伝子の変異に帰することができる。しかし、統合失調症のような病気では、50％の遺伝的関与がひとつの遺伝子によるものとはいえず、同じことが遺伝子が10％ずつ、あるいは20個の遺伝子が2・5％ずつ寄与しているかもしれない。そのほかあらゆる環境の両方が関わるほかのほとんどの病気についていえるのだ。統合失調症のリスクに、5個の遺伝子が10％ずつ、あるいは20個の遺伝子が2・5％ずつ寄与しているかもしれない。そのほかあらゆる組み合わせの可能性が考えられる。これが、病気の原因となる遺伝要因を見つけ出し、実際に配列の変化がその病気に影響を与えていることを実証するのが難しい理由である。

このような困難にもかかわらず、病気の家族のゲノムを調べる方法によって、80を超える病気や形

269　首なし王妃と奇妙な猫と太ったマウス

質の原因となるゲノム領域が特定され、数千に及ぶ候補領域や変異が見出されている。[*8・14] 驚くべきことに、このような研究で同定された領域の約90%はジャンクDNAの中にあるのだ。そのうち約半分は遺伝子間領域にあり、残りの半分は遺伝子内部のジャンクDNA領域に存在する。[15]

▼連座の誤謬《ごびゅう》

病気に関連したDNAの変異が検出できるからといって、その変異が病気の発症に何らかの役割を果たしているかどうかを判断するには細心の注意が必要である。ときとして、私たちは「連座の誤謬」を見ているだけかもしれない。[*9] 病気の本当の原因はすぐ近くにある別の変異で、候補だと考えていた変化は単に一緒についてきただけかもしれない。

連座の誤謬の一例として肝硬変の話がある。ある人がどの程度タバコの煙にさらされたかを調べるひとつの指標に、呼気の中の一酸化炭素濃度を測定する方法がある。10年前、もし非喫煙者で肝臓の病気を患っている人の呼気に含まれる一酸化炭素の濃度を測定したら、肝臓の病気を持たない人に比べて平均して高い数値が出ることに気づいただろう。この結果のひとつの解釈は、受動喫煙が肝硬変のリスクを高めるというものである。しかし実際は、この一酸化炭素濃度が連座の誤謬をもたらしているのだ。肝硬変を発症するおもなリスク要因はアルコールの過剰摂取である。おそらく、患者の呼気で検出された高い一酸化炭素濃度は、その患者がパブやバーで長い時間を過ごしたことを反映した結果だと考えられる。公共の場所での喫煙が多くの都市で禁止されるまで、パブやバーは伝統的にタバコの煙が充満した場所だったからだ。

遺伝的な変異とヒトの病気との関与を調べる際に、たとえこの連座の誤謬を排除できたとしても、見つけた変化が機能的に病気と関係しているという仮説を検証する際には、細心の注意を払う必要がある。そうでなければ間違った結論を出すことになる。

本章の前半で説明したヒトの色素沈着に関わる変異は、実際にはイントロンの中にある。第2章で見てきたように、イントロンは遺伝子の中のタンパク質をコードする部分（エキソン）の間に存在するジャンクDNAである。この遺伝子はとても大きく、変異した塩基対は86番目のイントロンの中に存在している。しかし、この遺伝子自身は色素沈着の制御には何の役割も果たしていないのだ。これは、ある遺伝子の内部のジャンクDNA領域の変異が、ほかの遺伝子への影響に重要であるということを示す明白な先例となった。

身体的な特徴と関連した遺伝的変異について、肥満というのは大きな関心が寄せられてきた分野である。ヒトゲノムの中の約80の領域が、肥満、あるいはBMI値のような別のパラメータと関係していることが明らかにされた。[16]

複数の研究によって、16番染色体のひとつの候補遺伝子の中の1塩基対の変化が、肥満と強い相関を示す変異であることが示されている。[*10][17][18] 両方の染色体コピーにAを受け継いだ人は、両方ともTを受け継いだ人に比べて約3キログラム体重が重くなる傾向がある。この塩基対の変化は、標的遺伝子の1つめと2つめのエキソンの間に存在するイントロンの中にあった。この相関が複数の研究で検出されたという事実は重要なことであり、それによって意味のある事象を見ているという確信が増すからである。

271　首なし王妃と奇妙な猫と太ったマウス

この結果と一致するように、マウスを用いた実験によって、この遺伝子が体重の制御に関与することが確かめられたように見えた。この遺伝子を過剰に発現するように遺伝的な操作をしたマウスは、体重が増加して、高脂肪食によって2型糖尿病を発症したのだ[19]。逆にこの遺伝子をノックアウトしたマウスは、脂肪組織が少なく、コントロール（対照群）のマウスに比べてスリムな体になった。このノックアウトマウスにたくさん食事を与えても、特に激しい運動をすることなくカロリーを消費したのである[20]。

この発見は大きな興奮をもたらした。もし科学者がヒトでこの遺伝子の働きを抑制する方法を見つけたら、抗肥満薬を開発できるかもしれないからだ。ただし、まだ問題がある。この遺伝子が細胞の中で何をしているのか完全にわからないと、優れた薬をつくり出すのは難しいのだ。しかし、少なくともスタートラインに立つことはできた。ヒトとマウスのデータから、この遺伝子が肥満や代謝に重要なタンパク質をコードしていることが推測され、これは、肥満と相関するとして同定された塩基対の変異が、この遺伝子自身の発現に影響を与えるという合理的な仮定と結びつけられた。

しかし、映画「ロング・キス・グッドナイト」の中で、サミュエル・L・ジャクソンが演じるミッチ・ヘネシーの有名な台詞に「下手な推測はお前自身を笑い者にする（Assumption makes you an ass out of "u" and … "umption"）」というのがある。もちろん、答えがわかってからなら何とでもいえるのであり、そのタンパク質の役割を研究してきた科学者を軽んじるような目で見るのは間違っている。ただ、自然は私たちの足もとをすくうのがつねなように見える。

これから述べるのが、1塩基対の変異がヒトの生理機能を変化させた本当の理由である。先述した

1塩基対の変化のある場所から50万塩基対離れた場所に別のタンパク質コード遺伝子（ここでは仮に遺伝子Bとよぶ）がある。もともとの遺伝子のジャンク領域は、このジャンク領域はエンハンサーとしての機[*11]用して、その発現パターンを変化させるのだ。つまり、このジャンク領域はエンハンサーとしての機能を果たしている。その影響はヒト、マウス、魚類で見られることから、これは起源の古い重要な相互作用だということを示唆している。

研究者たちは、150を超すヒトの脳のサンプルを使ってこの遺伝子Bの発現レベルを調べた。その結果、ジャンクであるエンハンサー領域の塩基対の変異と、遺伝子Bの発現レベルにはきれいな相関があることがわかった。しかし、この変異を含んでいる本来の候補遺伝子の発現レベルとは何の相関も見られなかった。

研究者たちが遺伝子Bをノックアウトしたところ、そのマウスはスリムになり、脂肪組織が少なくなって基礎代謝が上昇した。この結果によって、初めて人々は50万塩基対離れた遺伝子Bが実際に代謝に関わっていたのだと認識したのだ。[21]

この結果から導かれるモデルは、ヒトの色素沈着や膵無形成のモデルととてもよく似ている。最初に肥満との関わりがあるとされた候補遺伝子のジャンク領域には数多くの塩基対の変異があり、これらの多くは肥満との関連が指摘されている。おそらくこれらの塩基対の変異はすべて同じ効果を持っており、エンハンサーとしての活性を変化させることで50万塩基対離れた標的遺伝子Bの発現レベルを変化させていると考えられる。

もちろんマウスのデータは、元の候補遺伝子（ジャンクDNAの中に変異を含んでいる方の遺伝子）も、

273　首なし王妃と奇妙な猫と太ったマウス

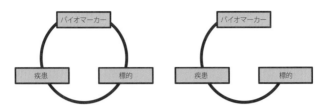

図15.3 左の図ではバイオマーカー、薬の標的、疾患の間に完全な関連が認められる。右の図では、薬の標的と特定のバイオマーカーの有無との間に関連が認められない。このような状況では、どの患者が標的に対して開発した薬に応答するかを予想するのに、バイオマーカーは役に立たない。

肥満や代謝に何らかの役割を果たしている可能性を示唆している。1塩基対の変化がどうやってその効果をもたらしているのかを解明することが、本当に大事なことなのか疑問に思うかもしれない。しかし、これが大きな問題になる場合があり、それは創薬の分野である。

新しい薬を開発する際に起きる問題のひとつは、ある薬が一部の患者には効果が見られ、ほかの患者には効果がないということがしばしば起きることである。このようなことが起きると、創薬に関わるコストが増大することになる。つまり、製薬会社は薬が効くかどうかを調べるために広範な臨床試験をする必要があるからである。医師がある病気の症状を示すすべての患者にその薬を処方して、そのうち一部の患者にしか効かないのだとすると、その薬を臨床診療に使う際にも余計なコストがかかることになる。

近年、どの製薬会社も「オーダーメイド医療」とよばれるものを実践しようとしている。これは、どの患者にどのような薬が効くのかを、遺伝的な情報に基づいてあらかじめ予測してから薬を開発しようとする試みである。これが実現すれば、その効果はとても大きい。つまり薬の開発コストが下がり、承認までの時間が短縮され、効果がある患者にだけその薬を処方できる、ということを意味している。これは効果のない患者に薬を処方

第15章　274

してお金を浪費しなくてもよくなるため、医療機関にとって都合がよい。またどんな薬でも副作用が出る可能性があるため、患者にとっても有益である。副作用のリスクがあって、薬による効果があまり期待できないのであれば、薬を処方する意味がないからだ。[22] このような取り組みは実際に成功を収めており、とりわけ乳がん[23]、血液細胞がんに加えて[24]、最近では肺がん[25]に対する薬での成功例も報告されている。

オーダーメイド医療を進めるうえで重要なステップは、信頼できるバイオマーカーを見つけることである。バイオマーカーは、どの患者に薬が有効かを教えてくれるものであり、あるバイオマーカーを持つ100%の人で薬が効くというのが理想である。病気の正しいバイオマーカーがあるのに、そのバイオマーカーを間違った標的と結びつけると問題が生じる。薬をつくってみたものの、効くはずの患者に効かないのはなぜかと行き詰まることになる。それは、**図15・3**に示すように関係性の環の一部が欠けているからにほかならない。

肥満に対する薬の潜在的な市場は、ダジャレではないが巨大である。先の話に出てきた、塩基対の変化を含む最初の標的遺伝子に対して、複数の製薬会社が創薬プログラムをすでに開始して、現在は中止しているか資金を回収していることも十分考えられる。薬が開発されるまでの間は、食事の制限と適度な運動が肥満予防の確実な方法だろう。

▼第15章注

＊1 このタンパク質は、「ソニック・ヘッジホッグ（SHH）」とよばれる。研究者たちが、ゲーム（あるいは漫画）のキャラクターにちなんでこの遺伝子の名前をつけたのは明らかだ。この名前をここで使うのはためらわれる。もし遺伝病のカウンセラーが、深刻な遺伝性疾患の子どもを持つ両親に、この気まぐれな遺伝子名を伝えることを考えると、愉快な気持ちは飛んでいってしまうから。

＊2 このエンハンサー領域はZRSとよばれ、7番染色体の長腕に存在している。

＊3 この転写因子はSix3とよばれる。

＊4 この転写因子はGATA6とよばれる。

＊5 この転写因子はPTF1Aとよばれる。

＊6 この変異塩基対は、rs12913932という立派な名前を持っている。

＊7 この遺伝子は*OCA2*とよばれている。

＊8 疾患や遺伝形質に関連した遺伝子変異を探し出す取り組みは、GWAS（genome-wide association studies）として知られている。

＊9 ［訳注］「連座の誤謬」とは、仮にある主張が正しかったとして、それを主張する人の中に信用できない人がいると、その主張自体が正しくないと判断してしまうことを指す。

＊10 この遺伝子は*FTO*（fat mass and obesity associated）とよばれている。

＊11 この遺伝子は*IRX3*（Iroquois homeobox protein3）とよばれている。

第16章

ロスト・イン・アントランスレーション

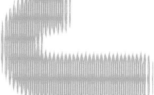

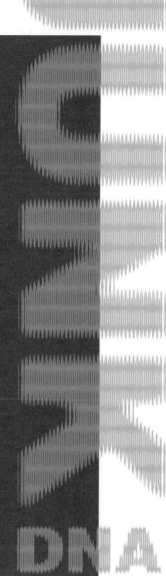

意図的に子どもを傷つけるくらい最低の犯罪はない。多くの国において、救急外来のスタッフは、乳児や幼児の骨折など説明できないケガのパターンを見分ける訓練を受けている。そのような病歴が認められた場合、子どもは保護され、親の接触は部分的、あるいは完全に制限され、最終的に片方、あるいは両方の親が起訴され、懲役刑を受けることになる。

子どもの保護はもちろん最優先事項である。しかし、子どもの骨折が、それまで気づいていなかったある病気が原因で起こり、そのために無実の親にこのような事態が起きてしまったら、それは悪夢に違いない。[1] 本当の児童虐待に比べたらそのような誤った判断が下される事例は少ないが、その家族への影響ははかりしれない。自由の剥奪、離婚、社会的疎外、そして最も辛いのが親と子どもが自由に会えなくなることである。

ある遺伝的な病気によってこのような誤った診断がなされる可能性がある。この病気は「骨形成不全症」とよばれるが、「骨粗しょう症」というよび名の方が一般的である。[2] 骨粗しょう症の患者ではとても簡単に骨が折れてしまい、ふつうの子どもならアザにもならないような軽度な外傷によって骨折してしまうことがある。同じ骨が繰り返し骨折し、完全に治癒しないこともあるため、患者は長い

時間をかけて徐々に体が不自由になる。
この病状はとても簡単に見分けがつくはずなので、子どもを傷つけたとして親が無実の罪に問われるのは奇妙に思えるかもしれない。しかし多数の要因によって状況は複雑になっている。第一の要因として、子どもが骨粗しょう症を発症するのはとても珍しく、10万人あたり6人か7人しかいない。医師は自身のキャリアの中でそのような症例に出会ったことがないことが考えられ、特に救急医療に配属されたばかりの医師であればなおさらである。しかし悲しいことに、医師たちはおそらく児童虐待のケースには遭遇するに違いなく、骨粗しょう症に対して同じように診断を下す可能性が高い。
骨粗しょう症には少なくとも8つのタイプがあり、重症度や症状が異なることも診断を複雑にしている。極端なケースでは、出生前の赤ちゃんが骨折することもある。症状の異なる骨粗しょう症は、異なる遺伝子の変異が原因となっている。最も一般的なものはコラーゲンの異常である。コラーゲンは、骨の柔軟性を維持するのに重要なタンパク質である。私たちは、骨はとても硬いものだと思いがちだが、ある程度の柔軟性を持っていることが重要であり、そのため外からの力に対して、折れるのではなく曲がって応じることができる。これは、子どもに枯れ木には登らないように教えるのと同じことである。枯れ木は乾燥して柔軟性がないため、しなやかに曲がる生木の枝に比べて簡単に折れてしまうからだ。
ほとんどの骨粗しょう症の場合、遺伝子の1コピーだけに変異が起きている。この場合、もう一方のコピー（私たちは両親から1コピーずつ遺伝子を受け取るので）は正常である。しかし、正常な1コピーを持つだけでは、有害な遺伝子の影響を補うには十分ではない。もし1コピーの遺伝子の変異だけで

病気が起きるのであれば、子どもだけではなく、変異の入ったコピーを渡した片親にも同じ病気の症状が現れるはずである。しかし、その変異が卵や精子をつくり出す過程で入った変異であれば、両親には症状が見られず、子どもが病気の症状を示すことはあり得る。これは、重傷の骨粗しょう症のケースでよく見られる。このような場合、救急処置室で治療にあたった医師が、遺伝子の変異によって起きた症状だと認識するのは難しくなる。

しかし、もし医師が、赤ちゃんが骨粗しょう症を患っているかもしれないと疑った場合、それを確かめるために遺伝子診断を依頼することができる。遺伝子診断では、骨粗しょう症で変異が起きることが知られている遺伝子の配列解析を行う。科学者たちは患者の詳細な症状を見て、患者が骨粗しょう症のどのタイプかを決めるために、どの遺伝子の配列解析をするか優先順位をつける。そして、最も可能性の高い遺伝子の配列を調べて、頑丈な骨の形成に欠かせないタンパク質を変化させている変異を探す。

このような解析はたいていうまくいく。しかし、典型的な骨粗しょう症の症状をすべて示しているにもかかわらず、この病気との関与が知られているタンパク質の遺伝子中に、アミノ酸配列を変化させるような変異が見つからない患者が必ずいる。これは、韓国の少数の家族で見つかった、特殊な骨粗しょう症[*1]の原因を究明しようとした科学者たちがまさに直面した問題である。このタイプの病気では、骨折のパターンは典型的だが、とても奇妙な後遺症が見られる。骨折、あるいは骨折を治療するための医療的な介入によって骨が損傷を受けると、患者の体は異常な反応をするのだ。損傷した部位のまわりに多量のカルシウムが蓄積し、X線で見てもはっきりわかるような構造がつくられる。

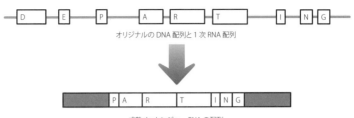

図16.1 アミノ酸コード領域がスプライシングによってつなぎ合わせられた後でも、RNA分子の始めと終わりの部分にジャンクRNAが残されて存在している。

同時期に別の研究者たちは、同じような珍しい骨粗しょう症の症状を持つドイツ人の子どもを調べていた。驚くことに、韓国とドイツでの病気は、両方ともまったく同じ変異が原因で起きていたのである。それぞれの両親から受け継いだ30億塩基対の中のたった1塩基対だけが変化していた。この病気の原因となった変化は、遺伝子のアミノ酸をコードする領域の変化ではなかった。それはジャンクDNAの変化だったのである。

▼始まりと終わり

ジャンクDNA領域に起きた変異については、すでに本書の中でいくつも紹介してきた。また第2章では、タンパク質コード遺伝子がモジュールによって構成されていることを説明した。最初にすべてのモジュールはメッセンジャーRNAにコピーされ、その後でさまざまなモジュールがつなぎ合わされる。その際、タンパク質をコードしていない領域は「スプライシング」の過程で取り除かれる（24ページ参照）。

しかし、つねに成熟したメッセンジャーRNAに残るジャンクDNA領域が2つある。これらの領域は**図2・5**で示して

いるが、もう一度**図16・1**で示す（灰色の部分）。メッセンジャーRNAの始めと終わりにあたるこれらの領域はタンパク質に翻訳されることはないため、非翻訳（untranslated）領域とよばれている。[*2]通常これらの領域はタンパク質のアミノ酸配列には寄与していないが、実際には、これらの領域がタンパク質の発現調節やヒトの健康や病気に寄与する、新しいしくみが明らかになってきている。

韓国の研究者たちは19人の骨粗しょう症の患者のDNA配列を解析した。そのうち13人は病気を持つ3つの家系の患者で、残りの6人は単独で症状を示した患者である。19人のいずれの患者も、ある特別な遺伝子[*3]において、タンパク質コード領域の上流に位置する非翻訳領域の中に、C塩基からT塩基への変化を持っていたのである。この変化は、メッセンジャーRNAのタンパク質コード領域の始めからちょうど14塩基離れた場所にあった。このCからTへの変化は、病気の症状を示さない家族や、同じ民族的背景を持ち血縁関係のない200人には見つからなかった。[3]

ほとんど同じ時期に、約8000キロメートル離れたドイツにおいて、同じタイプの骨粗しょう症を患う14才の女の子ともうひとり別の患者で、まったく同じ変異が見出された。どちらのケースも新しく現れた突然変異だった。両親にはこの変異は存在せず、卵や精子の形成過程で生じたと考えられる。[4]科学者たちは病気を持たない5000人以上のゲノムの同じ領域を解析して、誰もこの変化を持っていないことを明らかにした。

図16・1に示されたメッセンジャーRNAには、少々悩ましい点がある。図の中ではタンパク質コード領域と非翻訳領域が区別して描かれているので、お互い違っているように見える。しかし、実際の細胞内では、どちらもRNA塩基から構成されているので、配列レベルでは同じように見える。

英語に堪能な人であれば、次の文は簡単に読み解ける。

Iwanderedlonelyasacloud

たとえすべての単語がつながっていたとしても、私たちは個々の単語の始めと終わりを区別できる。これは細胞でも同じであり、メッセンジャーRNAの非翻訳領域とアミノ酸コード領域の違いを見分けることができるのだ。

メッセンジャーRNAを翻訳してタンパク質をつくり出す過程は、第11章で見てきたようにリボソームで行われる。メッセンジャーRNAは、分子の先頭の部分からリボソームの中に送り込まれる。リボソームがAUGという特別な3塩基の配列を読むまで何も起こらない（第2章で説明したように、DNAのT塩基は、RNAの中では微妙に異なったUとよばれる塩基に置き換えられている）。この配列は、「ここからアミノ酸をつなげてタンパク質をつくり始めなさい」という、リボソームへの合図になる。先ほどの例を使うと、次のような文章を見ているようなものである。

dbfuwjrueahuwstqhwIwanderedlonelyasacloud

大文字のIが適切な文章を読み始めるための合図の役目を果たし、翻訳開始の合図であるAUGと同じ意味を持っている。

図16.2 メッセンジャーRNAの開始部分の、タンパク質に翻訳されないジャンク領域における変異は、リボソームの誤った認識を引き起こす。リボソームはアミノ酸の連結を早くに開始してしまい、始めの部分に余計なアミノ酸配列が付加されたタンパク質がつくられる。

　韓国とドイツの骨粗しょう症の患者の遺伝子では、非翻訳領域の中のACGという配列がATGに（結果としてRNAではAUGに）変化してしまったのである。その結果、リボソームは本来の翻訳開始部分よりも上流・・からタンパク質合成を始めてしまうことになる。この状況について図16・2に示している。

　これは、ジャンクRNAがタンパク質コードRNAに変えられてしまうという奇妙な現象につながり、結果として、正常なタンパク質の始めの部分に、図16・3に示すように余計な5アミノ酸がつけられることになる。このタイプの骨粗しょう症の原因となっているタンパク質は、細胞の内側に残る部分と外側に出る部分を持っている。ジャンクDNAの変化は、細胞の外側に出ているタンパク質の部分に余計な5アミノ酸を付加することになる。

　この5アミノ酸がなぜ病気の原因になるのかについては、完全にはわかっていない。齧歯類を使った実験によって、このタンパク質が多くても少なくても骨に

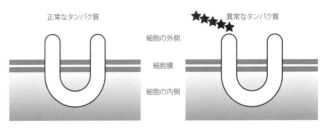

図16.3 Uの形をしたタンパク質（左）について、変異体（右）では、始めの部分に余計な5アミノ酸（★）を持っている。これらの余計なアミノ酸は、おそらくこのタンパク質に結合するほかの分子との結合に影響を及ぼす。

異常が出ることが示されており、細胞が適正な量のタンパク質を持つことが重要であるという点でははっきりしている。余計な5アミノ酸がつけられている場所は、このタンパク質が、骨細胞に信号を伝えるほかのタンパク質や分子と結合すると予想される部分にあたる。これらの余計な5アミノ酸は、ほかの分子と結合するこのタンパク質の正しい応答を妨げているのかもしれない。これは、火災報知機にガムをつけて正常な作動を妨げるようなものである。

遺伝子開始部分の非翻訳領域内の変異が原因で起きる病気は、骨粗しょう症だけではない。悪性の皮膚がんであるメラノーマの約10％の症例では遺伝的要因が強く関わっており、そのような症例の中に、骨粗しょう症における状況ととてもよく似た変異が見つかっている。遺伝子開始部分の非翻訳領域内の1塩基の変化によって、メッセンジャーRNAの中に異常なAUGがつくられているのだ。その結果、リボソームは本来の開始部分よりも前からタンパク質合成を始めてしまうことになる。先頭に余計なアミノ酸を持つタンパク質が異常な振る舞いをして、その結果がん化のリスクが高くなるというわけだ。

ここでも、数少ないデータをもとにして何らかのパターンを見つけようとするのには注意が必要だ。遺伝子開始部分の非翻訳領域に起き

た変異が、すべて新しいアミノ酸配列をつくり出すわけではない。たとえば基底細胞がんという、メラノーマと比べて悪性度の低い場合が多い別の皮膚がんでは、やはり遺伝的要因が強く関わっている。この皮膚がんを発症したある父親とその娘において、まれな変異が見つかっている。

ある特定の遺伝子の開始部分の非翻訳領域には、通常CGGという配列の7回繰り返しが含まれている。皮膚がんを発症した父親と娘では、このCGGが1コピー余計に存在している。7回ではなく8回の繰り返し配列を持つことによって、彼らは皮膚がんにかかりやすくなったのだ。この変異によって、遺伝子にコードされたタンパク質のアミノ酸配列は変化していない。その代わり、余計な3塩基が存在することで、リボソームによるそのメッセンジャーRNAの扱い方が変わってしまったように見える。詳しいしくみについてはまだ明らかになっていないが、結果的に患者の細胞におけるこのタンパク質の発現量は、健常な人の細胞に比べてずっと少なくなっている[7]。

がんは多段階の変化で起きる病気である。遺伝子開始部分の非翻訳領域に起きたこれらの変異によって、確かに患者はがんにかかりやすくなるが、おそらく細胞にほかの出来事も起きて、その結果成熟したがんになったのだと考えられる。

▼はじまりは変異だった

ここまで読んできた読者は、遺伝子開始部分の非翻訳領域における遺伝的な変異が、直接病変を引き起こすような例をすでに知っているはずだ。それは、脆弱X症候群による精神遅滞である（27ページ参照）。この病気の原因が、変わった変異だったということを思い出してほしい。CCGという3

塩基対からなる配列が、本来あるべき数をはるかに超えて繰り返される。この繰り返しは50コピー程度までが正常な範囲内だと考えられている。50～200コピーの場合、通常は病気を発症することはないが、反復配列の数がいったんこの範囲になってしまうと、この反復配列はとても不安定になる。細胞分裂の際にDNAをコピーする細胞内装置が、この反復配列を正確に数えてコピーすることが難しくなり、その結果、反復配列の数が細胞分裂のたびに増えてしまうのだ。もしこれが卵や精子などの配偶子を形成する際に起きると、子どもは数百、あるいは数千もの反復配列をこの遺伝子の中に持つことになり、脆弱X症候群を発症することになる[8]。

反復配列の数が長くなるほど、脆弱X遺伝子の発現は低くなる。第9章で見てきたように、これはエピジェネティック機構との相互作用によって起きる（159ページ参照）。私たちのゲノムの中でCの後にGが続くと、そのCには小さな修飾（メチル基）が付加され得る。これはCGモチーフが高密度に存在しているときに最も起こりやすい。脆弱X遺伝子の中で増幅されたCCG反復配列は、まさにこのような状況に合致する。脆弱X遺伝子の開始部分の非翻訳領域は、患者の細胞の中で高度に修飾され、遺伝子のスイッチはオフになる。脆弱X症候群の患者ではこの遺伝子からメッセンジャーRNAはつくられず、結果としてタンパク質もつくられない。

このタンパク質が失われたことによる患者への影響は深刻である。患者は知的障害だけでなく、自閉症で見られるような兆候を示し、その中には社会性の問題も含まれる。患者によっては異常に活発だったり、けいれんを起こしたりする場合もある。

当然、このタンパク質が通常は何をしているのか知りたいと思うだろう。かなり複雑な臨床所見は、

このタンパク質が複雑な経路に関わっていることを示唆しており、この考えは正しいように思われる。第2章で見てきたように、脆弱Xタンパク質は通常、脳の中でRNA分子と複合体を形成している。実際に神経細胞で発現されているメッセンジャーRNAの約4％を標的としており、[9] メッセンジャーRNA分子に結合すると、脆弱Xタンパク質はそれらの翻訳にブレーキをかけるような働きをする。つまり、そのメッセンジャーRNAの情報を使って、リボソームが多量のタンパク質分子をつくり出すのを抑えているのだ。[10]

このような遺伝子発現制御における付加的なシステムは、特に脳の機能にとって重要なように思える。脳は格段に複雑な器官であり、私たちが最も興味を持っている細胞は神経細胞（ニューロン）である。私たちが脳細胞というとき、たいていはこの神経細胞のことを指している。ヒトの脳には膨大な数の神経細胞が存在し、最近の見積もりでは850億を超えると推測されている。[11] ひとつの脳には、地球上の人口の12倍もの数の神経細胞が含まれているのだ。人が、友人、知人、恋人、家族、ライバル、というような複雑なネットワークをつくっているのと同じように、神経細胞もお互い結びついている。驚くべきことは、莫大な神経細胞間の連結の程度である。神経細胞は突起を伸ばして連結することで膨大なネットワークを形成し、つねにお互いの反応や活動に影響を及ぼし合っている。連結の正確な数を推定するのはとても難しいが、おそらく個々の神経細胞はほかの神経細胞との間に、少なくとも1000個の連結を形成していると推定されている。この推定に基づくと、私たちの脳は少なくとも85兆の異なる連結点を含んでいることになる。[12] この数を考えると、フェイスブックによってつくられるネットワークもちっぽけなものに思えてしまう。

このような連結を正しくつくり上げるのは、脳にとって膨大な作業である。大学に通い始めて最初の週に会った友人のうち、気の合う友人とは頻繁に会うようにしながら、その一方で気の合いそうにない風変わりな友人と会うのは避けるような場合を想像してみたらよい。連結がつくられたら、環境やほかの神経細胞の活動に対して複雑に応答しながら、その連結を強めたり、逆に切断したりする。通常の状況下で、脆弱Xタンパク質が結合する多くの標的メッセンジャーRNAは、こういった神経細胞の可塑性の維持に関与しており、それらの働きで神経細胞が連結点を強くしたり切断したりすることができる。[13]脆弱Xタンパク質が発現されないと、標的メッセンジャーRNAのタンパク質への翻訳が効率よくなりすぎてしまう。これは神経細胞の可塑性を台なしにして、患者に見られるような神経学的な問題につながる。

最近研究者たちは遺伝的操作を施した実験動物を使って、この情報が脆弱X症候群の治療に使える可能性があることを示した。脆弱Xタンパク質を持たないマウスは、空間記憶や社会的な相互作用に対する障害を示す。抜け道を覚えられず、仲間のマウスとコミュニケーションが取れないようなマウスは長生きできない。研究者たちはこのマウスを使って、通常であれば脆弱Xタンパク質によって制御されている重要な遺伝子について、その発現レベルを下げるような遺伝的操作を施した。この実験を行ったところ、そのマウスに明らかな改善が見られたのである。空間記憶は改善され、周囲のマウスに対しても自然な振る舞いができるようになった。脆弱X症候群のモデルマウスに通常見られるようなけいれんの頻度も減少したのだ。

このような症状の改善は、マウスの脳内で見られた変化とも一致する。[14]正常な脳の神経細胞には、

マッシュルームに少し似た形の突起があり、これは強くて成熟した連結の特徴となっている。脆弱X症候群の患者やモデルマウスの神経細胞ではこの突起がほとんどなく、長くて未熟な連結が数多く見られる。しかし、遺伝的な操作を施したマウスでは、マッシュルーム様の突起が増え、未熟な連結が減少していたのである。

この研究結果の最も素晴らしい点は、いったん病気を発症した後でも神経機能を改善させられる、ということを示唆していた点である。遺伝的な研究手法をヒトに用いることはできないが、これらのデータは、同じような効果を持つ薬を探して、脆弱X症候群の患者の治療を試みる十分な価値があることを示唆している。この病気は最も一般的に見られる遺伝性の精神遅滞であり、もし治療法が開発されれば、患者本人にとっても社会にとってもその恩恵ははかりしれない。

▼もう一方の端

本書の最初の方で見てきたように、遺伝子のもう一方の端で3塩基配列が増幅してもヒトの病気の原因になる。最もよく知られた例は筋緊張性ジストロフィーであり、この病気は遺伝子の終わりに近い非翻訳領域におけるCTGの繰り返しの増幅が原因で起きる。反復配列の数が35回以上になると病気に関連した症状が現れ、その数が多くなればなるほど症状は重くなる[15]。

筋緊張性ジストロフィーは、機能獲得型とよばれる変異の一例である。脆弱X症候群における増幅のおもな影響は、そのメッセンジャーRNAの産生を止めることであった。しかし、これは筋緊張性ジストロフィーの場合とは異なる。変異の入った筋緊張性ジストロフィー遺伝子のスイッチはオン

になっており、端に大きな増幅配列を持ったメッセンジャーRNA分子がつくり出される。メッセンジャーRNAの中に存在するCUG反復配列（RNAではTがUに置換されることを思い出してほしい）が病気の症状の原因になる。図2・6（32ページ）を見返せば、どのようにこれが起きているのか理解できるだろう。増幅された反復配列は磁石のような働きをして、その配列に結合する特定のタンパク質を吸収してしまうのだ。

図16・4に再度示すように、筋緊張性ジストロフィーではジャンクDNAが注目すべき役割を果たしている。ジャンクである非翻訳領域のCTG増幅がRNAにコピーされると、その場所に、ある重要なタンパク質[*4]が異常なほど大量に結合してしまうのである。通常このタンパク質は、DNAからRNAコピーがつくられた後で、アミノ酸コード領域の間に存在するジャンクDNA（イントロン）を取り除く、スプライシングの過程に関与している。筋緊張性ジストロフィー遺伝子からコピーされたメッセンジャーRNAの非翻訳領域に、このタンパク質が大量に引き寄せられて離れられなくなってしまうと、このタンパク質の本来の機能が果たせなくなってしまう。その結果、別の遺伝子から産生された多数のRNAを正しく制御できなくなってしまうのだ。

結合タンパク質の減少は、その遺伝子と筋緊張性ジストロフィー遺伝子の両方を発現しているあらゆる組織で起こるため、それが筋ジストロフィーの患者に多様な症状が現れる理由だと考えられる。1か0かというような状況ではなく、残されたバラバラな量の結合タンパク質が、標的遺伝子の制御を不完全ながらしているのかもしれない。残される結合タンパク質の量は、増幅のサイズや、筋緊張性ジストロフィー遺伝子と結合タンパク質の相対量に依存するのだろう。[16]

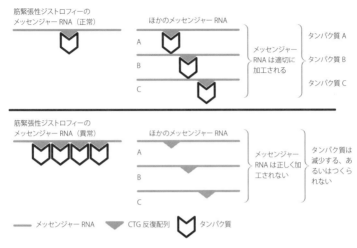

図16.4 筋緊張性ジストロフィーのメッセンジャーRNAで反復配列が増幅し、その反復配列に過剰にタンパク質が結合すると、本来そのタンパク質によって制御されるはずのほかのRNA分子からそのタンパク質を奪い取ることになる。その結果、ほかのメッセンジャーRNAはもはや正常に加工されなくなり、それらのRNAからつくり出されるべきタンパク質の産生が阻害される。

結合タンパク質の不足によって最終的に影響を受けるタンパク質について、もう少し詳しく見る価値があるだろう（図16・4の中のタンパク質A、B、C）。最もよく影響が確かめられているのは、インスリン受容体[17]、心臓のタンパク質、塩化物イオンの膜輸送に関わるタンパク質[18]、骨格筋のタンパク質[19]である。インスリンは筋肉量の維持に必要である。筋細胞がインスリンと結合する受容体を十分に発現しなかったら、筋細胞は衰弱し始めるだろう。また、心臓のタンパク質は、心臓が正しい電気的特性を持つために重要なことがわかっている[20]。骨格筋における塩化物イオンの細胞膜を介した輸送は、筋肉の収縮と弛緩のサイクルに重要である。したがって、これらのタンパク質をコードするメッセンジャーRNAの加工過程に欠陥があるということは、筋緊張性ジストロフィーで見られるいくつかの主要な症状

と合致している。たとえば、筋肉の衰弱、心臓の拍動異常による突然死、筋収縮の後、弛緩が困難になるなどの症状である。

筋緊張性ジストロフィーは、人の健康と病気におけるジャンクDNAの重要性を示す貴重な一例である。変異はタンパク質コード遺伝子からつくり出されたメッセンジャーRNAに存在しているが、その変異はタンパク質自体にはほとんど影響を与えていない。その代わり、RNAの変異領域自身が、ほかのメッセンジャーRNAからジャンク領域を取り除くスプライシング過程を変化させ、病気を引き起こす原因となっているのだ。

▼「AAAAAAAA……」の尻尾

タンパク質をコードするメッセンジャーRNAの端にある非翻訳領域は、通常たくさんの機能を持っている。最も重要な機能のひとつは、すべてのメッセンジャーRNA分子に影響を与える。そもそも、DNAをコピーしただけのただのメッセンジャーRNAは、細胞の中で素早く分解されてしまう。おそらくこの分解の過程は、ある種のウイルスを急速に取り除くために進化してきたと考えられている。このような急速な分解を回避し、さらに、そのメッセンジャーRNAがタンパク質に翻訳される十分な時間細胞内にとどまっていられるように、DNAからコピーされたメッセンジャーRNA分子は、すぐにその端にたくさんのA塩基が付加されるのだ。この過程を**図16・5**にまとめてある。通常、哺乳動物のメッセンジャーRNAの端には約250個のA塩基がつけられている。この修飾はメッセンジャーRNAの安定性に重要であるだけでなく、メッセンジャーRNAを核から

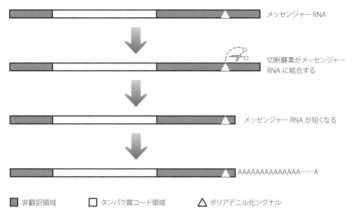

図16.5 メッセンジャーRNAの終わりの部分にある非翻訳領域は、RNAを切断する酵素（ハサミで示している）をよび寄せる。この酵素は非翻訳領域の特定の部分（ポリアデニル化シグナル、△で示している）に結合し、少し離れた場所でRNAを切断する。メッセンジャーRNA分子の切断された末端には、もともとのDNA配列にはコードされていないにもかかわらず、たくさんのA塩基が付加される。

　運び出して、タンパク質に翻訳する場所であるリボソームまで届ける輸送過程を保証している。

　メッセンジャーRNAの端の非翻訳領域には、この過程に関わる重要なモチーフがある。このモチーフは**図16・5**の中で△で示しており、「ポリアデニル化シグナル」とよばれている（A塩基はアデニンなので、多数のA塩基を付加することは「ポリアデニル化」とよばれる）。これは非翻訳領域のジャンクDNAの中にある6塩基の配列（AAUAAA）である。この配列は、メッセンジャーRNAを加工する際の合図として働く。酵素がこの6塩基のモチーフを認識して、少し離れた10～30塩基下流でメッセンジャーRNAを切断する。いったんメッセンジャーRNAがこのような方法で切断されると、別の酵素が複数のA塩基を付加できるようになる[*5]。

　同じ非翻訳領域内にこの6塩基のモチーフが何回も出てくることがある。細胞が使うべきモチーフをどうやって選んでいるのかについての詳細はわかっ

第16章　294

ていない。おそらく細胞内の別の因子による影響を受けているのだと考えられる。しかし、使用可能なモチーフが複数存在していることから、同じタンパク質をコードしていながら、多数のA塩基の前に存在する非翻訳領域の長さが異なる、数種類のメッセンジャーRNAがつくり出されることになる。これらの長さの異なるメッセンジャーRNAはそれぞれ安定性が異なり、異なる量のタンパク質を生み出すのだと考えられる。このしくみによって、つくるべきタンパク質の量をさらに微調整できることになる。[21]

IPEX症候群とよばれる珍しいヒトの遺伝病がある。*6 これは命に関わる自己免疫疾患で、体が自分自身の組織を攻撃して破壊してしまう病気である。小腸に並んだ細胞が攻撃され、その結果、子どもはひどい下痢と発育障害を引き起こす。ホルモンを生み出す腺も攻撃され、インスリンをつくり出せない患者は1型糖尿病になる。また、甲状腺が攻撃されることもあり、その場合は甲状腺の機能低下につながる。[22]

IPEX症候群の中には、ポリアデニル化シグナルの変異が原因で起きるまれな症例がある。この症例では、正常なAAUAAA配列の中の1塩基が変化してAAUGAAという配列になり、もはや切断酵素の標的部位として機能できなくなる。[23]

この変化が起きた遺伝子は、ほかの遺伝子のスイッチをオンにするタンパク質をコードしている。*7 このタンパク質は特定の免疫細胞*8を制御するのに必要とされている。一部の遺伝子では、たとえ6塩基モチーフの中の塩基が変化しても、同じ非翻訳領域内で近くに存在する正常な6塩基配列を使うことで、深刻な事態にはならないかもしれない。もちろん、つくり出されるタンパク質の量の微調整の

具合が少しくるうかもしれないが、IPEX症候群のような深刻な症状は現れないだろう。IPEX症候群における問題は、原因となる遺伝子の非翻訳領域に、ポリアデニル化シグナルとして機能するような6塩基モチーフがほかに含まれていないということである。非翻訳領域の6塩基モチーフに変異が起きると、メッセンジャーRNAを正しく切断できず、その結果A塩基の付加もできなくなるため、メッセンジャーRNAがとても不安定になる。このため細胞は、このメッセンジャーRNAにコードされたタンパク質をほとんどつくり出せなくなってしまう。このジャンクDNAのモチーフに起きた変異の影響は、タンパク質コード領域自身の変異と同じくらい深刻である。

研究者たちが、深刻な病気のまれな症例の原因となっている変異を見つけようと、メッセンジャーRNA分子の非翻訳領域を調べ始めるようになったのは、DNA配列の解読技術が安価になったかなり最近の話である。これから数年の間に、非翻訳領域の変異が疾患の原因となっているもっとたくさんの例が見つかるに違いない。このように楽観的な見通しが持てるのは、すでに研究者たちがもうひとつ別の例を見つけた可能性があるからだ。

筋萎縮性側索硬化症（ALS）は、運動ニューロン疾患、あるいはルー・ゲーリッグ病ともよばれるきわめて重篤な病気である。この病気では、筋肉の動きを制御する脳と脊髄の神経細胞（ニューロン）が徐々に死んでいく。患者はしだいに衰えて麻痺した状態に陥り、話す、飲み込む、あるいは呼吸することが困難になる。[24] 宇宙物理学者のスティーブン・ホーキングはALSの患者だが、かなり特殊な症例である。彼は21歳のときに初めてALSと診断されたが、ほとんどのALSの患者では中年になってから最初の症状が現れる。ホーキング博士の場合、症状を伴ったまま50年以上生きているが、悲し

いことにほとんどの患者は診断が下されてから5年以内に亡くなってしまう。ただし、この期間は優れた医療処置によってもっと延ばせるようになるかもしれない。

ALSに関して、私たちが理解していないことはまだたくさんある。家族性の症例は10%以下しかなく、そのほかの90%では、何らかの（未だ明らかにされていない）環境要因に遭遇したときに病気を発症しやすくなるようなDNAの変異が存在しているのかもしれない。一部の患者は、この病気に関する家族歴がなくても、それだけで病気を引き起こすのに十分な変異を持っている可能性も考えられる。そのような変異は、たとえば両親の卵や精子の中で生じたのかもしれない。[25]

ALSに関連する遺伝子のひとつに、家族性の症例の4%、非家族性の症例の1%の原因と考えられているものがある。*9・[26][27][28] この遺伝子が関わるとされた最初の症例はすべて、タンパク質コード領域の変異だった。現在、研究者たちは4つの異なる変異を、この遺伝子の端の非翻訳領域で見出している。これらの変異は、ほかに明らかな変異が見られないALS患者で見つかった。もちろんこれらは無害な変異である可能性もあるが、このような変異を持つ患者の細胞では、この遺伝子にコードされたタンパク質の細胞内局在やその発現量が異常になっている。こうした発見は、少なくとも非翻訳領域の変化が、メッセンジャーRNAを加工する過程やそのタンパク質自身の翻訳の異常につながり、その結果病気が引き起こされているということを示唆している。[29]

▼第16章 注

＊１ 骨形成不全症V型。

＊２ これらの領域は論文の中でUTRs（untranslated regions）とよばれる。メッセンジャーＲＮＡの始めの部分は5'UTRとよばれ、メッセンジャーＲＮＡの終わりの部分は3'UTRとよばれる。

＊３ この遺伝子は*IFITM5*とよばれる。

＊４ このタンパク質はMBNL1（Muscleblind-like1）とよばれる。

＊５ これらのＡ塩基の鋳型に相当する配列がゲノムＤＮＡには存在していないので、これは鋳型非依存性の変化として知られている。

＊６ IPEXは「Immunodysregulation, Polyendocrinopathy, Enteropathy, X-linked」を表している。

＊７ FOXP3とよばれる転写因子。

＊８ 制御性Ｔ細胞（regulatory T cells）。

＊９ この遺伝子はＦＵＳ（Fused in Sarcoma）とよばれる。

第17章

なぜレゴはエアフィックスの模型より優れているのか

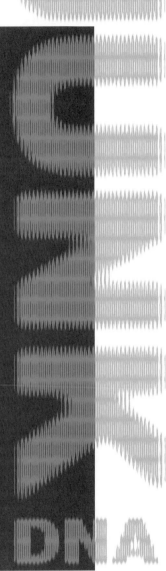

第17章　なぜレゴはエアフィックスの模型より優れているのか

模型づくりは子どもだけでなく大人にも人気がある。模型のつくり方はいろいろあるが、ここでは両極端な2つの例を見てみよう。ひとつはイギリスで30年以上にわたって最もポピュラーなエアフィックス社の模型キットである。飛行機、戦艦、戦車、あるいはあなたが思いつくような物なら何でも、それぞれの模型専用の小さなプラスチックの部品を説明書と一緒に入手することができる。キットを手に入れた人は、部品を接着し、色を塗り、できあがった作品を手で動かしたり、何年も大事に飾ったりしてきた。

もうひとつの極端な例は、世界中で使われていて私も大好きなオランダのおもちゃ、レゴである。いまではたくさんの種類のレゴ・キットが販売されているが、そのコンセプトはいまも昔も同じである。部品の種類は比較的限られており、ユーザーはそれらの部品を好きなように結合させ模型をつくることができる。できあがった模型はいつでも元の部品に分解し、また別の模型をつくるためにその部品を再利用できる。

細菌のような単純な生物は、エアフィックスの模型のような生き方をする傾向がある。彼らの遺伝子はかなり型通りで、ひとつずつのタンパク質をコードしているにすぎない。生物が複雑になればな

るほど、ゲノムはよりレゴに似てくるようになり、部品の使い方の柔軟性が非常に大きくなる。私たちヒトがいかに並外れた生物かを考えるとき、最近の映画「LEGO®ムービー」にちなんで、ゲノムレベルで見たら「何もかもすごい（Everything is awesome）」というのがふさわしいように思える。[*1]

このような柔軟性をもたらす最も重要な現象が「スプライシング」である。図2・5（26ページ）のように、私たちの細胞は、スプライシングによってひとつの遺伝子から複数の関連したタンパク質をつくり出すことができる。遺伝子の部品を多様な方法で使うことができると、その生物にはかりしれない柔軟性と可能性をもたらす。おそらく次のような数字を見れば、その多様性の程度を想像することができるだろう。ヒトの遺伝子は平均して8個のアミノ酸コード領域（エキソン）を含んでおり、それぞれひと続きのジャンクDNA（イントロン）で隔てられている。[1] ヒトの遺伝子の少なくとも70％は、2種類以上のタンパク質をつくり出すことが明らかにされている。これは異なるアミノ酸コード領域をつなぎ合わせることによって成し遂げられる。図2・5で紹介したDEPARTINGの例を使えば、私たちの細胞はDARTタンパク質と同時に、TINタンパク質をつくることもできる。このようにひとつの遺伝子から異なるタンパク質をつくるしくみは「選択的スプライシング」とよばれている。

アミノ酸をコードする領域は、介在するジャンク領域（イントロン）に比べて短い。アミノ酸をコードするひと続きの領域は平均して約140塩基対程度だが、それらは数千塩基対もの長さのイントロンに挟まれて存在することもある。[2] 遺伝子の約90％は介在するジャンク配列であり、アミノ酸コード配列ではない。もしこの状況を英語の文章で考えたら、すぐに細胞が直面している問題を理解できる

lqrrtliruienvjbhghadbwnfqwrhvierhbtuehufjebjxmbmvnkbnvmnnlehaboiwhebrijjjoovburunvrmwvmwuhtyghdlsqppjfn
bjcbbvfxkmxmsfdhdhjfkmjmljllgnhjwekvfdhbutfjvnytuututriobvbvmcncnmzxmciiwerbfnjcxegnxwcbeihfcnzihxbhnzxmx
kmjvbecgfvbchvgcbfdncmxkmazkjcfhcbnxzkxcfbvworldfbcdnxszmxcjhgbvfcnhadxxncvfcxszxchahfgevbgbuhruhtieiyuo
yttirqrutiopqwieueoiwpvbkvbncmzxmxcbnvskdkjfhgfdgueriwruytreiwohfghjxncbnvnxcmzncbvjfhgfjdskafgeriowuryteri
owiurghjfkdbhnrgithniewdhubhnfrijbnjiehrbhntjigvfnjdewhfbnjfrunijbdehfurbgbugjnfeidjwncdkmwokxnicdefjgrubh
dceofvingnkmokokokkokkonbvcxxcfvcxzcrxcyfvmgbmvncbxvbdcnmvbhmoibnuvevxbencmorvbmbnvcxbnmcvbnvucxnj
bvnjcdiwbcndiwbhnjfnbhvnjnnfdbhubhcudebhvbhncjnbnhjitokmkyojnbgovfnjchduxsvgtfcrfwvgdbuehrnbtkmbkvfmndi
uhvswfdvhugnhkhongefhdvydefghtnjhjkmkimjoenoughkhtgnjfdewbrkjum,imojhgijrfbdwsfraxeswwzexrdxsessxdxdxdrc
xdrcdcfcfctgvbyhnmkmplkmjhyugthkyhljukhgfrdefrngmbhnmhbvdxbdntocmvgbngvfdxsbnmfvgbhomgvfdbwnxfjghun
gvfijunjcefhubhnrgithniewdhubhnfrijbnjiehrbhntjigvfnjdewhfbnjfrunijbdehfurbgbugjnfeidjwncdkmwokxnicdefjgrubh
ubfrhdwsbhuxsncidfergijhgbufhewdydrinkvsgdfbibhnbjvifdcbhndijfandvnjokcdsnqjuhdvfgyhudbcijwnmokmcdokfvmob
ghmnokjmknhkbgmrfdjwinshuwbgvtfcdxftcdbuvfjmkfmnvjdbcdfbgkfdnhcdvtimefghrufncdsoibcvhufbdjnvjgbijvfbdchh
bchvjncdoxnoksmocnivifcndnicdnvfnjvfncmxxnxnuyuyfjdnmoqwhufhyrgyehdunequmjpufruifrubdjbuhcnuher

輝かしい詩の一行がこの中のどこかにある……

図17.1　ちょっとだけ見てみよう。誰かの心をとらえる文章を見つけられるだろうか？

だろう。

いまあなたが、同じクラスのあるグループの人たちに憧れを抱いているとしよう。彼らは詩が大好きだということを聞いていて、できれば彼らの気を引きたいと思っているが、あなたはいつも国語の授業をサボっていて、なかなかきっかけがつくれない。友人のひとりが気を利かせて、あなたに素晴らしい詩の最初の一節が書かれた紙をくれる。ただ、その友人はちょっと変わっていて、なぜか詩の一節をバラバラにして、わけのわからない大量の文章の中に埋めてしまった。憧れている人たちの気を引くために、あなたは数秒でその中から詩の文章を探し出し、声を大にしてその詩を読み上げなくてはならない。できるだろうか？　試しに図17・1を一瞬だけ見て、詩の一節を探してほしい。

これは、私たちの細胞がつねにしていることである。細胞の中の装置は、一見すると意味不明な長いひと続きの文章を解析して、ほとんど瞬時に隠された言葉を探し出してそれらをつなぎ合わせている。図17・2を見たら、細胞の中の知能を持つはずのないタンパク質に、あなたが対抗できたかどうかわかるに違いない。

ランダムに文字を並べた長い文章の中にも、偶然単語になるような組み合わせが出てくることがある。たとえばこの詩をプロポーズに使うと

lqrrtliruienvjbhg**<u>had</u>**bwnfqwrhvierhbtuehufjebjxmbmvnkbnvmnnlehaboiwhebrijjjoovburunvrmwwmwuhtyghdlsqppjfn
bjcbbvfxkmxmsfdhdhjfkmjmljllgnhj**<u>we</u>**kvfdh**<u>but</u>**fjvnytuututriobvbvmcncnmzxmciiwerbfnjcxegnxwcbeihfcnzihxbhnzxmx
kmjvbecgfvbchvgcbfdncmxkmazkjcfhcbnxzkxcfbv**<u>world</u>**fbcdnxszmxcjhgbvfcnhadxxncvfcxszxchcahfgevbgbuhruhtieiyuo
yttirqrutiopqwieueoiwpvbkvbncmzxmxcbnvskdkjfhgfdgueriwruytreiwohfghjxncbnvnxcmzncbvjfhgfjdskafgeriowuryteri
owiurghjfkdnbvncmxncbvnxmcznbcnmxcnbfghjerguitaroeiwuytirohgfkdlsxmcdkemcknjbhbhuvdmkmxwokszlpazqaqlxp
dceofvingnkmokokokkokkonbvcxxcfvcxzcrxcyfvmgbmvncbxvbdcnmvbhmoibnuvevxbencmorvbmbnvcxbnmcvbnvucxnj
bvnjcdiwbcndiwbhnjfnbhvnjnnfdbhubhcudebhvbhncjnbnhjitokmkyojnbgovfnjchduxsvgtfcrfwvgdbuehrnbtkmbkvfmndi
uhvswfdvhugnhkhongefhdvydefghtnjhjkmkimjo**<u>enough</u>**khtgnjfdewbrkjum,imojhgijrfbdwsfraxeswwzexrdxsessxdxdxdrc
xdrcdcfcfcftgvbyhnmkmplkmjhyugthkyhljukhgfrdefrngmbhnmhbvdxbdntocmvgbngvfdxsbnmfvgbhomgvfdbwnxfjghun
gvfijunjcefhubhnrgijthniewdhubhnfjrijbnjiehrbhntjigvfnjdewhfbnjfrunijbdehfurbgbugjnfeidjwncdkmwokxnicdefjgrubh
ubfrhdwsbhuxsncidfergijhgbufhewdydrinkvsgdfbibhnbjvifdcbhndijf**<u>and</u>**vnjokcdsnqjuhdvfgyhudbcijwnmokmcdokfvmob
ghmnokjmknhkbgmrfdjwinshuwbgvtfcdxftcdbuvfjmkfmnvjdbcdfbgkfdnhcdv**<u>time</u>**fghrufncdsoibcvhufbdjnvjgbijvfbdchh
bchvjncdoxnoksmocnivifcndnicdnicdnvfnjvfncmxxmxmxnuyuyfjdnmoqwhufhyrgyehduhequmjpufruifrubdjbuhcnuher

最もロマンチックで誘惑的な英文詩の最初の一行
“Had we but world enough and time（もし十分な世界と時間がありさえしたら）”
アンドリュー・マーヴェル「はにかむ恋人へ（To His Coy Mistress）」より

図17.2　太字で下線を引いた単語ならきっとうまくいくだろう。

lqrrtliruienvjbhg**<u>had</u>**bwnfqwrhvierhbtuehufjebjxmbmvnkbnvmnnlehaboiwhebrijjjoovburunvrmwwmwuhtyghdlsqppjfn
bjcbbvfxkmxmsfdhdhjfkmjmljllgnhj**<u>we</u>**kvfdh**<u>but</u>**fjvnytuututriobvbvmcncnmzxmciiwerbfnjcxegnxwcbeihfcnzihxbhnzxmx
kmjvbecgfvbchvgcbfdncmxkmazkjcfhcbnxzkxcfbv**<u>world</u>**fbcdnxszmxcjhgbvfcn***<u>had</u>***xxncvfcxszxchcahfgevbgbuhruhtieiyuo
yttirqrutiopqwieueoiwpvbkvbncmzxmxcbnvskdkjfhgfdgueriwruytreiwohfghjxncbnvnxcmzncbvjfhgfjdskafgeriowuryteri
owiurghjfkdnbvncmxncbvnxmcznbcnmxcnbfghjerguitaroeiwuytirohgfkdlsxmcdkemcknjbhbhuvdmkmxwokszlpazqaqlxp
dceofvingnkmokokokkokkonbvcxxcfvcxzcrxcyfvmgbmvncbxvbdcnmvbhmoibnuvevxbencmorvbmbnvcxbnmcvbnvucxnj
bvnjcdiwbcndiwbhnjfnbhvnjnnfdbhubhcudebhvbhncjnbnhjitokmkyojnbgovfnjchduxsvgtfcrfwvgdbuehrnbtkmbkvfmndi
uhvswfdvhugnhkhongefhdvydefghtnjhjkmkimjo**<u>enough</u>**khtgnjfdewbrkjum,imojhgijrfbdwsfraxeswwzexrdxsessxdxdxdrc
xdrcdcfcfcftgvbyhnmkmplkmjhyugthkyhljukhgfrdefrngmbhnmhbvdxbdn***<u>to</u>***cmvgbngvfdxsbnmfvgbhomgvfdbwnxfjghun
gvfijunjcefhubhnrgijthniewdhubhnfjrijbnjiehrbhntjigvfnjdewhfbnjfrunijbdehfurbgbugjnfeidjwncdkmwokxnicdefjgrubh
ubfrhdwsbhuxsncidfergijhgbufhewdy***<u>drink</u>***vsgdfbibhnbjvifdcbhndijf**<u>and</u>**vnjokcdsnqjuhdvfgyhudbcijwnmokmcdokfvmob
ghmnokjmknhkbgmrfdjwinshuwbgvtfcdxftcdbuvfjmkfmnvjdbcdfbgkfdnhcdv**<u>time</u>**fghrufncdsoibcvhufbdjnvjgbijvfbdchh
bchvjncdoxnoksmocnivifcndnicdnicdnvfnjvfncmxxmxmxnuyuyfjdnmoqwhufhyrgyehduhequmjpufruifrubdjbuhcnuher

もし**正しい**単語と*間違った*単語を選んで組み合わせたら、
文章はかなり違ったものになるだろう。
たとえば、“Had we but had enough to drink（もししたたかに酔っぱらえたら）”というように。

図17.3　ダメだ！　最悪の組み合わせだ！

きに、間違って偶然出てきた単語を台なしにしてしまうかもしれない。**図17・3**はどうしてそのようなことが起きるか示している。

このようなちょっと変わった例を使うことで、RNA分子を正しくスプライシングする際に、私たちの細胞内装置が直面している問題の一端を理解することができる。スプライシングの工程には、**図17・4**に示した要素が含まれる[3]。この図で示した要素に加えて、異なる細胞は同じ遺伝子を異なる様式で扱っているということを理解することが重要である。細胞種に応じて、また、そのとき細胞に何が起きているかによって、この工

発見	アミノ酸をコードする領域を見つけ出す
無視	アミノ酸をコードしていない領域を無視する（たとえよく似たように見える疑似領域であっても）
選択	つなぎ合わせるアミノ酸コード領域を選択する
結合	正しい領域をつなぎ合わせてメッセンジャーRNAをつくり出す

図17.4 上から順に、スプライシング装置が適切なアミノ酸コード領域をつなぎ合わせて、正しい成熟メッセンジャーRNAをつくり出すために実行しなくてはならないステップを並べている。

程は変化し得るからだ。状況に応じて正しい種類のタンパク質をつくるためには、すべての段階が適切に制御され統合されなければならない。

▼人生の継ぎ合わせ

　長いRNAから特定のタンパク質の情報を持つ小さなRNAをつくり出すこのスプライシングという過程は、じつに複雑である。スプライシングの起源はとても古く、その構成要素や過程は酵母から動物に至るまで維持されてきた。このスプライシングの過程は、「スプライソーム」とよばれる超巨大分子複合体によって行われている。スプライソームは、数百のタンパク質と複数のジャンクRNAによって構成されており、タンパク質を生み出すための工場として働くリボソームと少し似ている。[4]

　スプライシングの重要な段階のひとつは、RNA分子から取り除く必要がある介在配列（イントロン）に、このスプライソームが巻きつくことである。そして、スプライソームはイントロンを切り取り、その後でアミノ酸をコードする領域（エキソン）をつなぎ合わせる。これはきわめて複雑な多段階の過程だが、最初の重要な

第17章　304

ステップは、スプライソソームがイントロンを認識することで、初めてそれに結合し取り除くことが可能になるからだ。イントロンの場所をきちんと認識することで、初めてそれに結合し取り除くことが可能になるからだ。イントロンの始めと終わりは、つねにある特定の2塩基の配列によって規定されている。スプライソソームの中のジャンクRNAは、2本鎖のDNAがペアを形成するのとまったく同じ様式で、これらの2塩基の配列に結合する。

しかし、RNAには4種類の塩基しかないので、2塩基からなる配列は計算上16塩基には1回出てくることになる（この場合ACとCAは別々のペアと考えている）。そうだとすると、イントロンの始めと終わりの目印となっている2塩基は、イントロンのほかの領域やエキソンの中にも出てくることが容易に想像できる。確かにその通りである。それゆえ、これらの2塩基の配列はスプライシングに必要・だが、スプライシングを正しく行わせるためにはそれだけでは十分ではない。

イントロンの認識には、ほかの配列も必要になる。スプライシングするかどうかの選択に関わっているほかの配列は、ジャンクであるイントロンとアミノ酸をコードするエキソンの両方に見出される。一部の配列はスプライシングにとても強い影響を与え、ほかの配列はもっとわずかな影響しか与えない。また、一部の配列はスプライシングが起きるチャンスを高め、ほかの配列はスプライシングのチャンスを低くしている。これらの配列は複雑に協力しながら機能しており、それらが最終的なスプライシング・パターンに影響を及ぼすかどうかは、スプライソソームの中にその配列を認識するタンパク質因子が含まれているかといった、ほかの細胞内条件によって左右される。スプライシングに影響を与えるこれらの配列は、たいてい「目まいがす

305　なぜレゴはエアフィックスの模型より優れているのか

図17.5 RNA分子の中の複数の配列が相互作用してスプライシングを促進している。2塩基のモチーフ（AUとAG）は必須だが、この過程のすべての微調整を制御するには、これらのモチーフだけでは十分ではない。ほかの箇所が、図中で異なるサイズの矢印で示しているように、さまざまな強さで関係している。

るような（dizzying）」とか「唖然とするような（bewildering）」といった言葉で表現されることが多い。これらは「信じられないくらい複雑な」、「私たちの理解をはるかに超えている」、あるいは「現在を予測するコンピュータアルゴリズムをデザインする」というような意味のオタク用語である。

▼スプライシングと病気

スプライシングがいかに複雑かということは、一連の遺伝病を見ることで理解できる。そのような病気のひとつに網膜色素変性症とよばれる失明があり、約4000人にひとりが発症する。この失明は進行性の病気で、たいてい10代のうちに夜目が利かなくなり始め、その後徐々に悪化し年を取るにつれて目が見えなくなってくる。このような失明は、目の中で光を検知する細胞が徐々に死んでしまうために起きる。およそ20症例のうち1症例は、スプライシングのある特定のステップに関わる、5つのタンパク質のひとつに起きた変異が原因となっている。この変異は網膜の細胞だけに障害をもたらし、同じようにスプライシングに依存しているほかの体細胞には影響を与えない。これは、スプライシング

第17章　306

が細胞の種類や特定の遺伝子によって複雑な制御を受けていることを示しており、私たちはまだその
しくみを完全には理解していないのだ。

これとは対照的にとても重篤な低身長症があり、この病気には乾燥肌、薄毛、発作、学習障害など、
あまり一般的ではないほかの症状が伴う。この病気を発症した子どもは、ほとんどの場合4歳になる
前に亡くなる[10]。これはとてもまれな病気だが、オハイオ州に住むアーミッシュ[*2]の人たちの場合は例外
で、8％の人がこの病気のキャリアであることが知られている。これは、この共同体を立ち上げたメ
ンバーのある家族に、この病気を引き起こす変異が存在していたからである。同じアーミッシュの人
たちでも、ほかの家族が立ち上げたペンシルベニア州の共同体ではこの変異は見つかっていない。こ
の病気の原因となる変異が発見されたとき、研究者たちは最初、ある特定のタンパク質をコードする
遺伝子のアミノ酸配列を変化させる変異だと考えた。しかし、実際にはスプライソソームの構成成分
である、ジャンクRNAの立体構造を壊してしまう変異であることが明らかにされたのだ[11]。網膜色素
変性症の状況とは異なり、スプライソソームの機能の欠陥は、おそらく多くの異なる遺伝子のスプラ
イシング異常につながり、その結果、とても広範な症状が引き起こされたのだと考えられる。
スプライシングの異常によって起きるヒトの病気は、スプライシングに重要な部位の欠陥だけが起き
るのではない。タンパク質コード遺伝子の中の、スプライシング装置の欠陥だけが原因で起き
原因で病気が引き起こされることもある。ある著者たちは、ヒトの遺伝病の10％近くは、それが
中でGUとAGで示している「スプライス部位」の変異が原因で起きている可能性があると主張して
いる[12]。

307　なぜレゴはエアフィックスの模型より優れているのか

その一例が、ある家族の双子の子どもで見られた病気である。2人は出生後すぐに難治性下痢症を発症した。医療スタッフはなんとか子どもたちの症状を抑えようと努めたが、2人のうち1人は生後17か月で亡くなってしまった。研究者たちが2人のゲノム配列を調べたところ、ある遺伝子の中に、**図17・5**に示したGUというスプライス部位を変化させる変異が見つかったのだ。この変異によって、スプライシング装置はアミノ酸コード領域をひとつ不適切にスキップしてしまったのだ。その結果、そのアミノ酸領域はタンパク質から欠落してしまい、結果的にタンパク質は本来の機能を果たせなくなってしまったのである[13]。

カポジ肉腫は、エイズの患者で高頻度に見出されるようになって、広く認知されるようになったがんである。エイズはヒト免疫不全ウイルス（HIV）が原因で発症する病気で、HIV感染による影響は免疫系の抑制である。カポジ肉腫はHHV-8とよばれる別のウイルスが原因で引き起こされる病気で、通常であれば私たちの免疫系はこのウイルスを制御できるが、免疫系の働きが一定水準を大きく下回ると、HHV-8は活動を開始し、カポジ肉腫を引き起こす。

HHV-8は地中海沿岸地方の人々の間で高い割合で見つかるが、これらの人々がカポジ肉腫を発症するのはまれであり、小さな子どもで見つかることはほとんどない。それゆえ、あるトルコ人の家族が、唇にこのがん特有の病変を持つ2歳の娘を連れてきたとき、医師たちはとても驚いた。そのがんは急速に広がって悪性化し、小さな女の子は最初の診断から4か月後に亡くなった。

その子はいずれのHIV検査でも陰性だった。ただ、彼女の両親はいとこ同士の結婚だった。研究者たちは、なぜその娘がHHV-8に対する免疫応答が正常に機能しなかったのか、その遺伝的な理

由を探った。

亡くなった女の子から入手したDNAの配列を調べ、研究者たちはある特定の遺伝子のスプライス部位の変異を見つけた。その変異によってAGという配列がAAに変化しており、スプライソソームはもはや、その部位を切断場所として認識できなくなってしまったのである。その結果、本来取り除かれるはずのジャンク領域がメッセンジャーRNA分子の中に残されたままになったのだ。これはメッセンジャーRNAの配列を狂わせ、本来よりずっと前の部分に「停止」の合図がつくられることになる。この停止合図のために、リボソームは全長のタンパク質をつくれなくなる。そのタンパク質は、HHV-8のようなウイルスに対して、正常な免疫応答を開始するのに必要なタンパク質であったため、この変異を持つ子どもはカポジ肉腫を発症しやすくなっていたのである[14]。

スプライス部位の変異は比較的よく見られるが、それよりもっと多くの遺伝病が、アミノ酸をコードする領域の変異が原因で引き起こされている。そのうちの一部の例では、変異によって途中に「停止」の合図が挿入されて、リボソームが全長のタンパク質をつくれなくなることで引き起こされる。たとえば、ほかの変異には、遺伝暗号をひとつのアミノ酸から別のアミノ酸に変化させるものもある。たとえば、CACはヒスチジンというアミノ酸をコードするが、一方CAGは別のアミノ酸であるグルタミンをコードしている。しかし研究者たちは、このようにアミノ酸を変化させるような変異の25％近くは、メッセンジャーRNAのスプライシングにも影響を及ぼしていると推測している。ある症例では、アミノ酸の変化が原因ではなく、変異によってメッセンジャーRNAのスプライシング・パターンが変化し、それがその病気の原因になっている可能性があるというのだ。

309　なぜレゴはエアフィックスの模型より優れているのか

ただ問題は、多くの場合、このようなことが実際に起きているということを実証するのがとても難しいのである。たとえばあるＲＮＡの変化が、スプライシングのパターンとアミノ酸の両方を変化させることを示せたとして、どちらの影響が病気の症状の原因になっているか区別できるだろうか？その症状はアミノ酸の変化したタンパク質が原因となっているのか、あるいはタンパク質が異常なパターンでスプライシングされたことが原因になっているのだろうか？

ある実際の症例の研究から、アミノ酸をコードする領域の変異が、アミノ酸の変化ではなく、むしろスプライシングに影響を与えることで病気を引き起こすことが明らかにされた。ハッチンソン・ギルフォード・プロジェリアという、最初にこの病気を報告した2人の科学者の名前にちなんで名づけられたとても珍しい病気がある。プロジェリア（Progeria）とは「早すぎる老化」を意味するギリシャ語であり、その特徴的な外見はきわめて印象的である。その頻度はきわめて低く、４００万人の子どもに１人の割合で発症する[15]。

この病気の子どもは最初まったく健康に見えるが、生後1年以内に成長速度が劇的に遅くなり、その後一生低体重と低身長のままになる。病気の子どもには、薄毛、皮膚の硬化、禿頭《とくとう》というような老人に見られる多くの症状が現れる。老化に伴う症状といっても、アルツハイマー病のような症状はなく、また学習障害も見られないが、患者は重篤な心血管疾患を発症する。このため、多くの患者は心臓発作や脳卒中によって、10代の早い時期に亡くなってしまう。

２００３年、研究者たちはハッチンソン・ギルフォード・プロジェリアを引き起こす遺伝子変異を見つけ出した。このとき調べられたいずれの患者も、持っていたのは家族性ではなく、その患者で新

たに生じた変異であり、両親の卵か精子において自然に起きた変異だと考えられた。驚くべきことに、調べられた20人の患者の18人で、変異の場所はまったく同じだったのである[16]。

ある特定の遺伝子において、GGCとして読まれるべき配列がGGTに変化していた。この変異は、その遺伝子のアミノ酸をコードする部分に起きた変異だった。これは、変異によってタンパク質のアミノ酸が変化してしまう最も単純なケースに見えたかもしれない。もちろん最初にすべきことは、遺伝暗号表を見て、これらの2つの配列がどのアミノ酸をコードしているか見ることである。GGCは、通常グリシンとよばれる単純なアミノ酸をコードしている。しかし、遺伝暗号表で変異した方のGGTを見てみると、待てよ、グリシンだ。そう、変異した配列も同じアミノ酸をコードしていたのだ。

これは私たちの遺伝暗号がある程度の冗長性を持っているためである。私たちのゲノムは、A、T、C、Gという4種類の塩基で構成され（RNAではTの代わりにUが使われている）、3文字からなるブロックがひとつのアミノ酸をコードするために使われている。4種類の文字を使ってできる3文字のブロックとしては64種類の可能な組み合わせがある（4×4×4＝64）。これらの組み合わせのうちの3つは停止暗号であり、「伸長中のタンパク質の鎖にこれ以上アミノ酸を付加しない」ということをリボソームに伝える役目を果たしている。残りの61の組み合わせを使ってタンパク質がコードされている。しかし、私たちのタンパク質は20種類のアミノ酸しか含んでいない。それゆえ、一部のアミノ酸は複数種の3文字の組み合わせでコードされているのだ。その端的な例のひとつとして、グリシンは、GGA、GGC、GGG、GGT（U）によってコードされている。一方、メチオニンというアミノ

酸はAT(U)Gという組み合わせだけでコードされている。

しかし、もし変異の入った遺伝子にコードされたアミノ酸配列が、プロジェリアの患者で変化していないのだとしたら、何が原因でこの病気の劇的な表現型が引き起こされているのだろうか？ **図17・5**を再度見てほしい。遺伝子に介在しているジャンク領域（イントロン）の開始部分の2塩基対の配列はGTである。正常なGGCがGGTに変わった患者では、アミノ酸をコードする領域の中に、不適切で余計なスプライス部位ができてしまったのである。そのゲノム領域で、スプライシングを制御するほかの配列的特徴も重なって、この不適切に置かれたGTが強力に作用し、スプライソソームはメッセンジャーRNAをジャンク領域の中ではなくアミノ酸コード領域の中で切断してしまうのだ。アミノ酸コード領域が不適切につなぎ合わされて、その結果、タンパク質の終わりの部分の約50アミノ酸が失われてしまう。それによって、今度はタンパク質自身の加工が適切に行われず、細胞に大きなダメージを与えることになる。これがどのように小児患者に見られるような極端な老化を引き起こすのかについては、まだ正確にはわかっていない。しかし、現時点で最も有力な考えは、細胞の核の構造が正しく維持されないというものである。これは遺伝子発現の変化と核構造の崩壊をもたらすのだろう。一部の遺伝子や一部の細胞種が、ほかに比べてよりこの影響を受けやすいのだと考えられる。

幼い子どもが発症するまた別の病気に、脊髄性筋萎縮症とよばれるものがある。この病気では、筋肉の働きを指示する神経細胞が徐々に死滅し、筋萎縮と運動失調が引き起こされる。数多くの異なる病気の形態があり、最も深刻な症例では、病気を持って生まれた赤ちゃんの余命はとても短く、18か

月未満の場合もある[17]。脊髄性筋萎縮症は、遺伝病の中では比較的一般的な病気で、イギリスでは約四〇人に一人、つまり一五〇万人がキャリアとしてこの遺伝子の異常なコピーをひとつ持っていると推測されている。幸いなことに、両方のコピーに変異が入っていないと病気は発症しない[18]。

脊髄性筋萎縮症は、SMN1とよばれる遺伝子の欠損、あるいは機能の喪失が原因で起きる。もしヒトゲノムを見てみたら、この遺伝子の異常によってそこまで大きな影響がもたらされることに驚くかもしれない。というのも、私たちのゲノムにはまったく同じタンパク質をコードする別の遺伝子（重複遺伝子）が存在しているからである。この遺伝子はSMN2とよばれる。ここで生じる明らかな疑問は、同じタンパク質をコードしているのに、なぜSMN2遺伝子はSMN1遺伝子の異常を相補できないのだろうか、という疑問である。

ハッチンソン・ギルフォード・プロジェリアでの状況と同じように、SMN2とSMN1ではひとつ微妙な違いがある。それはアミノ酸コード領域のDNA配列の変化である。先に説明したアミノ酸をコードする3塩基の配列の冗長性のために、この変化がアミノ酸配列を変化させることはない。その代わり、メッセンジャーRNAがスプライシングされる際に、スプライソソームの働きを補助する部位のひとつを変えてしまう[19]。つまり、スプライシング部位（保存されたジャンク領域の始めと終わりの2塩基の配列）は変化させないが、そこでスプライシングが起きるかどうかを左右する別の部位を変えているのだ。その結果、アミノ酸コード領域をひとつスキップすることになり、機能を持たないタンパク質がつくり出されることになる。このため、SMN2遺伝子は異常なSMN1遺伝子の機能を相補できないのである。正常なSMN1タンパク質はスプライソソームの活性に必要である。つまり、

313　なぜレゴはエアフィックスの模型より優れているのか

ひとつの遺伝子の変異がメッセンジャーRNA全体のスプライシングに問題を引き起こし、この問題は、それを相補することができたはずのよく似た遺伝子に起きた、別のスプライシングに関わる問題がなければ、克服できたかもしれないのだ。

▼治療のためにスプライシングを操作する

すでに第7章で見てきたように、デュシェンヌ型筋ジストロフィーは重篤な筋萎縮性の疾患で、X染色体上にあるジストロフィン遺伝子に変異が起きている（119ページ参照）。この遺伝子は並外れて大きく、だいたい250万塩基対にわたって存在している。この遺伝子は約80個のアミノ酸コード領域を含んでおり、細胞はこれらの領域をスプライシングによって適切につなぎ合わせなくてはならない。ジストロフィンは長期間にわたって機能するタンパク質であるため、特にこのスプライシングの過程は重要である。これは、もしスプライシングを失敗させるような何らかの変化があれば、細胞に長期間影響を与えるということを意味している。しかし、この巨大な遺伝子に78個ものイントロンが存在すれば、必然的に突然変異が起きる機会は増え、スプライシングに影響を与える変異が生じるリスクは当然高くなる。ある総説では、かなり強い論調で次のように述べている。「78個のイントロンに大部分を占められた、250万塩基対に及ぶ巨大なジストロフィン遺伝子は、いつスプライシング事故が起きてもおかしくない状況であり、実際に新生児3000人に1人の割合でそのような事故が起きている[20]」。

確かに、デュシェンヌ型筋ジストロフィーのいくつかの症例は、スプライシングの異常が原因で起

きている。しかしながら、この病気の大多数の症例は、遺伝子の重要な領域の変異によって、タンパク質が失われることで引き起こされる。しかし、近年この致命的な病気の治療法開発について、かすかな望みが出てきたのだ。直感に反するかもしれないが、この治療法は、疾患を持つ子どものジストロフィン遺伝子で、異常なスプライシングを促進させるような薬の開発に基づいている。

ジストロフィンタンパク質は筋細胞の中で緩衝装置（衝撃吸収材）のような役割を果たしている。ジストロフィン分子は、マットレスの中のスプリングのようなものと考えることができる。マットレスが私たちの体を支え続けるには、スプリングはマットレスの上面と下面にくっついている必要がある。もし製造段階のミスで、長さが10センチメートル短いスプリングがつくられたとしたら、そのスプリングはマットレスの上面には届かなくなってしまう。そのようなマットレスを使えば使うほど、体を支える力はどんどん弱くなりマットレスの形が崩れていってしまうだろう。

ジストロフィン遺伝子の内部領域の欠失によって、デュシェンヌ型筋ジストロフィーが引き起こされる症例はよく見られる。遺伝子がRNAにコピーされるとき、残った領域はスプライシングによってつなぎ合わせられる。その場合、正常なジストロフィン遺伝子と比べて、変異遺伝子はタンパク質の内側部分の数個のアミノ酸を失うことになる。しかし、**図17・6**に示すような、もっと重大な問題が起こり得るのだ。

すでに見てきたように、アミノ酸のコードは3塩基のブロックとして読まれる。正常な遺伝子の中で、正しいアミノ酸コード領域（エキソン）がつなぎ合わされると、長いアミノ酸をコードするメッセンジャーRNAがつくり出される。しかし、間違ったエキソンがつなぎ合わされると、お互いず

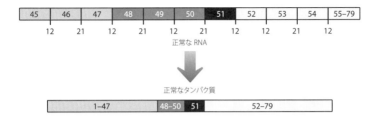

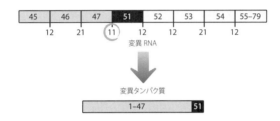

図17.6 ジストロフィン遺伝子の一部分を示した模式図。ジストロフィン遺伝子の変異によって、アミノ酸をコードする48番から50番の領域がDNAから失われると、アミノ酸の読み枠がずれて極端に短いタンパク質が産生されることになる。読み枠のパターンを維持するためには、それぞれの境界の下に示した数が、3の倍数になる必要がある。もし51番目の領域が変異遺伝子の中でスキップされると、読み枠は回復される。単純化するためにアミノ酸コード領域を同じ大きさで描いているが、実際には互いの大きさは異なっている。

れてしまい、3塩基のブロック（フレーム）が正しく読まれなくなってしまう。非常に単純な例を示すと次のようになる。

YOU MAY NOT SEE THE END BUT TRY

もし1文字失うと、そこからすぐに文章の意味は失われてしまう。

YOU MAY OTS EET HEE NDB UTT RY

これはフレームシフトとよばれている。最初にメッセンジャーRNAに起きる影響は、伸長中のタンパク質の鎖に間違ったアミノ酸が挿入されてしまうことである。しかし、すぐにもっと劇的なことが起きる。「停止」の合図の働きをする3文字の組み合わせが出てくるのだ。その部分でリボソームはアミノ酸を付加するのを止めてしまい、変異タンパク質は不完全な状態で終わってしまう。

これが、ジストロフィン遺伝子のある領域を欠失した患者で起きていることである。**図17・6**では、3塩基の組み合わせからなるフレームについて、アミノ酸コード領域を表す四角形の下に数字で示している。ひとつの四角の数が3の倍数で終わって、次の四角が3の倍数で続く限り、リボソームはメッセンジャーRNAを読み続ける。しかし、最も一般的な変異である塩基の欠損が起きると、フレームシフトが起こり、たちまち停止合図に行き当たって極端に短いタンパク質がつくり出されることに

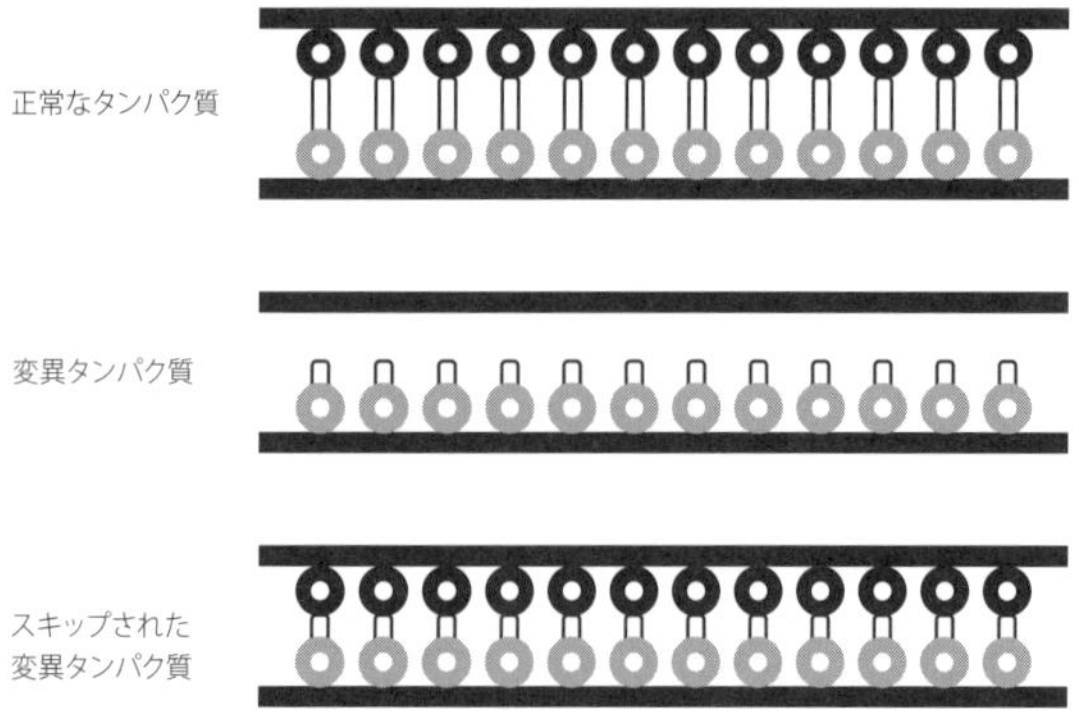

正常なタンパク質

変異タンパク質

スキップされた
変異タンパク質

図17.7 変異ジストロフィンタンパク質が、細胞膜の両側に結合できない様子を示した模式図。前の図で51番目の領域をスキップした変異タンパク質は、内部のアミノ酸配列を一部失っているが、膜の両側と結合できる。本来より短くなったために、正常なタンパク質に比べて衝撃吸収の力は落ちるかもしれないが、もともとの変異タンパク質よりははるかに優れている。

なる。

このような状況を解決するひとつの方法は、欠損によって変化したアミノ酸コード領域を、細胞にスキップ・・・・させることである。そうすることで正しい読み枠に回復させることができるからだ。最終的に内部を少し失ったタンパク質ができるが、機能は十分果たすことができる。

この方法によって病気の進行を遅らせることができるかもしれない。図17・7では、ベッドのスプリングの比喩を使ってこの状況を示している。多少短くなっても、ジストロフィン分子はそれぞれの端で必要なタンパク質に結合できるに違いない。全長のタンパク質に比べれば衝撃吸収の効果は低いかもしれないが、必要な細胞内構造をつなぎ止めることができないジストロフィンに比べれば、はるかにましである。

この仮説を支持する証拠はそれらしく見え、バイオ企業はこの知見を生かす方法を探るプログラムを立ち上げた。プロセンサとよばれる会社は、筋細胞が51番目のアミノ酸コード領域をスキップするのを助ける薬を開発し、

最終的に巨大製薬企業であるグラクソ・スミスクライン社に、研究用の薬としての使用ライセンスを与えた。2013年4月、グラクソ・スミスクライン社は、該当するデュシェンヌ型筋ジストロフィーの少年たちに行った小規模の臨床試験の結果を公表した。53人の少年はランダムに2つのグループに分けられる。一方のグループは薬を処方される。もう一方はまったく同じ処方をされるが、実際には薬は与えられない。これは「プラセボ」（偽薬投与）として知られている手順であり、臨床試験において薬以外の影響、たとえば薬を処方されるということで高まる期待感や、薬とは関係のない回復といった影響を考慮するための重要な手順である。そして少年たちは24週間後と48週間後に検査を受けた。

そのテストとは、6分間でどれだけ遠くまで歩けるかを測定するものだった。

24週間後、プラセボの処方を受けた少年の症状は悪くなっていた。この臨床試験を開始したときほど遠くまで歩くことができなかったのだ。これは進行性というこの病気の特徴から予想されることであった。しかし、実際に薬を処方された少年は、臨床試験を開始したときよりも30メートルも遠くまで歩けたのである。同じ少年たちが48週間後にまた検査を受けた。プラセボのグループはさらに病状が悪化していた。6分間の歩行テストで、試験開始時よりも25メートル近く短い距離しか歩けなかった。一方で薬を処方された少年は、検査を開始したときよりも11メートルを越えるところまで歩くことができた。[21]

これらの結果は、薬を処方された少年でも症状の悪化は進んでいるが（24週間後と48週間後での違いを見てほしい）、その悪化は何もしていない状態に比べて劇的に遅くなっているということを示している。

319　なぜレゴはエアフィックスの模型より優れているのか

この臨床試験による結果は非常に大きな興奮をもたらした。これまで手の施しようがなかった難治性の病気に対して、治療法開発の望みが見えたのである。治療によって完全に患者を治すことはできなくても、不可逆的な症状の進行をかなり遅らせることができるかもしれないのだ。これは、この分野のすべての研究者、そして病気の子どもを持つ家族が何十年にもわたって目指してきたことである。正直なところ、この治療法はデュシェンヌ型筋ジストロフィーのすべての患者に有効なわけではないが、ジストロフィン遺伝子の変異のタイプから考えて、10〜15%の患者に対してこのアプローチが有効だと期待されている。

しかし、ちょうど6か月後、この希望は無残にも打ち砕かれてしまった。グラクソ・スミスクライン社が行った大規模な臨床試験では、今度は治療を施したグループと治療しなかったグループの間で顕著な違いは見られなかったのである。[22] 大規模な臨床試験から得られた結果は、小規模な臨床試験から得られた結果よりも信頼性が高い。なぜなら、大規模の試験の方が「効果があるように見えてじつはそうではない」というような奇妙なパターンの影響を受けにくいからである。グラクソ・スミスクライン社はこの大規模な臨床試験の結果を疑うことはなく、もし本当に薬の効果があれば、それは検出されているはずだと信じている。そして、彼らはその薬をプロセンサ社に戻して手を引いたのだ。グラクソ・スミスクライン社が離れた後、このプログラムは失敗に終わるかもしれないという、証券アナリストの懸念を反映して株価は暴落したが、プロセンサ社は臨床研究を継続している。

もうひとつ、同じ患者グループのジストロフィン遺伝子について、スプライシング・パターンを利用して問題となっている領域を飛び越えさせようと努力しているサレプタという会社があり、病気の

少年を治療するために同じようなアプローチを使っている。この会社はこのプログラムに対してかなり明るい見通しを持っているが、アメリカ食品医薬品局（FDA）は、サレプタ社が正しい結論を得るために十分な規模の臨床試験を行っているかどうか疑問視している。たとえば、治療をしなかったグループとしたグループで劇的な違いが見られたという研究のひとつは、たった12人の患者しか対象にしていないらしいからである。

企業の投資家たちが寒風を感じているのは間違いないが、患者を持つ家族が経験し、いまでも感じている落胆とは比較にならない。

本章で紹介した科学的知見をふまえて、スプライシングはその価値以上に問題が多いと結論づけたくなるかもしれない。これは明らかにソッドの法則*3の一例のように見える。「悪いことが起きる可能性があれば、それが起きる」というものである。しかし、同じことがほとんどすべての生物学的過程について当てはまるというのが現実である。数十億の塩基、数千個の遺伝子、数兆個の細胞、そして数十億の人。これは数のゲームであり、つねにうまく行くものなど存在しない。しかし、分断された遺伝子をつなぎ合わせるという過程は何億年という進化の歴史を通じて維持され、そこで使われているシステムも高度に保存されてきたのである。この事実は、遺伝情報の高度化、付加的な情報の蓄積、はるかに高い柔軟性という利点が、それによって生じる不利益に勝ったということを如実に示している。

321　なぜレゴはエアフィックスの模型より優れているのか

▼第17章注

＊1　もしまだ「LEGO®ムービー」を見ていなかったらぜひ見てみるとよい。素晴らしい映画だから。

＊2　［訳注］第3章で登場した、北米の一部に居住する移民集団で、厳格な宗教観から現代的生活を拒み、自給自足の生活をしている人々。

＊3　［訳注］ソッドの法則はマーフィーの法則に類するもので、イギリスで昔から言われている常套句。

第18章

ミニは強大になり得る

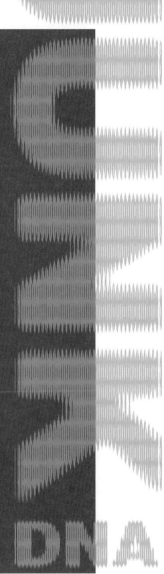

第18章 ミニは強大になり得る

私たちヒトは比較的体の大きな動物であり、多くの人はほかの大型の動物に対して親近感を持つ傾向がある。もちろんそれ自体何の問題もない。たとえば、ジャガーのような大きなネコ科の動物は素晴らしい生物である。ジャガーがハンターとして肉食獣の頂点にいることは称賛に値する。このような大型の動物とアリを比較してみると、たとえそれが中南米の軍隊アリであっても小さくて弱々しく見える。確かに、この小さな昆虫は大きくて強いあごを持ち、かつては野外で傷口をふさぐためにわざとアリにかませたというような血生臭い逸話はあるが、ハイキングブーツをはいた足のほんのひと踏みでペチャンコに押しつぶされてしまうような存在に脅威を感じることはないだろう。

しかし、軍隊アリの集団だとしたら話は別だ。おそらく軍隊アリのコロニーはジャガーと同じくらいの数の獲物を捕らえその肉を食べているだろう。もし前方に彼らの隊列を見たら、陽気にアリを踏みつぶすダンスに興じたりしないで、ブーツをはいて死に物狂いで走り出すだろう。

じつは、同じようなことが私たちのゲノムでも起きている。とても小さいある種のジャンクRNAについて、そのような例が数え切れないほどあるのだ[1]。小さなジャンクRNAは、それぞれ遺伝子発現の微調整の役割を果たしている。個々の影響はわずかだが、全体としての影響を見たら、じつに見

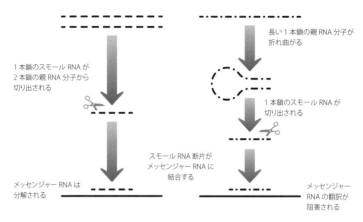

図18.1 細胞が長いRNA分子から2種類の異なるスモールRNAをつくり出す方法を説明した模式図。図の下に示すように、2種類のスモールRNAは異なる方法で遺伝子発現を抑制する。

事な集団となる。

「スモールRNA (small RNA)」の世界へようこそ。私たちのゲノムにおける強大な軍隊アリである。名前が示すように、これらのRNAは小さく、通常20〜23塩基という長さを持つ。これらのRNAは、遺伝子発現の制御をさらに微調整している分子と考えることができる。

図18・1はこれらのスモールRNAがどうやってつくられ、どう働くのかを示している。これらのRNAは2本鎖RNA分子からつくられ、メッセンジャーRNAの端の非翻訳領域に結合して新たな2本鎖RNAをつくり出す。形成された2本鎖の構造は、その相互作用の仕方によって、メッセンジャーRNAに2通りの影響をもたらすことができる。ひとつはメッセンジャーRNAの分解を引き起こすことであり、もうひとつは、リボソームがそのメッセンジャーRNAを使って、タンパク質へ翻訳するのを妨げることである。最終的な結果は本質的に同じで、特定のメッセンジャーRNAからつくられるタンパク質の量が減少することになる[*1,2]。

メッセンジャーRNAの分解を引き起こすスモールRNAは、標的となるメッセンジャーRNAと完全に一致する（塩基対を形成できる）RNA分子である。一方、メッセンジャーRNAの翻訳を阻害するスモールRNAの結合の様式はもっと大雑把である。これらのRNAは標的と6〜8塩基のひと続きの対を形成する、種《たね》になるような配列だけでもメッセンジャーRNAと結合する。このような制約のゆるい結合では、ひとつのスモールRNAが2種類以上のメッセンジャーRNAと結合して、それらの翻訳を妨げるかもしれない。別の可能性として、細胞内の異なるメッセンジャーRNAの相対的な量が、特定のスモールRNAによって制御される度合いに影響を与えることもあるだろう。つまり、どんなスモールRNAであっても、細胞内における標的の発現量や、標的分子同士の量比によって、異なる影響を持つということを意味している。

▼スモールRNA——善にも悪にも

あるスモールRNAのクラスター（スモールRNAの遺伝子が集まって存在している領域）は、免疫系の特殊な細胞の制御に重要な役割を果している。もしマウスでこのスモールRNAクラスターが過剰に発現されると、致命的な過剰免疫反応が引き起こされる。[3][4] 反対にこのスモールRNAクラスターをすべて欠損したマウスは、出生前後に死んでしまう。ヒトにおいて、このクラスターの中のひとつのスモールRNAが失われると、ファインゴールド症候群とよばれるまれな症例が引き起こされる。[5] この病気の患者は、骨格形成異常、腎臓の障害、腸閉鎖症、中程度の学習障害を含むさまざまな症状が現れる。[6]

たった6個のスモールRNAからなるこのクラスターの発現異常によってもたらされる結果は、不可解なほど多様である。しかし、この結果はそれほど驚くべきことではないのかもしれない。研究者たちは、このクラスターのスモールRNAが1000を超すタンパク質コード遺伝子を標的としていると推測しているからだ[7]。

スモールRNAをコードしているジャンク配列は、長鎖ノンコーディングRNAをつくり出しているような、別のジャンク領域の中にあることが多い[8]。軟骨毛髪低形成症とよばれる病気は、もともとアーミッシュ共同体の中で見出され、10ある共同体のうちのひとつの共同体に原因となる変異のキャリアが存在する。この共同体の中でキャリアの人たちの割合は信じられないほど高く、まず間違いなく、この共同体がかなり少数の家族に由来することが原因である。この病気を発症した子どもは骨格形成に異常があり、その結果、手足が短く低身長となり、毛髪自体は問題ないが薄くなる。患者はほかの異常を持つことも多く、その程度は患者によってまちまちである。

この症状の原因となる変異は、長鎖ノンコーディングRNAの中にある。しかし、この長い遺伝子は2つのスモールRNAを含んでいる。つまり、ジャンクがジャンクを含んでおり、多くの変異はこれらのスモールRNAに影響を及ぼしている。このような変化はスモールRNAの構造を壊し、その**図18・1**でハサミの形で示された切断酵素による適切な加工ができなくなってしまうのだ。その結果、スモールRNAは正常に発現されなくなる。この2つのスモールRNAは、合わせて900を超すタンパク質コード遺伝子を制御している。この中には骨格や毛髪の形成に関わることが知られている遺伝子も多数含まれている。これは、これらの生体内システムに関わる遺伝子があるが、ほかの生体内システムに関わる遺伝子があるが、ほかの

スモールRNAの量や機能に影響を与える変異が、患者の子どもにさまざまな器官の異常を同時に引き起こす理由だろう[9]。

遺伝子発現を微調整するスモールRNAがいかに重要かを考えれば、これらのジャンク分子が発生過程で主要な役割を果たしていると聞いても驚かないだろう。人生の中で、些細な遺伝子発現の変動が重大な影響をもたらすのがこの発生という段階だからだ（階段を落ちていくスリンキーを覚えているだろうか？）。

▼スモールRNAと幹細胞

リプログラミングという、ヒトの組織の細胞を、あらゆる組織をつくり出す潜在性を秘めた多能性幹細胞（iPS細胞）に変える研究から、スモールRNAの重要性を示す美しい例がもたらされた。これは第12章で紹介した技術であり、**図12・1**（212ページ）に示している。その原型となった成果には異例のスピードでノーベル賞が贈られたが、いくつかの技術的な制約があった。マスター調節因子として働くタンパク質は、確かにスリンキーに階段を上らせるように発生段階を戻すことができるが、その効率はきわめて悪かったのだ。ほんのひとにぎりの細胞しか変化せず、しかもその過程には何週間もかかった。この大発見から5年たった後、別の研究者がこの研究を進展させた。彼らは成人由来の細胞に、最初の実験と同じマスター調節因子を導入した。しかし、彼らはもうひとつ別の工夫を加えたのだ。彼らは、通常の胚性幹細胞（ES細胞）で高度に発現することが明らかにされていた一群のスモールRNAも過剰に発現させたのだ。最初のマスター調節因子と一緒にこれらのスモール

RNAを過剰発現させたとき、予想通り成人由来の細胞が多能性幹細胞に変化した。しかし、幹細胞に変化する細胞の割合は、マスター調節因子だけの場合に比べて100倍以上になったのである。しかもその変化は、従来に比べてはるかに短い時間で起きた。反対に、内在性のスモールRNAの発現を抑制させた成人の細胞にマスター調節因子を導入した場合、リプログラミングの効率は著しく低下した。この研究によって、スモールRNAが実際に細胞の性質をコントロールする、シグナルネットワークの制御に重要な役割を果たしていることが実証されたのだ。[10][11]

成人の組織も幹細胞を含んでいる。これらの幹細胞は、多様な細胞を生み出すというよりは、その組織に特化した細胞を生み出す役割を果たしている。これらの幹細胞は私たちが赤ちゃんから大人に成長する過程や、損傷を受けた組織を修復するのに重要である。いくつかの組織では、その人が年を取った後でも活発な幹細胞の集団を維持している。よく知られているのは骨髄であり、感染した病原体と戦ったり、がんに変わる可能性のある細胞を見張ったりするのに必要な細胞をつくり続けている。高齢者が感染症やがんを発症しやすい理由のひとつは、骨髄幹細胞が使い果たされてしまい、免疫のバリケードに穴が空いたような状態になってしまうからである。

幹細胞とヒトの組織由来の成人細胞が、異なる種類のスモールRNAを発現していることを示すデータがある。しかし、その違いが原因か結果かという問題があるため、発現のデータの解釈は難しい。スモールRNAの発現パターンの違いは、細胞の活性や機能の違いを生み出す原動力になっているのか、それとも単に細胞内の変化がもたらした結果としての変化なのか？　個々のスモールRNAは、全メッセンジャーRNAの少なくとも半分のRNAの非翻訳領域とペアを形成すると推測され、

その部分の配列が進化的に保存されているという事実は、スモールRNAの発現パターンと細胞の機能に因果関係があることを示唆している。[12] しかしこの問題をもっと直接的に検証するために、研究者たちはたびたび私たちの近い親戚、そう、マウスの力を借りてきた。

研究者たちは、大人のマウスの特定の組織だけで遺伝子をノックアウトする方法を見つけており、これがとても強力な手段になった。この方法を使えば、マウスはふつうに発生するため、発生の過程で起きた遺伝子の経路やネットワークの異常が原因で症状が現れるというような心配はしなくてよい。この手法を使って、もしスモールRNAをつくり出すのに必要な酵素（図18・1の中のハサミに相当する酵素）を大人のマウスの細胞で不活性化したらどうなるか、ということが調べられた。この操作によってスモールRNAの産生は阻害され、スモールRNAがそもそもどこで重要な役割を果たしているのか明らかになるはずである。ただし、この方法では正確にどのスモールRNAが関与しているかはわからない。

まず、大人のマウスのすべての組織においてこのハサミの酵素をノックアウトしたところ、骨髄で異常が起き、そのほかに脾臓や胸腺でも異常が見られた。これら3つの組織はすべて感染と戦うのに必要な細胞をつくり出しており、幹細胞がたくさんあると考えられている組織である。この結果は、スモールRNAが幹細胞の制御に重要な役割を果たしているという考えと一致した。この実験操作によってすべてのマウスは死んでしまったが、これは腸管組織の著しい劣化が原因だった。これもスモールRNAが幹細胞で役割を持っているという考えと一致する。私たちの腸では、消化器系の継続的な活動の間に細胞がはがれ落ちていくため、つねに細胞を失っている。これらの細胞は、毎日新しい細

胞で置き換えられる必要があるため、腸にはとても活動的な幹細胞が存在していると考えられている。[13]しかし、ハサミの酵素を失うことでどうして腸に劇的な損傷を与える結果になったのか、正確なところはわかっていないが、食べ物の中の脂肪を分解する過程の異常と関係があると推測されている。

これらの影響はとても劇的ではあったが、スモールRNAがこれらの組織だけで重要な役割を果たしているという意味ではない。このような遺伝的な操作をしたマウスが比較的早くに死んでしまったため、ほかの組織のもっと軽微な症状が見落とされてしまったということも十分考えられる。この可能性を検討するため、研究者たちはもっと選択性の高い（標的組織を厳密に選べる）ノックアウト技術を使うことができる。このような改良技術を使えば、大人のマウスの個別の組織でハサミの遺伝子を不活性化することができるのだ。

多くの結果は、スモールRNAの機能が幹細胞へ影響を及ぼすという考えと完全に一致した。たとえば、大人のマウスの毛包（毛を生産する哺乳動物の皮膚付属器官）でハサミの遺伝子を不活性化すると、いったん毛を抜いた後で毛が元のように生え戻ることはなかった。[14]

これらの結果から、幹細胞が特殊化した細胞を補充するのにスモールRNAのネットワークが必要であると考えたくなるかもしれない。しかし、これはあまりにも単純化しすぎている。私たちはみな、先月もらった給料を次の給料日までもたせる努力をするように、私たちの体は幹細胞をあまりにも早くに使い尽くすことがないように配慮する必要がある。幹細胞は貴重な存在であり、それがなくなるとき、その個体も消える。このことを鑑みると、一部のスモールRNAのネットワークは、幹細胞を成熟した組織細胞に不可逆的に変化させないために必要なように見える。実際に、幹細胞が分化した

図18.2 幹細胞が分裂する際、分裂能を維持した別の幹細胞か、あるいはそれ以上幹細胞をつくり出せない分化した細胞を生み出すことができる。

細胞を生み出す過程には、取らなければならないバランスがあり、この過程を**図18・2**に示している。

骨格筋は幹細胞を持っており、あまりにも早くにこれらの幹細胞を使い尽くさないように、通常休眠させておくのは重要である。予備の幹細胞を使い果たすことは、すでに本書で見てきたデュシェンヌ型筋ジストロフィーのような症状で見られる筋肉の消耗の原因となる。筋肉の幹細胞には、通常成熟した筋細胞に変わるのを止める一群のタンパク質がある。しかし、もし健康な人で急性の損傷が起きたとか、あるいは筋ジストロフィーの症状で筋細胞が失われたら、これらのタンパク質は発現抑制される。この発現抑制の少なくとも一部は、特定のスモールRNAのスイッチをオンにすることで行われる。スモールRNAがこれらのタンパク質をコードするメッセンジャーRNAに結合して、産生されるタンパク質の量を抑えるのだ。幹細胞からブレーキが取り外され、成熟した筋肉へと変化するのである。[15][16]

似たような影響が心臓でも見られる。大人の心筋はいくらか幹細胞を持っているが、その数はあまり多くないため、成熟した心臓の組織に変わるのは難しい。これは、心臓発作の影響が甚大と

第18章 332

なる理由のひとつである。心臓発作では心筋が死んでしまい、私たちの体が代わりの組織をつくり出すのがきわめて困難な状況になる。その結果、心臓は損傷し、臓器として正常に機能できなくなる。これは心臓発作の生存者の多くが抱える長期的な障害につながり、一部のケースで生存者が完全に健康を取り戻せない理由である。

心臓の幹細胞を活性化して、新しい筋肉をつくり出せるようにするのは素晴らしいことのように見えるかもしれない。しかし、マウスを使った実験は、状況はそれほど単純ではないことを示唆している。心臓では、スモールRNAが幹細胞の心筋細胞への変化を防いでいるように見える。大人の心臓でスモールRNAをつくり出すハサミ酵素のスイッチをオフにすると、心臓は成長を開始する。残念なことに、心臓が成長することは心臓の損傷につながる可能性があり、心臓肥大として知られる症状につながる。これは一流の運動選手の強い心筋とは意味が異なり、高血圧の人に見られるような、心臓の壁が異常に厚くなったような状態である。これは、ハサミの活性を失ったことで心臓の幹細胞が成人の細胞のような振る舞いをやめて、発生段階に見られるような遺伝子発現パターンに近い状況がもたらされたために起きたように見える[17]。

心臓の幹細胞を再活性化させることが、必ずしも心臓の機能に役立つわけではないというのは奇妙に見えるかもしれないが、それはトレードオフなのだ。進化的な言葉でいえば、動物にとって最も重要なことは、生殖できるようになるまで生きて、次の世代に遺伝物質を受け渡すことである。心臓の発生制御は、生殖が可能になる時期まで、私たちの心臓がきちんと機能することを保証している。進化的な見地から見れば、たとえ私たちが年を取って心臓の修復ができなくなったとしても、それは大

した問題ではないのだ。しかしこれは私たちの人生にとっては大問題である。私たちは、進化が必要と見なす時間よりも長生きしたいのがつねだから。

▼スモールRNAと脳

普段私たちは、自分たちの脳は完成しきったものだと考えているが、最近のデータでは、この脳という器官にも幹細胞が存在することが示されている。高度に発達した嗅覚を持つ動物では、これらの幹細胞が活性化されて、新しい臭いに反応する神経細胞（ニューロン）が形成される。その結果この動物は、最も強く反応すべき臭いを調整できるようになる。幹細胞のあるタンパク質は、幹細胞を特殊な嗅覚応答性の神経細胞に分化させる。このタンパク質の発現は、通常、あるスモールRNAによって抑制されている。研究者たちがマウスでこのスモールRNAの発現を阻害したところ、そのタンパク質の発現は上昇し、神経幹細胞は臭いを検知する神経細胞に分化した。[18] マウスが何か新しい臭いをかいだとき、このスモールRNAが自然に発現抑制されることが推測されるが、このような抑制を引き起こすシグナル伝達経路はまだ同定されていない。

スモールRNAは日常の細胞活動に関わり、つねに変動する環境への応答を微調整している。個々のスモールRNAは比較的小さな影響しかもたらさないため、この微調整がどのように行われているかを解明するのは難しい。それは複数のスモールRNAが、広範で繊細なネットワークを形成しながら及ぼす累積的な全体の影響であり、それこそがスモールRNAの最も重要な特徴である。たとえそうだとしても、この種のちっぽけなジャンクの手先が、実際に大きな影響を与えていることを確信さ

せるようなデータが得られつつある。
脳はスモールRNAの変動に特に敏感なように見える。そのような変化の影響は、関係する脳の領域や変動のタイミングによって異なる。これは、すべてのスモールRNAと、脳内で発現が厳密に制御されているすべてのメッセンジャーRNAやタンパク質との間のクロストーク（相互作用）の重要性を反映しているのだろう。
それを如実に示す例が、マウスの前脳とよばれる領域でハサミの酵素を不活性化する実験で示されている。[19] スモールRNAの発現が失われたことは、最初その動物にとってとてもよいことのように見えた。約3か月の間、そのマウスはふつうのマウスよりも頭がよくなる。恐怖に基づいたテストでも、報酬に基づいたテストでもよい成績を収める。彼らの記憶力は格段によくなる。しかし、試験前夜に家で必死に暗記する人のように、このマウスにも悪い一面が見えてくる。頭のよくなったマウスは最初きら星のように輝いていたが、その輝きは長くは続かなかった。ハサミの酵素を不活性化してから約12週が経過した後、このガリ勉っぽく見えたマウスの脳は劣化し始めたのだ。
このような遅れた反応は、スモールRNAが脳で重要であることを示した別の実験でも見られた。これは、スモールRNAは脳細胞の中でかなり安定であり、それらが消えるまでに時間がかかることを示唆しているのかもしれない。生後2週のマウスを使って、運動の制御に関わる脳の領域でハサミの酵素を不活性化する実験が行われた。予想通りスモールRNAの発現は大幅に減少した。そのマウスは最初何も問題がないように見えたが、11週が経った後で運動の障害が現れ始めた。このマウスの脳を解析したところ、スモールRNAをつくる能力を失った神経細胞は死滅していたことがわかった。[20]

スモールRNAはあらゆる種類の予期せぬ状況に姿を現し得る。私たちの脳内でアルコールの標的となるのは、細胞膜を介したシグナル伝達を制御するタンパク質である。[*3] このタンパク質のメッセンジャーRNAは、アミノ酸コード領域のスプライシングのパターンの違いによって、たくさんの異なる種類が存在している。アルコールによってある特定のスモールRNAの発現が誘導されるが、このスモールRNAは、アルコールの標的タンパク質の異なるメッセンジャーRNAのうち、一部のメッセンジャーRNAの非翻訳領域と結合できる。このスモールRNAとの結合によって、一部のメッセンジャーRNAは選択的に壊され、スモールRNAが結合しない別のメッセンジャーRNAは破壊されない。本来つくられるべき種類の異なる標的タンパク質の量比が変化すると、アルコールに対する神経細胞の応答が乱れ、アルコール依存症の要素であるアルコール耐性に重要な影響を及ぼす。[21] このしくみについて**図18・3**にまとめている。スモールRNAはコカインのようなほかの薬物に対する依存症にも関係している。[22]

▼スモールRNAとがん

スモールRNAの異常発現は、世界中の人の健康に重大な影響を及ぼす数多くの疾患と関係している。このような疾患には心血管疾患[23]やがん[24]が含まれる。そもそもがんは細胞運命や細胞分化の異常によって生じる疾患の典型例であり、スモールRNAがこれらの過程に重要であることを考えたら、がんとスモールRNAの関係は驚くにはあたらないだろう。がんでのスモールRNAの重要性を如実に示すひとつの例として、本来発生段階で働く遺伝子が異常に発現するという特徴を持つ、ある種の腫

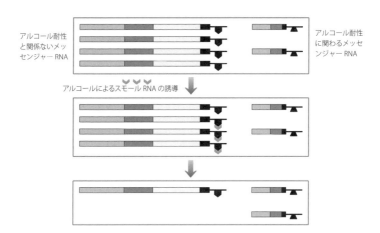

図18.3 アルコール摂取によって誘導されるスモールRNAは、アルコール耐性とは関係ないメッセンジャーRNAに結合できる。このスモールRNAは、アルコール耐性を促進するメッセンジャーRNA分子には結合しない。これは、アルコール耐性に関係するタンパク質をコードするメッセンジャーRNAが、数的に優位になるような状況につながる。

瘍がある。これは小児脳腫瘍の一種で、通常2歳より前に現れる。悲しいことに、この腫瘍は非常に悪性度が高く、手厚い治療を行ったとしても予後が悪い。[*4] この腫瘍は、脳細胞の中で遺伝物質が不適切につなぎ合わされる「転位」という過程が起きた結果発生する。通常あるタンパク質コード遺伝子を強力に発現させているプロモーターが、ある特定のスモールRNAクラスターと再結合されてしまう。この転位した領域はさらに増幅されて、ゲノム中にプロモーターとスモールRNAクラスターのセットが複数コピーつくり出されることになる。その結果、再配置されたプロモーターの下流にあるスモールRNAが極めて強力に発現されてしまうのだ。スモールRNAの発現量は、正常な細胞での量と比べて150から1000倍にもなる。

このクラスターは40種類を超すスモールRNAをコードしており、実際に霊長類では最大のクラ

スターである。これらのスモールRNAは、通常ヒトの初期発生の時期、胎児の最初の8週の期間だけで発現している。幼児の脳でそのスイッチを強力にオンにすることは、遺伝子発現に破滅的な影響をもたらすことになる。その下流で起きるひとつの効果は、DNAに修飾を付加するエピジェネティック・タンパク質の発現を促進することである。これは細胞全体のメチル化パターンの変化につながり、あらゆる種類の遺伝子発現が異常になる。その多くは未熟な脳細胞が発生の過程で分裂しているときだけ発現している。これはがん特有の細胞プログラムを幼児の脳内で生み出すことになる。[25]

スモールRNAと細胞内のエピジェネティック装置との相互作用は、細胞のがん化につながる別の状況においても重要かもしれない。スモールRNAの発現が乱されたことによる影響が、エピジェネティックな修飾の変化によって増幅され、その増幅された変化が娘細胞に受け渡される。これは、潜在的に危険な遺伝子発現の変化を固定化するきっかけになり得る。

スモールRNAがどのようにエピジェネティックな過程と相互作用するのか、すべての段階が明らかにされたわけではないが、そのヒントは見え始めている。たとえば、乳がんの悪性度の増加を引き起こすある種のスモールRNAは、重要なエピジェネティック修飾を取り除く酵素のメッセンジャーRNAを標的としている。これはがん細胞のエピジェネティック修飾のパターンを変化させ、さらに遺伝子発現を混乱させる。[26]

多くのがん細胞は患者の体の中で追跡するのが驚くほど難しい。単に見つけにくいだけかもしれないが、そもそも試料として入手するのが難しいのだ。このため、がんがどのように変化しているのか、またどのように治療に応答しているかを、臨床医が判断するのが難しくなる。彼らはスキャンした腫

瘍の画像といった、間接的な手がかりを頼りにする必要があるかもしれない。一部の研究者たちは、スモールRNAの解析が、腫瘍の発生経緯を追跡する新しい技術になるかもしれないと主張している。がん細胞が死ぬと、スモールRNAがその死んだ細胞から遊離することが多いからだ。このような小さなジャンク分子は、細胞内のタンパク質と複合体をつくったり、あるいは細胞膜の断片に覆われたりしている場合が多い。このためスモールRNAは体液中でかなり安定に存在し、抽出して解析することが可能になる。ただし、その量はごくわずかなため、研究者たちはとても感度の高い解析技術を使う必要がある。核酸の配列解読技術は日増しに進歩しているため、これは不可能なことではない。[27]
このようなアプローチが有効であることを示唆するデータが、乳がん[28]や子宮がん[29]で報告されている。肺がんの場合、体液を循環するスモールRNAが調べられ、それが治療を必要としない良性の肺結節か、治療が必要な腫瘍の結節かどうかを区別するのに有効なことが示された。[30]

▼死んだウマと抑制された遺伝子

スモールRNAは予期せぬあらゆる状況に姿を現す。北アメリカ東部ウマ脳炎とよばれる恐ろしいウイルス感染症がある。この感染症は蚊によって媒介され、このウイルスに感染したウマは死んでしまう。ヒトの場合、状況は多少よいという程度で、死亡率は30〜70%になる。患者が死亡するのは、ウイルスが中枢神経系に入り込み、脳を取り囲む膜で重篤な炎症を引き起こすためである。[31] 感染の原因となるウイルスは、DNAではなくRNAによってつくられたゲノムを持っている。
蚊がヒトを刺すことでウイルスがヒトの血管系に入り込んだとき、それは白血球細胞に取り込まれ

る。これは侵入者を監視する最前線である。しかし、その後でとても奇妙なことが起きる。白血球細胞で通常つくり出されているスモールRNAがウイルスのRNAゲノムの端に結合して、そのRNAゲノムからタンパク質をつくり出せないようにしてしまう。

これは一見するとよいことのように見えるかもしれないが、実際は正反対である。私たちの白血球細胞は、ウイルスに感染されたら通常それを認識する。細胞は体温を上げるような一連の反応を開始して、さらにウイルスに対抗する化学物質をつくり出す。これらの措置によってウイルスという小さな侵入者は撃退される。

しかし、白血球細胞内のスモールRNAが北アメリカ東部ウマ脳炎ウイルスのゲノムに結合すると、ウイルスは沈静化されてしまう。その結果、免疫系は私たちの体がウイルスに感染されたことに気づかない。このため、別のウイルス粒子は体中を自由に循環できてしまう。そのうちの一部が中枢神経系にたどり着くと、脳組織において致死的な反応を引き起こすのだ[32]。

研究者たちはこのような状況を、ウイルスによるスモールRNAシステムの乗っ取りと表現しており、この病気が唯一の例ではないように見える。C型肝炎ウイルスもRNAゲノムを持っており、このウイルスが幹細胞に感染すると、ウイルスのRNAがこれらの細胞で通常発現されているスモールRNAと結合する。この場合、スモールRNAとウイルスのRNAの結合はウイルスRNAを安定化してしまい、ウイルスのRNAは分解されにくくなる。その結果、ウイルスのタンパク質がたくさんつくられて、感染による被害はさらに大きくなり、より深刻な状況となる[33]。

スモールRNAが、感染からがん、また発生から神経変性に至るまで、ありとあらゆるヒトの病態

第18章　340

に関与していることはかなり明白である。もちろんこの事実からひとつ興味深い疑問が生じる。もしジャンクDNAが病気の原因になる、あるいは病気の発症に寄与しているのであれば、ジャンクを使って人の病気に対抗することもできるのだろうか？

▼第18章 注

＊1 メッセンジャーRNAの分解を引き起こすスモールRNAは、小分子干渉RNA（small interfering RNA）、あるいはsiRNAとよばれている。タンパク質の翻訳抑制を引き起こすスモールRNAは、マイクロRNA、あるいはmiRNAとよばれている。専門用語の過剰な使用を避けるため、これら2種類を記述する際には、まとめてスモールRNAという単語を使うことにする。

＊2 これらの細胞は「サテライト細胞」として知られている。

＊3 これはBKとよばれるタンパク質で、カリウムチャネルである。

＊4 これらは「テント上神経外胚葉腫瘍」として知られている。

第19章

薬は効く（ただしときどき）

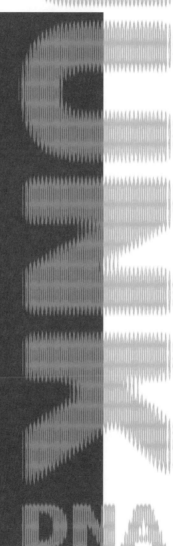

第19章　薬は効く（ただしときどき）

ヒトの病気の新しい治療薬を開発するために、企業は毎年莫大な資金を投じている。彼らはまだ満たされていない医学的ニーズに対処するための方法を見つけたいと思っている。その状況は、高齢化によってこれまで以上に差し迫っている。ジャンクDNAが、遺伝子発現や疾患の進行に重大な影響を及ぼすという画期的な発見は、この分野を開拓しようとする新たな企業を多数生み出すきっかけになった。特に、新しい試みの多くは、タンパク質をコードしていないRNA自身を薬として使うものである。その根本的な前提は、長鎖ノンコーディングRNA、スモールRNA、あるいはアンチセンスとよばれる別の形のジャンクRNAを患者に投与し、遺伝子発現に影響を与えて疾患の制御や治療を行うというものである。

これは現在行われている疾患の治療方法とは大きく異なっている。歴史的に見て、ほとんどの薬は「低分子」として知られる種類のものだった。これらの薬は多くの場合、化学的に合成することができ、比較的単純な構造をしている。いくつかの一般的な低分子薬の構造の例を**図19・1**に示している。

さらに最近になってから、私たちはタンパク質を薬として使う方法を学んだ。おそらく最も有名なものはインスリンで、これは糖尿病の患者が自身の血糖値をコントロールするために使っているホル

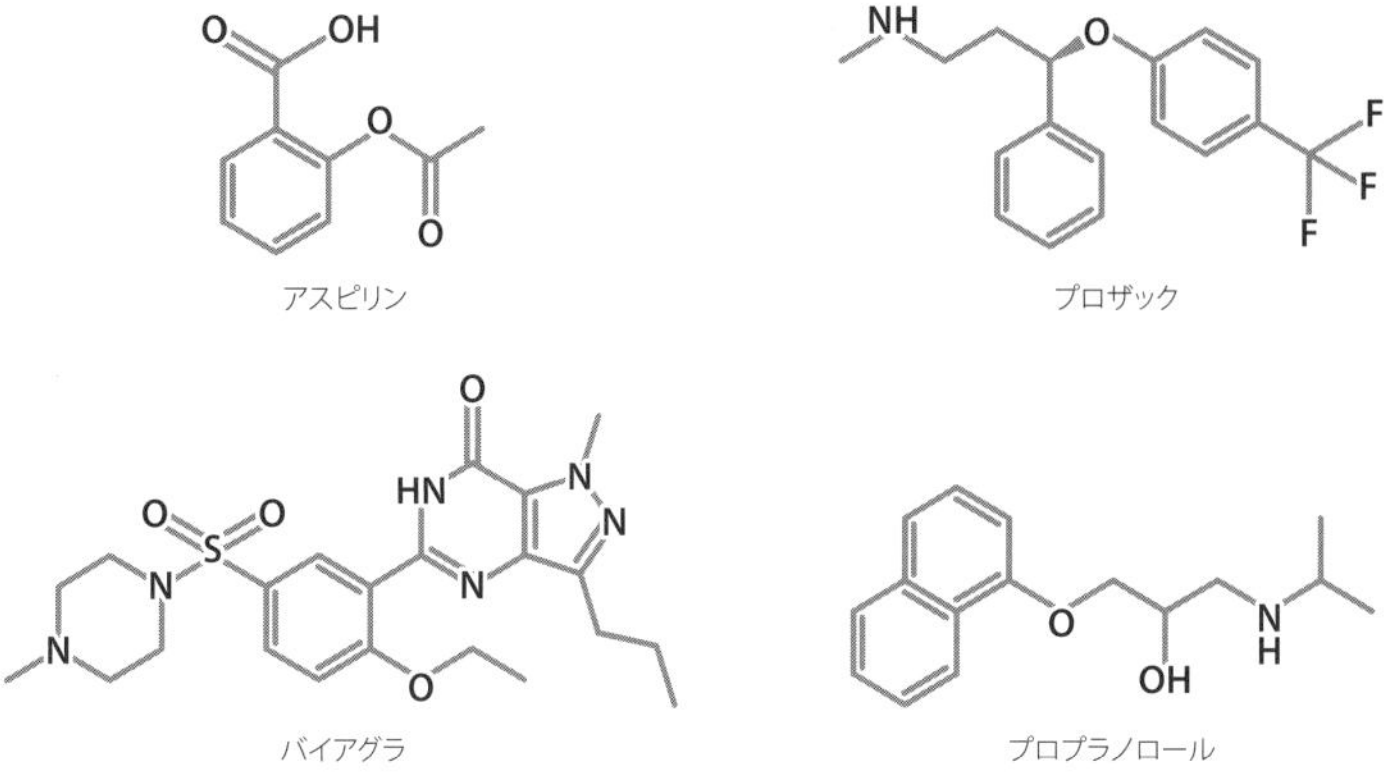

アスピリン

プロザック

バイアグラ

プロプラノロール

図19.1 一般に使われるいくつかの低分子薬の構造。

モンである。また抗体は、かなり成功を収めた別の種類のタンパク質薬である。これは、私たちの体が感染と戦うためにつくり出している分子を人工的に生産したものである。製薬会社は、過剰に発現されているタンパク質に結合し、その活性を中和させるように抗体を働かせる方法を見つけた。最もよく売れたのは関節リウマチを効果的に治療する抗体だが、そのほかにも乳がんや失明というようなさまざまな症状を治療する抗体がある。[1]

低分子と抗体には長所と短所がある。低分子はたいてい製造コストが安く、投与も簡単で、飲むだけでよい場合が多い。低分子の短所は体内でそれほど長く維持されないことであり、定期的に薬を摂取する必要があるのはそのためである。抗体は体内で数週間、あるいは数か月も維持されるが、専門医による投与が必要であり、製造コストがとても高い。また別の短所もある。抗体は血液のような体液の中にある分子、あるいは細胞の表面にあるような分子に対して有効に作用するが、細胞の中に入って働くことはできない。構造的な特性から、低分子は必要な場合は細胞内に入って標的に作

345 薬は効く（ただしときどき）

用することができるが、抗体のようなタンパク質の場合はそのように制御しようとしても限界がある。
低分子は鍵穴に対する鍵のような働きをする。あなたが家の中にいて、外から誰も入れないようにする最も簡単な方法はドアをロックして、その鍵を家の中に入れておくことである。それ以降、誰も中に入れたくなければ、少々不具合のある鍵を使ってドアをロックして、鍵穴を鍵で詰まらせてしまうこともできる。

このようなことができるのは、鍵が鍵穴にぴったりとフィットするからである。しかし、昔ながらのスライド式のロックでは鍵を使うことはできない。鍵を差し込む場所はなく、表面のまわりをただ無駄に滑らせることしかできない。これは私たちの細胞でも同じである。私たちの細胞の中には、私たちが制御したいと考えているタンパク質がたくさんあるが、その構造のために有効な低分子をつくることができないのだ。それらのタンパク質は、薬をフィットさせられるようなちょうどよい溝やポケットを持たず、ただ広くて平らな表面を持つだけで、低分子が引っかかるような場所はないのだ。

平らな表面全体を覆うような大きな分子をつくることはできるかもしれないが、薬があるサイズより大きくなってしまったら、体内を効率よく循環せず、細胞の中に入って仕事をすることもできなくなるという問題に直面する。

また別の問題もある。細胞の中にうまく入り込んで、特定のタンパク質に結合して、その標的タンパク質の働きを止めるような薬をつくるだけでも十分難しいのに、標的タンパク質に結合して、逆にそのタンパク質の働きを強めたりよくしたりするような薬をつくるのは、信じられないほど難しいのだ。さらに、ある特定のタンパク質の発現だけを上昇させる、あるいはひとつの遺伝子のスイッチだ

けをオンにするような薬を、従来の方法でつくり出すことは事実上不可能である。

▼ジャンクDNAは私たちを救えるのか？

これが薬物治療の新しいアプローチに大きな関心が集まっている理由であり、ジャンクDNAに関する知識の蓄積が重要な理由でもある。長鎖ノンコーディングRNA、あるいはスモールRNAを使うことで、従来の低分子薬や抗体薬では対処できなかった経路を標的とすることが理論的には可能となるのだ。標的が細胞の中にあろうが平らな表面を持っていようが関係ない。タンパク質や遺伝子の発現や活性を上昇させる必要もない。私たちはこの新しいアプローチをどんな種類の標的に対しても使うことができるのだ。

理論上――これが問題の核心となる言葉である。理論上。このアイディアの汎用性は高いが、実際に成功するのはまれである。私たちの年金や資金をこの業界で研究している最近のバイオ企業に投資する前に、実際に状況を見ておくのは大切なことである。現在も数多くの計画が進行しているので、[2]少数の先導的な例を分析してみることにしよう。

肝臓でつくり出されて、別の分子を体内で運搬するタンパク質がある。このタンパク質をつくり出す遺伝子に遺伝的な変異を持つ人が、世界中で約5万人いる。変異の種類はさまざまだが、すべて同じような影響を持っているように見える。それらの変異はすべてタンパク質の活性を変化させ、間違った分子を輸送し始める。[*1・3]

これが起きると、正常なタンパク質と異常なタンパク質を含む沈着物が組織の中に堆積し始める。

沈着物が堆積した組織に応じて、患者は幅広い症状を示す。これまでに知られた症例の80％では、影響を受ける主要な臓器は心臓であり、致死的な心臓欠陥が引き起こされる可能性がある。残りの20％の症例の多くは、神経や脊髄で沈着物が堆積する。その結果、さまざまな臓器において機能が低下していくという問題が起き、その症状には、軽微な刺激に対して痛みを感じる、異常な感覚反応が起きる症状が含まれる。

アルナイラムという会社が、糖分子を付加し、患者に投与できるようにしたスモールRNAをつくり出した。このスモールRNAは、病気の原因となる変異タンパク質をコードするメッセンジャーRNAの非翻訳領域に結合する。この結合によってそのメッセンジャーRNAは分解される。

2013年、アルナイラム社は自分たちの薬を使った第Ⅱ相臨床試験のデータを公表した。患者に薬を投与したところ、変異タンパク質と正常タンパク質の体内循環量が、急速に、しかも持続的に減少することがわかったのだ[4]。これは有望な結果であるが、まだ治療とまでは行かない。体内の循環量が減少すれば、組織での沈着物の堆積が遅くなると予想される。これは少なくとも病気の進行を遅らせることにはつながるだろう。しかし、患者の症状や病気の進行を観察するような、大がかりな臨床試験が行われるまで、実際に予測通りのことが起きるかどうかわからない。病気の症状や進行に影響があることが確認されて、初めてその薬が成功したと見なされるだろう。

マーナ・セラピューティクスという別の会社は、がんで重要だということが知られているスモールRNAを模したものをつくった。本来のスモールRNAはがん抑制因子であり、その全体的な効果は細胞の増殖を抑えることだ。細胞分裂を促進させる、少なくとも20個の遺伝子の発現を負に制御する

ことでその機能を果たしている。がん患者ではこのスモールRNAの発現が失われているか減少している場合が多く、細胞分裂のブレーキが外れた状態になっている。望みは、このスモールRNAを細胞に再び導入することで正常な遺伝子制御パターンが回復し、細胞が急速に増殖を止めることである。

マーナ社はこの模倣スモールRNAの有効性を肝がんの患者でテストした。いままでのところ、患者がどこまでこの薬の量に耐えられるかを見ることを目的とした臨床試験が行われただけである。このアプローチが臨床的に有効かどうかわかるまでには、まだしばらく時間がかかるだろう[5]。

アルナイラム社とマーナ社が開発したものには、巧みだが一見しただけではわからないある工夫がされている。核酸の類似体を使った薬を開発しようとしてきた会社がこれまで直面してきた最も大きな問題のひとつは、私たちの体の解毒作用である。これは従来の薬の開発でもたびたび問題になることがある。基本的に、どんな種類の新しい化合物でも、体に入ると肝臓に行く見込みがかなり高い。このきわめてエネルギッシュな臓器の主要な仕事のひとつは、外見が気に入らない物ならどんな物でも分解してしまうことである。進化的な歴史を見ても、肝臓のこの働きは食べ物の毒から私たちを守るために役に立ってきた。しかし問題は、排除してもらいたい毒と、私たちが使いたいと思っている薬を、肝臓は見分けられないことである。肝臓はどちらも取り込んで分解しようとするのだ。

古い言葉を使えば、アルナイラム社とマーナ社は、避けがたい事態を有効に活用した（make a virtue from necessity）といえるかもしれない。アルナイラム社は肝臓でつくられているタンパク質の発現を標的としている。マーナ社は肝がんの治療法を開発しようとしている。彼らがつくった分子は、まさに到達してほしい臓器に取り込まれるのだ。両社は分子の構造や封入方法を改良し、いったん肝

臓の中に入ったら、しばらくの間分解されないで、細胞の中で働けるようにした。スモールRNAによるアプローチは、ほかの数多くの症状で検討され、細胞や動物を用いた予備的な実験では有効に見える場合が多い。[6] しかし、筋萎縮性側索硬化症のような症状では、核酸は肝臓を回避して脳に取り込まれる必要があり、この技術に資本を投じる会社が成功するかどうかはまだわからない。

第17章で、デュシェンヌ型筋ジストロフィーに対する新しい治療法への希望が、大規模な臨床試験での予期せぬ残念な失敗の後で後退してしまった事例を紹介した。この際に使われた手法は、アンチセンスとして知られる、特別なジャンクDNAを使った一例である。

アンチセンスのジャンクRNAは、おそらく私たちのゲノムで広範に使われている機構で、これは2本鎖を形成するというDNAの特徴のためである。このことについては第7章で触れており、生物学的な実例として紹介した*Xist*とそのアンチセンスの相手*Tsix*である。[DEER]という単語を比喩として使って、逆に読めば[REED]になることを示した。これは単に、DNAからRNAコピーをつくる酵素が、一方の鎖を左から右に読むか、反対の鎖を右から左に読むかに依って、つくられるRNAが変わるからだ。

しかし、多くの単語は両方向から読むことはできない。同じように、ゲノムの一方向から読んだメッセンジャーRNAはタンパク質をコードするかもしれないが、同じ領域を逆にコピーしてもタンパク質に翻訳することのできないジャンクRNAになるだけである。ときとしてこれは細胞内に自己調節型のループをつくり出し、ある遺伝子の発現を制限する。この例について**図19・2**に示している。

[BIOLOGY]という単語を逆に読むと[YGOLOIB]という意味をなさない単語になる。

第19章　350

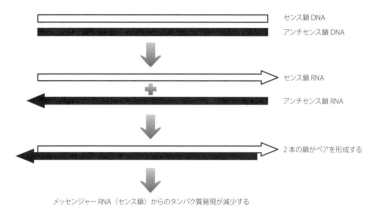

図19.2 ゲノムの一部の領域では、両方のDNA鎖が逆方向にRNAにコピーされる。これらはセンスRNA（タンパク質の配列をコードする方）とアンチセンスRNA（タンパク質配列をコードしない方）として知られている。アンチセンスRNAは、センスRNAに結合してその活性に影響を及ぼすことができ、極端な例では、センスメッセンジャーRNAからのタンパク質産生を阻害することもある。

研究者たちは、タンパク質コード遺伝子の約3分の1は、アンチセンス鎖からジャンクRNAもつくり出しているという報告をした。しかし、通常つくり出されるアンチセンスRNAの量は少なく、本来のタンパク質コード遺伝子のRNAに比べて、その量は10％未満である場合が多い。アンチセンスは遺伝子内部の短い領域だけからつくり出されるときもある。また、センスとアンチセンスは別の場所から始まって別の場所で終わり、それらは重複する部分に加えて独自の部分も持つ場合もある。ときには、センスDNA鎖からセンスRNAをコピーしている装置が、逆方向からアンチセンスRNAをコピーしている装置と衝突し、その結果どちらの装置もDNAから落ちて、両方のRNA分子のコピーが中断されることもある。これはタンパク質をコードするRNAだけに限らず、一部の長鎖ノンコーディングRNAでさえそのアンチセンスのRNAが存在している。

アンチセンスRNAがセンスRNAに結合したときの影響はさまざまである。**図19・2**は、この結合によってセンスRNAがタンパク質へ翻訳されるのが妨げられる例を示している。しかし、アンチセンスRNA結合によってメッセンジャーRNAが安定化して、最終的にタンパク質の高発現につながるような別の状況も知られている。[8]

最初に期待されたデュシェンヌ型筋ジストロフィーの臨床試験では、ジストロフィンのメッセンジャーRNAを認識して結合するアンチセンス分子が患者に投与された。そのアンチセンス分子は、体の中で急速に分解されないように化学的な修飾が付加されたものだった。アンチセンス分子がジストロフィンのメッセンジャーRNAに結合すると、スプライシング装置が正常に結合するのを妨げる。このアンチセンス分子はメッセンジャーRNAのスプライシングの様式を変化させて、変異型のタンパク質で一番問題となっている領域を取り除くと期待されたのである。

▼ハッピーエンドもある

デュシェンヌ型筋ジストロフィーの臨床試験は最終的に失敗したが、アンチセンスの分野全体にケチがついたと考えるべきではない。事実成功したケースもある。1998年、網膜のウイルス感染[*2]で失明する恐れのある免疫不全の患者にアンチセンス薬を使うことが認可された。アンチセンス分子はウイルスゲノムに結合して、ウイルスの増殖を抑制したのだ。[9] これは効果的な薬だったが、2つの疑問が生じる。なぜこの薬はそこまでよく効いたのか？　そして、よく効くとして、なぜメーカーはその薬の販売を2004年に止めてしまったのか？

どちらの答えもきわめて単純である。薬がよく効いたのは、それが直接目の中に投与されたからである。肝臓を通って行くことはないので、肝臓で捉えられて分解されてしまうような問題は起きない。ウイルスを標的として、しかも目という自己完結したような体の一部に限った治療だったため、患者のほかの組織で遺伝子発現を広く妨害するような危険性もなかった。

よいことずくめのように見えるが、それではなぜメーカーは2004年にこの薬の販売を止めてしまったのか？　この薬は重篤な免疫不全の患者のために開発されており、そのような患者の大部分はエイズの患者であったことと関係がある。2004年までに、エイズの原因ウイルスであるHIVをコントロールできる、とても優れた薬が使えるようになった。患者の免疫系の調子は良好な状態で保たれ、もはや網膜のウイルス感染に打ち負かされることがなくなっただけのことである。

さらに最近の動向としては、アンチセンスのジャンクDNAを治療に使う道がまだ残されていることが示されている。家族性高コレステロール血症という深刻な病気がある。イギリスではこの病気の人が約12万人いると推計されているが、まだこの病気と診断されていないだけの人が多くいるかもしれない。この病気の人たちはある遺伝子変異を持ち、そのため細胞が悪玉コレステロールを取り込んでそれを正しく処理することができなくなる。その結果、患者の3分の1から半分は50代半ばまでに重篤な冠動脈疾患を発症することになる。[10]

この症状を持つ一部の患者では、スタチンという名前で知られている、血液中のコレステロール値を低下させる薬がよく効いて、心血管疾患のリスクが軽減される。これは、その特定の遺伝子に関して変異のコピーをひとつだけ持ち、もう一方のコピーは正常であるような患者の場合によく見られる。

しかし、一部の重症の患者、特にその遺伝子について両方とも変異のコピーを持つ患者にはスタチンは効果がない。このような患者の多くは1週間に1回か2回、血漿《けっしょう》除去という、血液をある機械に通して危険なコレステロールを取り除く措置を受けなくてはならない。

ところで、バスタブがお湯であふれないようにするには2つの選択肢がある。ひとつは排水口からお湯を出し続けることで、もうひとつは蛇口を締めてそれ以上お湯を入れるのを止めることである。

イシスという会社が、低比重リポタンパク質、いわゆる「悪玉コレステロール」の中の主要なタンパク質を標的としたアンチセンス分子を開発した。*3 家族性高コレステロール血症の人に対するこのアンチセンス治療は、蛇口を止めるように働く。アンチセンス薬は悪玉コレステロールのタンパク質に結合してそれを抑制し、その結果、そのタンパク質の量が減り、悪玉コレステロールの量も減少する。イシス社は何億ドルという対価でジェンザイムというもっと大きな会社にこの薬の使用許可を与えた。

このアンチセンス薬*4は、2013年1月にアメリカ食品医薬品局によって使用が認可された。最も重篤な家族性高コレステロール血症の患者だけに使用が認められたのである。この薬が市場に出るまでに成功したのは（ひとりの患者に1年間で17万ドル［2000万円］超という涙が出るようなコストがかかるが）[11]、そう、あなたの予想通りこの遺伝子は肝臓で発現されているためである。しかしながら、この薬の副作用として肝臓毒性が報告された。アメリカ食品医薬品局は、サノフィ社（ジェンザイムを買収した会社）に対してすべての患者の肝機能を観察すべきだと要求した。[12] 一方、欧州医薬品庁は、安全性に対する懸念からこの薬の使用を認可していない。[13]

このアンチセンス治療のために、イシス社がジェンザイム社から受け取った何億ドルというのは膨

大なお金である。ここで考えてみてほしい。基礎研究から市場に薬を出すまでに20年以上の時間がかかり、すべての過程には30億ドル以上かかっている。[14] 信じられないほど大きな投資である。

もちろん、先駆的な薬、特に未経験の分子を使うような薬は、開発に長い時間と多くの資金がかかるに違いない。しかし、それ以降はもっと速くスムーズに進むのが理想である。ジャンクDNAに関連した治療の臨床試験は、確実に数が蓄積されつつある。たとえば、ウイルスの細胞への感染に利用されているヒトのスモールRNAがある。ジャンクをジャンクに対する戦いに使う一例として、このスモールRNAを標的とするアンチセンス薬が第Ⅱ相臨床試験にある。[15]

しかし、憂慮すべき奇妙な話がある。2006年、巨大製薬会社のメルク社が、スモールRNAを治療に向けて開発している会社のために何十億ドルを超すお金を支払った。ところが2014年、メルク社は支払った資金の一部にしかならない金額でその会社を売却した。[16] また、別の巨大会社であるロシュ社は、2010年にこの研究分野への取り組みをストップした。

最近、スモールRNAの研究を手掛けるバイオ企業に対する投資が激増している。ラナ・セラピューティクス社という、長鎖ノンコーディングRNAとエピジェネティック装置の相互作用を阻害するRNAをもとにした薬を開発している会社への投資額は、2012年に2000万ドル以上に跳ね上がった。[17] ディサーナ社という、まれな疾患やがんの診断に使うスモールRNAを開発している会社への投資は、2014年に9000万ドルに上昇した。[18] これまで臨床試験まで到達したプログラムはないにもかかわらず、両社が受け取ったのは第三者による融資であった。[19]

しかし、奇妙なことがある。私が本章を執筆している2014年の春に、私宛てに一通の電子メー

ルが届いた。それはノバルティス社がこの分野の研究を劇的に縮小する決定を下したという内容だった。[20] この巨大製薬会社は、そのおもな理由として、スモールRNAを正しい組織に届ける方法に問題を抱えているということについて言及したのだ。これは、製薬会社が最初にこの種の薬の開発を始めた頃から指摘されていた、この治療に関する最も大きな問題である。ジャンクRNAの分野に関わる多くの会社が、優秀な科学者たちをこの問題の解決に投入してきたが、それで根本的な薬物を組織に送り届ける問題が一夜で消えるという意味ではない。もちろんすべての会社が失敗することはないだろう。しかし、かなり多くはそうなるに違いない。この問題に対する大きな進展はなく、なぜ投資家たちがこの分野の新しいバイオ企業に資金を投じたのかを説明する理由は見あたらない。

将来、ゲノム上のすべてのエピジェネティック修飾の意味を解読し、遺伝子発現へのそれらの修飾の影響を正確に予測することができるようになるだろう。私たちはいつか炭素を捕捉する方法や、火星に移住する方法を見つけるだろう。結核は遠い記憶となり、ヒッグス粒子を理解することになるに違いない。しかし、投資の世界において、経験では説明できない人々の衝動の裏にある理屈を明らかにすることはできるだろうか？　みな現実的になるべきだろう。

▼**第19章 注**

＊1　このタンパク質は「トランスチレチン」とよばれる。
＊2　このウイルスはサイトメガロウイルス（CMV）だった。
＊3　標的とされたタンパク質は、「アポリポタンパク質B100」とよばれる。
＊4　この薬はMipomersen（あるいはKynamro）とよばれる。

第20章

暗闇の中のいくつかの明かり

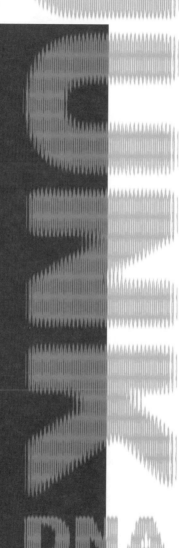

第20章　暗闇の中のいくつかの明かり

私たちのゲノムの暗闇をさまよったこの旅も、そろそろ終わりに近づいてきた。しかし、鋭い読者は、本書の始まりの部分で紹介したあるヒトの疾患の謎について、私たちがまだ答えていないことに気づいているかもしれない。この病気は、顔面肩甲《けんこう》上腕ジストロフィー（略してFSHD）という難しい名前がつけられており、その患者には顔と肩と上腕の筋肉が消耗する症状が現れる。

この病気は、患者が4番染色体の一方のコピーで、ある繰り返し配列の数を少なく受け継いだときに起きる。この変異が発見されてからかなりの年月が経つが、これがどうして病気を引き起こすのか、その理由は長い間謎のままだった。なぜなら、この遺伝的に問題がある場所の近くには、タンパク質コード遺伝子が存在するようには見えなかったからだ。

ついに私たちは、この病気の症状がどうして引き起こされるのか理解するが、その真相は驚きである。私たちがこれまでに本書で出会った数々のテーマが一堂に会する。ジャンクDNA、エピジェネティクス、化石のような遺伝子、RNA加工の異常、これらすべてが一緒に働いて、どのように病理的陰謀ともいうべき驚くべき話がつくられるのか明らかになる[1]。

ここで要点をまとめてみよう。正常な4番染色体では、ある領域が11回から100回繰り返されて

存在しており、その繰り返しの単位は3000塩基対を超える長さを持つ。FSHDの患者では、4番染色体の一方のコピーにおいて、この繰り返しの数が少なくなっている（1から10の間）。

ここでまずひとつ複雑な問題が出てくる。この繰り返しの数が10かあるいはそれよりも少ない数を持ちながら、FSHDを発症していない人たちがいるのだ。彼らの筋肉はまったくの健康である。つまり、4番染色体が別の特徴をあわせ持つ場合にだけ、繰り返しの減少が問題になるのである。

ここでいう別の特徴の重要性を理解するために、繰り返しの単位の中に何が存在するのかもう少し詳しく見る必要がある。繰り返しの単位はすべて「レトロ遺伝子」を含んでいる。[*1] レトロ遺伝子はジャンクDNAの一種である。これは正常な細胞内の遺伝子からつくられたメッセンジャーRNAが、DNAに逆コピーされてゲノムに再挿入されてつくられる。これは**図4・1**（54ページ）で見た過程とよく似ており、ヒトの進化史の遠い昔に起きたことである。

レトロ遺伝子は、本来メッセンジャーRNAを鋳型としてつくられたものなので、通常の遺伝子のような適切な調節配列を持っていない場合が多い。それらはスプライシングで除かれる配列を持たず（メッセンジャーRNAはDNAにコピーされる前にスプライシングされてしまっているので）、適切なプロモーターやエンハンサー領域も失っている。しかし、一部のレトロ遺伝子はまだメッセンジャーRNAをつくるために使われることがある。これはFSHDのレトロ遺伝子の場合にも起きているが、通常それが問題になることはない。なぜなら、つくり出されたRNAは細胞の中で正常に機能しないからである。そのRNAは、メッセンジャーRNAの端に連続したA塩基を付加するという、**図16・5**（294ページ）で説明されている過程を経るための正しいシグナルを持っていない。このため

ＦＳＨＤのレトロ遺伝子のメッセンジャーＲＮＡは不安定で、タンパク質をつくり出すための鋳型として使われることはない。

しかし、少ない数のＦＳＨＤの繰り返しを持つ人が、さらに4番染色体上に別の配列を持っていると、ＦＳＨＤの一番端のコピーは付加的な配列とつなぎ合わされてしまう。その結果、ＦＳＨＤのレトロ遺伝子のメッセンジャーＲＮＡの終わりに、通常のメッセンジャーＲＮＡのようなシグナル（ポリアデニル化シグナル）がつくられて、それによって細胞内の装置が多数のＡ塩基をつけられるようになるのだ。このＡ塩基はメッセンジャーＲＮＡを安定化し、今度はリボソームに運ばれてタンパク質をつくり出すための鋳型として働く。つくられるタンパク質は、成熟した筋細胞では決してスイッチがオンにならないタンパク質である。

ＦＳＨＤのレトロ遺伝子にコードされたタンパク質は、本来特定のＤＮＡ配列に結合してほかの遺伝子の発現を制御するようなタンパク質である。それは、通常、卵や精子をつくり出す生殖細胞系列の細胞だけで発現されている。このタンパク質の発現がなぜ筋肉の消耗を引き起こすのかについての明確な説明はまだないが、数々の機構が関与している可能性が考えられる。筋細胞に細胞死を引き起こす遺伝子を活性化するのかもしれない。本来は抑制されるべきレトロ遺伝子やゲノムの侵入者が活性化することで、筋肉の幹細胞が失われてしまうことが原因かもしれない。ひとつの興味深い可能性は、ＦＳＨＤタンパク質を発現している筋細胞が患者自身の免疫系によって破壊されてしまうというものである。

生殖細胞系列は、免疫学的に特権を与えられた組織として知られ、通常免疫系の細胞から隔離されれ

ている。これは、私たちの免疫系が、免疫学的な特権を持つ組織の細胞を、正常な体の一部だと学習する機会を持たないということを意味している。もし生殖細胞系列のタンパク質のスイッチが成人の筋細胞でオンになったとしたら、免疫系はまるで外から来た生物に対するように反応して、見慣れないタンパク質を発現しているその細胞を攻撃するかもしれない。

ＦＳＨＤは、疾患におけるジャンクＤＮＡの重要性を教えてくれる素晴らしい例である。遺伝的な異常によってジャンクＤＮＡの量が変化する。この結果、ジャンクＤＮＡは発現されて、さらにジャンク配列の付加という修飾を受ける。しかし、全体像にはまだほど遠い。ＦＳＨＤレトロ遺伝子は、特定のパターンのエピジェネティック修飾があるときだけ安定に発現されるのだ。

正常な細胞では、細胞が胚性幹細胞のように多能性の状態にあるときだけＦＳＨＤのレトロ遺伝子が発現される。この段階ではＦＳＨＤの繰り返し配列は活性型のエピジェネティック修飾に覆われている。しかし細胞が分化すると、活性型の修飾は不活性型の修飾に置き換えられ、その領域は抑制される。しかし、もしＦＳＨＤの患者から多能性の細胞がつくられると、その細胞が分化しても活性型の修飾は置き換えられず、レトロ遺伝子のスイッチはオンのままとなる。

この全体像の別の側面は、ＦＳＨＤという遺伝子領域全体の制御である。繰り返しの領域と４番染色体のほかの領域の間にはインスレーター領域がある。11-FINGERS（２２７ページ）タンパク質がこのインスレーター領域に結合して、ＦＳＨＤ遺伝子の領域と染色体の近隣領域で、異なるエピジェネティック修飾のパターンが維持されるようにしている。

これらすべての特徴の上に、さらに４番染色体の関連する領域を介した３次元構造もＦＳＨＤ遺伝

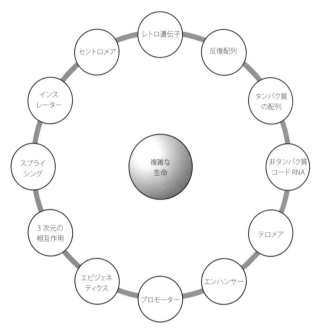

図20.1 あなたという偉大な産物をつくり出すために、一緒に働いている相互作用因子のほんの一部。

子の発現に役割を果たしている。これらすべての要素の組み合わせによって、FSHDの患者に見られる限定的な筋肉の消耗が引き起こされているのはまず間違いない。症状が現れるためには、これらのすべての状況が適切に（あるいは不適切に）作用する必要がある。

ジャンク領域の変化がFSHDという疾患を引き起こすしくみは、私たちのゲノムの異なる要素が一緒に働いている、複雑で重層的な過程を示す素晴らしい例である。また、私たちが細胞の中で起きていることを考える際、直線的な経路として考えるだけでなく、複雑に絡み合っているという視点から考える必要があることをはっきり示している。図20・

図20.2 ちょっとだけ見て、このチェス盤には四角形が何個あるだろうか？

1 はこれを図示しており、私たちのゲノムの一番重要な特徴はどれかというような議論には意味がないことを例示している。いずれかの要素を壊したら、結果は現れる。いくつかの影響はほかのものより大きいが、すべて一緒に働いているのだ。

もちろん、私たちの持つ何十億という塩基対のすべてが機能しているという意味ではない。一部は本当にゲノムのガラクタで何の役にも立っていないかもしれないが、別の領域は、いったん捨てられたが役に立つ何かに変わったという意味のジャンクかもしれない。[2]

とても単純だろうと考えていたいくつかの疑問も含めて、私たちが知らないことはまだたくさんある。どれだけ多くの機能的なジャンクDNA領域が細胞内にあるかについての明確な答えはまだない。簡単だと思うかもしれないが、**図20・2**を一瞬だけ眺めて、次の質問に答えてみてほしい。チェス盤の中には何個の四角形があるだろうか？

直感的な答えは64だろう。しかし、実際の答えは204である。なぜなら、黒と白の個々の四角形のまわりにはさまざまな大きさのもっと大きな四角形を見つけることができるからである。私たちのゲノムはこれと似ている。ひと続きのDNAの中には、タンパク質コード領域、長鎖ノンコーディングRNA、スモールRNA、アンチセンスRNA、スプライシングを指示する部位、非翻訳領域、プロモーター、そしてエンハンサーがある。私たちのゲノムを理解するには、これに、各個人のDNA配列の違いによる影響、エピジェネティック修飾の違いによる影響、3次元的な相互作用の変化の影響を重ね、これにほかのタンパク質やRNAとの結合を加味し、そしてつねに変化し続ける環境の影響を加えなければならない。

私たちのゲノムの複雑性を真剣に考えたら、私たちがまだすべてを理解していないということは驚くことではない。そのうちの一部を理解していることだけでも驚くべき大成功である。新しく学ぶべきものがつねにある、暗闇の先には。

▼第20章 注

＊1　この特別なレトロ遺伝子は*DUX4*とよばれる。

訳者あとがき

本書はネッサ・キャリー著、"Junk DNA：A Journey Through the Dark Matter of the Genome"（Icon Books Ltd., 2015）の翻訳である。

最近、ニュースなどで「ゲノム」という言葉をよく耳にするようになってきた気がする。ゲノムとは、「その生物が持つすべての遺伝情報」を指す言葉である。たとえば、ある生物のゲノムが初めて解読され、その結果、新しい進化的な知見が得られたとか、あるいは、個人のゲノム情報を調べることで新しいオーダーメイド医療が可能になった、というような具合である。

本書でも紹介されているが、ヒトの全ゲノムが２０００年に解読され、その結果明らかになったことは、私たちのゲノムの中でタンパク質をコードしている配列がたった2％しか存在せず、残りの98％は機能のわからない配列で占められているという事実だった。これらの大半は、ヒトという種が他の生物種から分かれるより前にゲノムに挿入された、いわゆる化石のような配列であったことから、ジャンク（ガラクタ）とよばれ、その存在意義は長い間不明なままだった。

本書は、著者であるネッサ・キャリー博士が、私たちにとって比較的身近な「遺伝病」という視点から、この「ジャンク」の機能に切り込んだ、非常に斬新な力作である。もちろん、読

者の中には、家族や親類に関連する病気の患者がいて、複雑な心境で本書を読み進めた方もいるかもしれない。ただし、本書の中でも書かれているように、遺伝病というのはジャンクの機能を知るための重要な手がかりであり、実際にジャンクの機能を知ることで、治療や症状の改善につながることが期待される。本書の中で紹介されている数々の病気は、これまで重要だと考えられていたタンパク質コード領域ではなく、いわゆるジャンクの中の変化が原因となって起きている。本書を読んで、遺伝病という自然が生み出した産物から、私たちヒトのゲノムを俯瞰することがいかに重要であるかを再認識させられたのではないだろうか。

本書が素晴らしいと思える点は、ジャンクDNAに関する最新のトピックを第三者的な立場できちんと説明しているところであろう。私たちのゲノムの80%は本当に何らかの機能を持っているのか？　そこから生み出される長鎖ノンコーディングRNAは細胞の中で何か役目を果たしているのか？　テロメアは本当に寿命を示す分子時計なのか？　生殖医療はインプリンティングの異常と関係があるのか？　スモールRNAは医薬品になり得るのか？　本書ではこれらの最新のトピックを丁寧に説明しており、特にENCODEに関する議論については、じつに臨場感あふれる書き方で紹介している。これらの課題は、いままさに研究者たちが取り組んでいるものであり、今後5年、10年の間に大きく進展すると期待される。

もうひとつ本書の特徴を挙げるとすると、本書では最新のトピックや研究成果が数多く紹介されているが、その一方で、その背景にある生物学の基礎がわかりやすく説明されており、本書を通読するだけで、基礎知識をきちんと習得（あるいは復習）できるという点である。DNA

の構造、セントラルドグマ、イントロン、テロメア、セントロメア、プロモーター、リボソーム、X染色体、スモールRNAなどなど、それこそ、私自身が現在大学で教養教育課程の学生に教えている内容が、非常にわかりやすく（もしかしたら私の講義よりも上手に）紹介されている。もちろん、ジャンクの役割を解明するために必要な知識であるのは間違いないが、生物学の知識を持っていない読者であっても、本書をきちんと読んで理解できれば、それこそ講義を聞いている学生並の基礎知識が得られるのではないかと思われる。

ところで、本書はネッサ・キャリー博士が、前作"The Epigenetics Revolution"（邦訳『エピジェネティクス革命—世代を超える遺伝子の記憶』、丸善出版株式会社、2015年）で作家としてのデビューを果たし、満を持して挑んだ2作目にあたる。前作と同様、本書の全体にわたって「キャリー節」とでもいえそうな、多種多様なたとえ話がふんだんに盛り込まれている。前作の訳者あとがきでも触れさせていただいたが、キャリー博士のたとえ話は独特で、本来一般読者に説明するのが難しい専門的な知見も、いとも簡単に理解してもらえるような工夫につながっている気がする。また、本書で引用されている映画の記述や俳優の台詞から、著者が無類の映画好きであることも容易に推察できる。前作が大好評だったのは、彼女の身近な人柄が行間から見えてくるような、独特のスタイルに読者が魅了されたからかもしれない。

ただし、本書のスタイルがまったく前作と同じかというとそうではない。1作目と比べて大きく変わった部分もある。たとえば冒頭の「用語についての注記」で書かれているように、本作では極力専門用語は避け、一般読者への細かい配慮をしているように見える。また、前作で

は登場する研究者について、著者の視点から生き生きと表現していたが、本作ではそのような研究者の記述はむしろ避けられているように思われる。きっとキャリー博士なりに試行錯誤しているに違いなく、次回の作品でどのような変化が見られるか楽しみである。

本書の翻訳に際して、多くの方のお世話になった。原稿を丁寧にチェックしていただいた東京大学大学院総合文化研究科の太田邦史教授、名古屋市立大学大学院システム自然科学研究科の田上英明准教授の両氏には深く感謝したい。そして、前回の『エピジェネティクス革命』に引き続いて、今回も何度も訳文を通読して細かいチェックをしてくれた、丸善出版株式会社の米田裕美さんに深くお礼申し上げる。本書はこれらの方々の協力なしには出版できなかったことを、ここで記させていただきたい。

2016年3月

中山潤一

8. アンチセンスの発現が遺伝子発現を制御する仕組みに関する優れた総説：
Pelechano V, Steinmetz LM. "Gene regulation by antisense transcription." *Nat Rev Genet*. 2013 Dec;14(12):880–93
9. http://www.drugs.com/cons/fomivirsen-intraocular.html
10. https://www.bhf.org.uk/heart-matters-online/august-september-2012/medical/familial-hypercholesterolaemia.aspx
11. http://www.medscape.com/viewarticle/804574_5
12. http://www.fda.gov/NewsEvents/Newsroom/PressAnnouncements/ucm337195.htm
13. http://www.medscape.com/viewarticle/781317
14. http://www.nature.com/nrd/journal/v12/n3/full/nrd3963.html
15. Lindow M, Kauppinen S. "Discovering the first microRNA-targeted drug." *J Cell Biol*. 2012 Oct 29;199(3):407–12
16. http://www.fiercebiotech.com/story/merck-writes-rnai-punts-sirna-alnylam-175m/2014-01-13
17. http://www.fiercebiotech.com/press-releases/rana-therapeutics-raises-207-million-harness-potential-long-non-coding-rna
18. http://www.bostonglobe.com/business/2014/01/30/dicerna-shares-soar-first-day-trading-after-biotech-raises-million-initial-public-offering/mbwMnXBSPsVCUVkGQLc64I/story.html
19. http://www.dicerna.com/pipeline.php as of 14 April 2014
20. http://www.fiercebiotech.com/story/breaking-novartis-slams-brakes-rnai-development-efforts/2014-04-14

第20章

1. 最後の話は数々の異なる研究者たちの発見を結びつけている。それぞれの論文を引用するよりは、以下の優れた総説を読むことをおすすめする：
van der Maarel SM, Miller DG, Tawil R, Filippova GN, Tapscott SJ. "Facioscapulohumeral muscular dystrophy: consequences of chromatin relaxation." *Curr Opin Neurol*. 2012 Oct;25(5):614–20
2. これは最初シドニー・ブレナーによってつくり出された区別と用語である。

27. このアプローチに関する広範な総説として以下を参照：
Schwarzenbach H, Nishida N, Calin GA, Pantel K. "Clinical relevance of circulating cell-free microRNAs in cancer." *Nat Rev Clin Oncol*. 2014 Mar;11(3):145–56
28. Chen W, Cai F, Zhang B, Barekati Z, Zhong XY. "The level of circulating miRNA-10b and miRNA-373 in detecting lymph node metastasis of breast cancer: potential biomarkers." *Tumour Biol*. 2013 Feb;34(1):455–62
29. Hong F, Li Y, Xu Y, Zhu L. "Prognostic significance of serum microRNA-221 expression in human epithelial ovarian cancer." *J Int Med Res*. 2013 Feb;41(1):64–71
30. Shen J, Liu Z, Todd NW, Zhang H, Liao J, Yu L, Guarnera MA, Li R, Cai L, Zhan M, Jiang F. "Diagnosis of lung cancer in individuals with solitary pulmonary nodules by plasma microRNA biomarkers." *BMC Cancer*. 2011 Aug 24;11:374
31. さらに詳しい情報については以下を参照：
http://emedicine.medscape.com/article/233442-overview
32. Trobaugh DW, Gardner CL, Sun C, Haddow AD, Wang E, Chapnik E, Mildner A, Weaver SC, Ryman KD, Klimstra WB. "RNA viruses can hijack vertebrate microRNAs to suppress innate immunity." *Nature*. 2014 Feb 13;506(7487):245–8
33. Jopling CL, Yi M, Lancaster AM, Lemon SM, Sarnow P. "Modulation of hepatitis C virus RNA abundance by a liver-specific MicroRNA." *Science*. 2005 Sep 2;309(5740):1577–81

第 19 章

1. 近年最もよく売れている薬のまとめとして以下を参照：
http://www.fiercepharma.com/special-reports/15-best-selling-drugs-2012
2. この分野には多数のブログがある。その例として：
http://biopharmconsortium.com/rnai-therapeutics-stage-a-comeback
3. さらに詳しい情報については以下で見つけることができる：
http://ghr.nlm.nih.gov/condition/transthyretin-amyloidosis
4. http://investors.alnylam.com/releasedetail.cfm?ReleaseID=805999
5. この臨床試験に関する最新の情報は以下のサイトで見ることができる：
http://mirnarx.com/pipeline/mirna-MRX34.html
6. Koval ED, Shaner C, Zhang P, du Maine X, Fischer K, Tay J, Chau BN, Wu GF, Miller TM. "Method for widespread microRNA-155 inhibition prolongs survival in ALS-model mice." *Hum Mol Genet*. 2013 Oct 15;22(20):4127–35
7. Ozsolak F, Kapranov P, Foissac S, Kim SW, Fishilevich E, Monaghan AP, John B, Milos PM. "Comprehensive polyadenylation site maps in yeast and human reveal pervasive alternative polyadenylation." *Cell*. 2010 Dec 10;143(6):1018–29

Molkentin JD, De Windt LJ. "Conditional dicer gene deletion in the postnatal myocardium provokes spontaneous cardiac remodeling." *Circulation*. 2008 Oct 7;118(15):1567–76

18. de Chevigny A, Coré N, Follert P, Gaudin M, Barbry P, Béclin C, Cremer H. "miR-7a regulation of Pax6 controls spatial origin of forebrain dopaminergic neurons." *Nat Neurosci*. 2012 Jun 24;15(8):1120–6
19. Konopka W, Kiryk A, Novak M, Herwerth M, Parkitna JR, Wawrzyniak M, Kowarsch A, Michaluk P, Dzwonek J, Arnsperger T, Wilczynski G, Merkenschlager M, Theis FJ, Köhr G, Kaczmarek L, Schütz G. "MicroRNA loss enhances learning and memory in mice." *J Neurosci*. 2010 Nov 3;30(44):14835–42
20. Schaefer A, O'Carroll D, Tan CL, Hillman D, Sugimori M, Llinas R, Greengard P. "Cerebellar neurodegeneration in the absence of microRNAs." *J Exp Med*. 2007 Jul 9;204(7):1553–8
21. Pietrzykowski AZ, Friesen RM, Martin GE, Puig SI, Nowak CL, Wynne PM, Siegelmann HT, Treistman SN. "Posttranscriptional regulation of BK channel splice variant stability by miR-9 underlies neuroadaptation to alcohol." *Neuron*. 2008 Jul 31;59(2):274–87
22. Hollander JA, Im HI, Amelio AL, Kocerha J, Bali P, Lu Q, Willoughby D, Wahlestedt C, Conkright MD, Kenny PJ. "Striatal microRNA controls cocaine intake through CREB signalling." *Nature*. 2010 Jul 8;466(7303):197–202
23. Fernández-Hernando C, Baldán A. "MicroRNAs and Cardiovascular Disease." *Curr Genet Med Rep*. 2013 Mar;1(1):30–38
24. 総説として、たとえば以下を参照：
    Suzuki H, Maruyama R, Yamamoto E, Kai M. "Epigenetic alteration and microRNA dysregulation in cancer." *Front Genet*. 2013 Dec 3;4:258. eCollection 2013
25. Kleinman CL, Gerges N, Papillon-Cavanagh S, Sin-Chan P, Pramatarova A, Quang DA, Adoue V, Busche S, Caron M, Djambazian H, Bemmo A, Fontebasso AM, Spence T, Schwartzentruber J, Albrecht S, Hauser P, Garami M, Klekner A, Bognar L, Montes L, Staffa A, Montpetit A, Berube P, Zakrzewska M, Zakrzewski K, Liberski PP, Dong Z, Siegel PM, Duchaine T, Perotti C, Fleming A, Faury D, Remke M, Gallo M, Dirks P, Taylor MD, Sladek R, Pastinen T, Chan JA, Huang A, Majewski J, Jabado N. "Fusion of *TTYH1* with the C19MC microRNA cluster drives expression of a brain-specific *DNMT3B* isoform in the embryonal brain tumor ETMR." *Nat Genet*. 2014 Jan;46(1):39–44
26. Song SJ, Poliseno L, Song MS, Ala U, Webster K, Ng C, Beringer G, Brikbak NJ, Yuan X, Cantley LC, Richardson AL, Pandolfi PP. "MicroRNA-antagonism regulates breast cancer stemness and metastasis via TET-family-dependent chromatin remodeling." *Cell*. 2013 Jul 18;154(2):311–24

5. Tassano E, Di Rocco M, Signa S, Gimelli G. "De novo 13q31.1-q32.1 interstitial deletion encompassing the *miR-17-92* cluster in a patient with Feingold syndrome-2." *Am J Med Genet A*. 2013 Apr;161A(4):894–6
6. さらに詳しい情報については以下を参照：
http://ghr.nlm.nih.gov/condition/feingold-syndrome
7. Han YC, Ventura A. "Control of T(FH) differentiation by a microRNA cluster." *Nat Immunol*. 2013 Aug;14(8):770–1
8. 総説として：
Koerner MV, Pauler FM, Huang R, Barlow DP. "The function of non-coding RNAs in genomic imprinting." *Development*. 2009 Jun;136(11):1771–83
9. Rogler LE, Kosmyna B, Moskowitz D, Bebawee R, Rahimzadeh J, Kutchko K, Laederach A, Notarangelo LD, Giliani S, Bouhassira E, Frenette P, Roy-Chowdhury J, Rogler CE. "Small RNAs derived from lncRNA RNase MRP have gene-silencing activity relevant to human cartilage-hair hypoplasia." *Hum Mol Genet*. 2014 Jan 15;23(2):368–82
10. Subramanyam D, Lamouille S, Judson RL, Liu JY, Bucay N, Derynck R, Blelloch R. "Multiple targets of miR-302 and miR-372 promote reprogramming of human fibroblasts to induced pluripotent stem cells." *Nat Biotechnol*. 2011 May;29(5):443–8
11. Li Z, Yang CS, Nakashima K, Rana TM. "Small RNA-mediated regulation of iPS cell generation." *EMBO J*. 2011 Mar 2;30(5):823–34
12. Ameres SL, Zamore PD. "Diversifying microRNA sequence and function." *Nat Rev Mol Cell Biol*. 2013 Aug;14(8):475–88
13. Huang TC, Sahasrabuddhe NA, Kim MS, Getnet D, Yang Y, Peterson JM, Ghosh B, Chaerkady R, Leach SD, Marchionni L, Wong GW, Pandey A. "Regulation of lipid metabolism by Dicer revealed through SILAC mice." *J Proteome Res*. 2012 Apr 6;11(4): 2193–205
14. Yi R, O'Carroll D, Pasolli HA, Zhang Z, Dietrich FS, Tarakhovsky A, Fuchs E. "Morphogenesis in skin is governed by discrete sets of differentially expressed microRNAs." *Nat Genet*. 2006 Mar;38(3):356–62
15. Crist CG, Montarras D, Pallafacchina G, Rocancourt D, Cumano A, Conway SJ, Buckingham M. "Muscle stem cell behavior is modified by microRNA-27 regulation of Pax3 expression." *Proc Natl Acad Sci U S A*. 2009 Aug 11;106(32):13383–7
16. Chen JF, Tao Y, Li J, Deng Z, Yan Z, Xiao X, Wang DZ. "microRNA-1 and microRNA-206 regulate skeletal muscle satellite cell proliferation and differentiation by repressing Pax7." *J Cell Biol*. 2010 Sep 6;190(5):867–79
17. da Costa Martins PA, Bourajjaj M, Gladka M, Kortland M, van Oort RJ, Pinto YM,

13. Haas JT, Winter HS, Lim E, Kirby A, Blumenstiel B, DeFelice M, Gabriel S, Jalas C, Branski D, Grueter CA, Toporovski MS, Walther TC, Daly MJ, Farese RV Jr. "*DGAT1* mutation is linked to a congenital diarrheal disorder." *J Clin Invest*. 2012 Dec 3;122(12):4680–4
14. Byun M, Abhyankar A, Lelarge V, Plancoulaine S, Palanduz A, Telhan L, Boisson B, Picard C, Dewell S, Zhao C, Jouanguy E, Feske S, Abel L, Casanova JL. "Whole-exome sequencing-based discovery of STIM1 deficiency in a child with fatal classic Kaposi sarcoma." *J Exp Med*. 2010 Oct 25;207(11):2307–12
15. http://www.genome.gov/11007255
16. Eriksson M, Brown WT, Gordon LB, Glynn MW, Singer J, Scott L, Erdos MR, Robbins CM, Moses TY, Berglund P, Dutra A, Pak E, Durkin S, Csoka AB, Boehnke M, Glover TW, Collins FS. "Recurrent *de novo* point mutations in lamin A cause Hutchinson-Gilford progeria syndrome." *Nature*. 2003 May 15;423(6937):293–8
17. http://www.nhs.uk/conditions/spinal-muscular-atrophy/Pages/Introduction.aspx
18. http://www.smatrust.org/what-is-sma/what-causes-sma/
19. Monani UR, Lorson CL, Parsons DW, Prior TW, Androphy EJ, Burghes AH, McPherson JD. "A single nucleotide difference that alters splicing patterns distinguishes the SMA gene *SMN1* from the copy gene *SMN2*." *Hum Mol Genet*. 1999 Jul;8(7):1177–83
20. Cooper TA, Wan L, Dreyfuss G. "RNA and disease." *Cell*. 2009 Feb 20;136(4):777–93
21. http://quest.mda.org/news/dmd-drisapersen-outperforms-placebo-walking-test
22. http://www.fiercebiotech.com/story/glaxosmithklines-duchenne-md-drug-mirrors-placebo-effect-phiii/2013-10-07

第 18 章

1. Ameres SL, Zamore PD. "Diversifying microRNA sequence and function." *Nat Rev Mol Cell Biol*. 2013 Aug;14(8):475–88
2. スモール RNA の分類に関するより詳細な記述については以下を参照：
Castel SE, Martienssen RA. "RNA interference in the nucleus: roles for small RNAs in transcription, epigenetics and beyond." *Nat Rev Genet*. 2013 Feb;14(2):100–12
3. Kang SG, Liu WH, Lu P, Jin HY, Lim HW, Shepherd J, Fremgen D, Verdin E, Oldstone MB, Qi H, Teijaro JR, Xiao C. "MicroRNAs of the miR-17~92 family are critical regulators of T(FH) differentiation." *Nat Immunol*. 2013 Aug;14(8):849–57
4. Baumjohann D, Kageyama R, Clingan JM, Morar MM, Patel S, de Kouchkovsky D, Bannard O, Bluestone JA, Matloubian M, Ansel KM, Jeker LT. "The microRNA cluster miR-17~92 promotes TFH cell differentiation and represses subset-inappropriate gene expression." *Nat Immunol*. 2013 Aug;14(8):840–8

いる。その例として：
Wang GS, Cooper TA. “Splicing in disease: disruption of the splicing code and the decoding machinery.” *Nat Rev Genet*. 2007 Oct;8(10):749–61
4. スプライソソームに関する詳細は、たとえば以下の論文で見つけることができる：
Padgett RA. “New connections between splicing and human disease.” *Trends Genet*. 2012 Apr;28(4):147–54
5. http://ghr.nlm.nih.gov/condition/retinitis-pigmentosa
6. Vithana EN, Abu-Safieh L, Allen MJ, Carey A, Papaioannou M, Chakarova C, Al-Maghtheh M, Ebenezer ND, Willis C, Moore AT, Bird AC, Hunt DM, Bhattacharya SS. “A human homolog of yeast pre-mRNA splicing gene, *PRP31*, underlies autosomal dominant retinitis pigmentosa on chromosome 19q13.4 (*RP11*).” *Mol Cell*. 2001 Aug;8(2):375–81
7. McKie AB, McHale JC, Keen TJ, Tarttelin EE, Goliath R, van Lith-Verhoeven JJ, Greenberg J, Ramesar RS, Hoyng CB, Cremers FP, Mackey DA, Bhattacharya SS, Bird AC, Markham AF, Inglehearn CF. “Mutations in the pre-mRNA splicing factor gene *PRPC8* in autosomal dominant retinitis pigmentosa (RP13).” *Hum Mol Genet*. 2001 Jul 15;10(15):1555–62
8. Chakarova CF, Hims MM, Bolz H, Abu-Safieh L, Patel RJ, Papaioannou MG, Inglehearn CF, Keen TJ, Willis C, Moore AT, Rosenberg T, Webster AR, Bird AC, Gal A, Hunt D, Vithana EN, Bhattacharya SS. “Mutations in *HPRP3*, a third member of pre-mRNA splicing factor genes, implicated in autosomal dominant retinitis pigmentosa.” *Hum Mol Genet*. 2002 Jan 1;11(1):87–92
9. Maita H, Kitaura H, Keen TJ, Inglehearn CF, Ariga H, Iguchi-Ariga SM. “PAP-1, the mutated gene underlying the RP9 form of dominant retinitis pigmentosa, is a splicing factor.” *Exp Cell Res*. 2004 Nov 1;300(2):283–96
10. 小頭性骨異形成原発性小人症１型（MOPD1 型）、テイビ・リンダー症候群としても知られている。詳しい情報は以下を参照：
http://rarediseases.info.nih.gov/gard/5120/microcephalic-osteodysplastic-primordial-dwarfism-type-1/resources/1
11. He H, Liyanarachchi S, Akagi K, Nagy R, Li J, Dietrich RC, Li W, Sebastian N, Wen B, Xin B, Singh J, Yan P, Alder H, Haan E, Wieczorek D, Albrecht B, Puffenberger E, Wang H, Westman JA, Padgett RA, Symer DE, de la Chapelle A. “Mutations in U4atac snRNA, a component of the minor spliceosome, in the developmental disorder MOPD I.” *Science*. 2011 Apr 8;332(6026):238–40
12. Padgett RA. “New connections between splicing and human disease.” *Trends Genet*. 2012 Apr;28(4):147–54

(AAUAAA→AAUGAA) leads to the IPEX syndrome." *Immunogenetics*. 2001 Aug;53(6):435–9
24. さらに詳しい情報は次を参照：http://www.alsa.org/
25. ALS に関係があると考えられている遺伝子のデータベースは、以下で見つけられる：http://alsod.iop.kcl.ac.uk/
26. Kwiatkowski TJ Jr, Bosco DA, Leclerc AL, Tamrazian E, Vanderburg CR, Russ C, Davis A, Gilchrist J, Kasarskis EJ, Munsat T, Valdmanis P, Rouleau GA, Hosler BA, Cortelli P, de Jong PJ, Yoshinaga Y, Haines JL, Pericak-Vance MA, Yan J, Ticozzi N, Siddique T, McKenna-Yasek D, Sapp PC, Horvitz HR, Landers JE, Brown RH Jr. "Mutations in the *FUS/TLS* gene on chromosome 16 cause familial amyotrophic lateral sclerosis." *Science*. 2009 Feb 27;323(5918):1205–8
27. Vance C, Rogelj B, Hortobágyi T, De Vos KJ, Nishimura AL, Sreedharan J, Hu X, Smith B, Ruddy D, Wright P, Ganesalingam J, Williams KL, Tripathi V, Al-Saraj S, Al-Chalabi A, Leigh PN, Blair IP, Nicholson G, de Belleroche J, Gallo JM, Miller CC, Shaw CE. "Mutations in FUS, an RNA processing protein, cause familial amyotrophic lateral sclerosis type 6." *Science*. 2009 Feb 27;323(5918):1208–11
28. Lai SL, Abramzon Y, Schymick JC, Stephan DA, Dunckley T, Dillman A, Cookson M, Calvo A, Battistini S, Giannini F, Caponnetto C, Mancardi GL, Spataro R, Monsurro MR, Tedeschi G, Marinou K, Sabatelli M, Conte A, Mandrioli J, Sola P, Salvi F, Bartolomei I, Lombardo F; ITALSGEN Consortium, Mora G, Restagno G, Chiò A, Traynor BJ. "*FUS* mutations in sporadic amyotrophic lateral sclerosis." *Neurobiol Aging*. 2011 Mar;32(3):550.e1–4
29. Sabatelli M, Moncada A, Conte A, Lattante S, Marangi G, Luigetti M, Lucchini M, Mirabella M, Romano A, Del Grande A, Bisogni G, Doronzio PN, Rossini PM, Zollino M. "Mutations in the 3′ untranslated region of *FUS* causing FUS overexpression are associated with amyotrophic lateral sclerosis." *Hum Mol Genet*. 2013 Dec 1;22(23):4748–55

第 17 章

1. Johnson JM, Castle J, Garrett-Engele P, Kan Z, Loerch PM, Armour CD, Santos R, Schadt EE, Stoughton R, Shoemaker DD. "Genome-wide survey of human alternative pre-mRNA splicing with exon junction microarrays." *Science*. 2003 Dec 19;302(5653):2141–4
2. 総説として：
Keren H, Lev-Maor G, Ast G. "Alternative splicing and evolution: diversification, exon definition and function." *Nat Rev Genet*. 2010 May;11(5):345–55
3. スプライシングに関わるこれらの段階については、いくつかの総説で明確に図示されて

10;513(5):532–41
12. Drachman DA. "Do we have brain to spare?" *Neurology*. 2005 Jun 28;64(12):2004–5
13. Darnell JC, Van Driesche SJ, Zhang C, Hung KY, Mele A, Fraser CE, Stone EF, Chen C, Fak JJ, Chi SW, Licatalosi DD, Richter JD, Darnell RB. "FMRP stalls ribosomal translocation on messenger RNAs linked to synaptic function and autism." *Cell*. 2011 Jul 22;146(2):247–61
14. Udagawa T, Farny NG, Jakovcevski M, Kaphzan H, Alarcon JM, Anilkumar S, Ivshina M, Hurt JA, Nagaoka K, Nalavadi VC, Lorenz LJ, Bassell GJ, Akbarian S, Chattarji S, Klann E, Richter JD. "Genetic and acute CPEB1 depletion ameliorate fragile X pathophysiology." *Nat Med*. 2013 Nov;19(11):1473–7
15. この疾患に関する要約：
http://www.ncbi.nlm.nih.gov/books/NBK1165/
16. Jiang H, Mankodi A, Swanson MS, Moxley RT, Thornton CA. "Myotonic dystrophy type 1 is associated with nuclear foci of mutant RNA, sequestration of muscleblind proteins and deregulated alternative splicing in neurons." *Hum Mol Genet*. 2004 Dec 15;13(24): 3079–88
17. Savkur RS, Philips AV, Cooper TA. "Aberrant regulation of insulin receptor alternative splicing is associated with insulin resistance in myotonic dystrophy." *Nat Genet*. 2001 Sep;29(1):40–7
18. Ho TH, Charlet-B N, Poulos MG, Singh G, Swanson MS, Cooper TA. "Muscleblind proteins regulate alternative splicing." *EMBO J*. 2004 Aug 4;23(15):3103–12
19. Kino Y, Washizu C, Oma Y, Onishi H, Nezu Y, Sasagawa N, Nukina N, Ishiura S. "MBNL and CELF proteins regulate alternative splicing of the skeletal muscle chloride channel CLCN1." *Nucleic Acids Res*. 2009 Oct;37(19):6477–90
20. Hanson EL, Jakobs PM, Keegan H, Coates K, Bousman S, Dienel NH, Litt M, Hershberger RE. "Cardiac troponin T lysine 210 deletion in a family with dilated cardiomyopathy." *J Card Fail*. 2002 Feb;8(1):28–32
21. 総説として：
Michalova E, Vojtesek B, Hrstka R. "Impaired pre-messenger RNA processing and altered architecture of 3′ untranslated regions contribute to the development of human disorders." *Int J Mol Sci*. 2013 Jul 26;14(8): 15681–94
22. この疾患に関する詳細な記述は以下を参照：
http://ghr.nlm.nih.gov/condition/immune-dysregulation-polyendocrinopathy-enteropathy-x-linked-syndrome
23. Bennett CL, Brunkow ME, Ramsdell F, O'Briant KC, Zhu Q, Fuleihan RL, Shigeoka AO, Ochs HD, Chance PF. "A rare polyadenylation signal mutation of the *FOXP3* gene

25. http://www.cancer.gov/cancertopics/druginfo/fda-crizotinib

第 16 章

1. そのような状況の例については以下のサイトで見つけることができる：
http://medicalmisdiagnosisresearch.wordpress.com/category/osteogenesis-imperfecta-misdiagnosed-as-child-abuse/
2. 骨粗しょう症の症状と遺伝に関する優れた記述：
http://ghr.nlm.nih.gov/condition/osteogenesis-imperfecta
3. Cho TJ, Lee KE, Lee SK, Song SJ, Kim KJ, Jeon D, Lee G, Kim HN, Lee HR, Eom HH, Lee ZH, Kim OH, Park WY, Park SS, Ikegawa S, Yoo WJ, Choi IH, Kim JW. "A single recurrent mutation in the 5′-UTR of *IFITM5* causes osteogenesis imperfecta type V." *Am J Hum Genet*. 2012 Aug 10;91(2):343–8
4. Semler O, Garbes L, Keupp K, Swan D, Zimmermann K, Becker J, Iden S, Wirth B, Eysel P, Koerber F, Schoenau E, Bohlander SK, Wollnik B, Netzer C. "A mutation in the 5′-UTR of *IFITM5* creates an in-frame start codon and causes autosomal-dominant osteogenesis imperfecta type V with hyperplastic callus." *Am J Hum Genet*. 2012 Aug 10;91(2):349–57
5. Moffatt P, Gaumond MH, Salois P, Sellin K, Bessette MC, Godin E, de Oliveira PT, Atkins GJ, Nanci A, Thomas G. "Bril: a novel bone-specific modulator of mineralization." *J Bone Miner Res*. 2008 Sep;23(9):1497–508
6. Liu L, Dilworth D, Gao L, Monzon J, Summers A, Lassam N, Hogg D. "Mutation of the *CDKN2A* 5′ UTR creates an aberrant initiation codon and predisposes to melanoma." *Nat Genet*. 1999 Jan;21(1):128–32
7. Tietze JK, Pfob M, Eggert M, von Preußen A, Mehraein Y, Ruzicka T, Herzinger T. "A non-coding mutation in the 5′ untranslated region of patched homologue 1 predisposes to basal cell carcinoma." *Exp Dermatol*. 2013 Dec;22(12):834–5
8. 脆弱 X 症候群に関する完全な記述については以下を参照：
http://omim.org/entry/309550
9. Ashley CT Jr, Wilkinson KD, Reines D, Warren ST. "FMR1 protein: conserved RNP family domains and selective RNA binding." *Science*. 1993 Oct 22;262(5133):563–6
10. Qin M, Kang J, Burlin TV, Jiang C, Smith CB. "Postadolescent changes in regional cerebral protein synthesis: an *in vivo* study in the *FMR1* null mouse." *J Neurosci*. 2005 May 18;25(20):5087–95
11. Azevedo FA, Carvalho LR, Grinberg LT, Farfel JM, Ferretti RE, Leite RE, Jacob Filho W, Lent R, Herculano-Houzel S. "Equal numbers of neuronal and nonneuronal cells make the human brain an isometrically scaled-up primate brain." *J Comp Neurol*. 2009 Apr

15. Hindorff LA, Sethupathy P, Junkins HA, Ramos EM, Mehta JP, Collins FS, Manolio TA. "Potential etiologic and functional implications of genome-wide association loci for human diseases and traits." *Proc Natl Acad Sci U S A*. 2009 Jun 9;106(23):9362–7
16. Gorkin DU, Ren B. "Genetics: Closing the distance on obesity culprits." *Nature*. 2014 Mar 20;507(7492):309–10
17. Frayling TM, Timpson NJ, Weedon MN, Zeggini E, Freathy RM, Lindgren CM, Perry JR, Elliott KS, Lango H, Rayner NW, Shields B, Harries LW, Barrett JC, Ellard S, Groves CJ, Knight B, Patch AM, Ness AR, Ebrahim S, Lawlor DA, Ring SM, Ben-Shlomo Y, Jarvelin MR, Sovio U, Bennett AJ, Melzer D, Ferrucci L, Loos RJ, Barroso I, Wareham NJ, Karpe F, Owen KR, Cardon LR, Walker M, Hitman GA, Palmer CN, Doney AS, Morris AD, Smith GD, Hattersley AT, McCarthy MI. "A common variant in the *FTO* gene is associated with body mass index and predisposes to childhood and adult obesity." *Science*. 2007 May 11;316(5826):889–94
18. Scuteri A, Sanna S, Chen WM, Uda M, Albai G, Strait J, Najjar S, Nagaraja R,Orrú M, Usala G, Dei M, Lai S, Maschio A, Busonero F, Mulas A, Ehret GB, Fink AA,Weder AB, Cooper RS, Galan P, Chakravarti A, Schlessinger D, Cao A, Lakatta E, Abecasis GR. "Genome-wide association scan shows genetic variants in the *FTO* gene are associated with obesity-related traits." *PLoS Genet*. 2007 Jul;3(7):e115
19. Church C, Moir L, McMurray F, Girard C, Banks GT, Teboul L, Wells S, Brüning JC, Nolan PM, Ashcroft FM, Cox RD. "Overexpression of Fto leads to increased food intake and results in obesity." *Nat Genet*. 2010 Dec;42(12):1086–92
20. Fischer J, Koch L, Emmerling C, Vierkotten J, Peters T, Brüning JC, Rüther U. "Inactivation of the *Fto* gene protects from obesity." *Nature*. 2009 Apr 16;458(7240):894–8
21. Smemo S, Tena JJ, Kim KH, Gamazon ER, Sakabe NJ, Gómez-Marín C, Aneas I, Credidio FL, Sobreira DR, Wasserman NF, Lee JH, Puviindran V, Tam D, Shen M, Son JE, Vakili NA, Sung HK, Naranjo S, Acemel RD, Manzanares M, Nagy A, Cox NJ, Hui CC, Gomez-Skarmeta JL, Nóbrega MA. "Obesity-associated variants within *FTO* form long-range functional connections with *IRX3*." *Nature*. 2014 Mar 20;507(7492):371–5
22. この分野の最新の総説については以下を参照：
Trent RJ, Cheong PL, Chua EW, Kennedy MA. "Progressing the utilisation of pharmacogenetics and pharmacogenomics into clinical care." *Pathology*. 2013 Jun;45 (4):357–70
23. http://www.nhs.uk/Conditions/Herceptin/Pages/Introduction.aspx
24. http://www.nature.com/scitable/topicpage/gleevec-the-breakthrough-in-cancer-treatment-565

fin and is associated with preaxial polydactyly." *Hum Mol Genet*. 2003 Jul 15;12(14): 1725–35

3. www.hemingwayhome.com/cats/
4. Lettice LA, Hill AE, Devenney PS, Hill RE. "Point mutations in a distant sonic hedgehog cis-regulator generate a variable regulatory output responsible for preaxial polydactyly." *Hum Mol Genet*. 2008 Apr 1;17(7):978–85
5. この疾患に関する詳細な記述は以下を参照：
http://www.genome.gov/12512735
6. Jeong Y, Leskow FC, El-Jaick K, Roessler E, Muenke M, Yocum A, Dubourg C, Li X, Geng X, Oliver G, Epstein DJ. "Regulation of a remote Shh forebrain enhancer by the Six3 homeoprotein." *Nat Genet*. 2008 Nov;40(11):1348–53
7. 詳しい情報については以下を参照：
http://rarediseases.info.nih.gov/gard/10874/pancreatic-agenesis/resources/1
8. Lango Allen H, Flanagan SE, Shaw-Smith C, De Franco E, Akerman I, Caswell R; International Pancreatic Agenesis Consortium, Ferrer J, Hattersley AT, Ellard S. "GATA6 haploinsufficiency causes pancreatic agenesis in humans." *Nat Genet*. 2011 Dec 11;44 (1):20–2
9. Sellick GS, Barker KT, Stolte-Dijkstra I, Fleischmann C, Coleman RJ, Garrett C, Gloyn AL, Edghill EL, Hattersley AT, Wellauer PK, Goodwin G, Houlston RS. "Mutations in *PTF1A* cause pancreatic and cerebellar agenesis." *Nat Genet*. 2004 Dec;36(12):1301–5
10. Weedon MN, Cebola I, Patch AM, Flanagan SE, De Franco E, Caswell R, Rodríguez-Seguí SA, Shaw-Smith C, Cho CH, Lango Allen H, Houghton JA, Roth CL, Chen R, Hussain K, Marsh P, Vallier L, Murray A; International Pancreatic Agenesis Consortium, Ellard S, Ferrer J, Hattersley AT. "Recessive mutations in a distal *PTF1A* enhancer cause isolated pancreatic agenesis." *Nat Genet*. 2014 Jan;46(1):61–4
11. 色素沈着に関する総説については以下を参照：
Sturm RA. "Molecular genetics of human pigmentation diversity." *Hum Mol Genet*. 2009 Apr 15;18(R1):R9–17
12. Durham-Pierre D, Gardner JM, Nakatsu Y, King RA, Francke U, Ching A, Aquaron R, del Marmol V, Brilliant MH. "African origin of an intragenic deletion of the human P gene in tyrosinase positive oculocutaneous albinism." *Nat Genet*. 1994 Jun;7(2):176–9
13. Visser M, Kayser M, Palstra RJ. "*HERC2* rs12913832 modulates human pigmentation by attenuating chromatin-loop formation between a long-range enhancer and the *OCA2* promoter." *Genome Res*. 2012 Mar;22(3):446–55
14. 最新の情報については次を参照：www.genome.gov/gwastudies/

Lin W, Schlesinger F, Xue C, Marinov GK, Khatun J, Williams BA, Zaleski C, Rozowsky J, Röder M, Kokocinski F, Abdelhamid RF, Alioto T, Antoshechkin I, Baer MT, Bar NS, Batut P, Bell K, Bell I, Chakrabortty S, Chen X, Chrast J, Curado J, Derrien T, Drenkow J, Dumais E, Dumais J, Duttagupta R, Falconnet E, Fastuca M, Fejes-Toth K, Ferreira P, Foissac S, Fullwood MJ, Gao H, Gonzalez D, Gordon A, Gunawardena H, Howald C, Jha S, Johnson R, Kapranov P, King B, Kingswood C, Luo OJ, Park E, Persaud K, Preall JB, Ribeca P, Risk B, Robyr D, Sammeth M, Schaffer L, See LH, Shahab A, Skancke J, Suzuki AM, Takahashi H, Tilgner H, Trout D, Walters N, Wang H, Wrobel J, Yu Y, Ruan X, Hayashizaki Y, Harrow J, Gerstein M, Hubbard T, Reymond A, Antonarakis SE, Hannon G, Giddings MC, Ruan Y, Wold B, Carninci P, Guigó R, Gingeras TR. "Landscape of transcription in human cells." *Nature*. 2012 Sep 6;489(7414):101–8

10. この表現は、もともとハフィントンポストのブログで ENCODE について述べた際に使った。とても気に入っている台詞なのでここで再度使うことにした。オリジナルのブログについては以下を参照：
http://www.huffingtonpost.com/nessa-carey/the-value-of-encode_b_1909153.html
11. 以下のサイトでよい例を見ることができる：
http://blog.art21.org/2009/03/06/on-representations-of-the-artist-at-work-part-2/#.UyDZjZZFDIU
12. Ward LD, Kellis M. Evidence of abundant purifying selection in humans for recently acquired regulatory functions. *Science*. 2012 Sep 28;337(6102):1675–8.
13. Ecker JR, Bickmore WA, Barroso I, Pritchard JK, Gilad Y, Segal E. "Genomics: ENCODE explained." *Nature*. 2012 Sep 6;489(7414)
14. エピジェネティックな継代遺伝に関する興味深い例については、以下の論文で報告されている。この論文では、恐怖反応が親から子に伝えられている：
Dias BG, Ressler KJ. "Parental olfactory experience influences behavior and neural structure in subsequent generations." *Nat Neurosci*. 2014 Jan;17(1):89–96
15. Graur D, Zheng Y, Price N, Azevedo RB, Zufall RA, Elhaik E. "On the immortality of television sets: 'function' in the human genome according to the evolution-free gospel of ENCODE." *Genome Biol Evol*. 2013;5(3):578–90

第 15 章

1. http://womenshistory.about.com/od/mythsofwomenshistory/a/Did-Anne-Boleyn-Really-Have-Six-Fingers-On-One-Hand.htm
2. Lettice LA, Heaney SJ, Purdie LA, Li L, de Beer P, Oostra BA, Goode D, Elgar G, Hill RE, de Graaff E. "A long-range *Shh* enhancer regulates expression in the developing limb and

11. 次を参照：https://ghr.nlm.nih.gov/gene/SHOX
12. Hemani G, Yang J, Vinkhuyzen A, Powell JE, Willemsen G, Hottenga JJ, Abdellaoui A, Mangino M, Valdes AM, Medland SE, Madden PA, Heath AC, Henders AK, Nyholt DR, de Geus EJ, Magnusson PK, Ingelsson E, Montgomery GW, Spector TD, Boomsma DI, Pedersen NL, Martin NG, Visscher PM. "Inference of the genetic architecture underlying BMI and height with the use of 20,240 sibling pairs." *Am J Hum Genet*. 2013 Nov 7;93(5):865–75

第 14 章

1. ENCODE に関する膨大な研究成果と数人の第一線の科学者によるインタビュー記事は、以下のサイトで見ることができる：
http://www.nature.com/encode/
2. http://www.theguardian.com/science/2012/sep/05/genes-genome-junk-dna-encode
3. http://edition.cnn.com/2012/09/05/health/encode-human-genome/index.html?hpt=hp_bn12
4. http://www.telegraph.co.uk/science/science-news/9524165/Worldwide-army-of-scientists-cracks-the-junk-DNA-code.html
5. ENCODE Project Consortium, Bernstein BE, Birney E, Dunham I, Green ED, Gunter C, Snyder M. "An integrated encyclopedia of DNA elements in the human genome." *Nature*. 2012 Sep 6;489(7414):57–74
6. Mattick JS. "A new paradigm for developmental biology." *J Exp Biol*. 2007 May;210(Pt 9):1526–47
7. Sanyal A, Lajoie BR, Jain G, Dekker J. "The long-range interaction landscape of gene promoters." *Nature*. 2012 Sep 6;489(7414):109–13
8. Thurman RE, Rynes E, Humbert R, Vierstra J, Maurano MT, Haugen E, Sheffield NC, Stergachis AB, Wang H, Vernot B, Garg K, John S, Sandstrom R, Bates D, Boatman L, Canfield TK, Diegel M, Dunn D, Ebersol AK, Frum T, Giste E, Johnson AK, Johnson EM, Kutyavin T, Lajoie B, Lee BK, Lee K, London D, Lotakis D, Neph S, Neri F, Nguyen ED, Qu H, Reynolds AP, Roach V, Safi A, Sanchez ME, Sanyal A, Shafer A, Simon JM, Song L, Vong S, Weaver M, Yan Y, Zhang Z, Zhang Z, Lenhard B, Tewari M, Dorschner MO, Hansen RS, Navas PA, Stamatoyannopoulos G, Iyer VR, Lieb JD, Sunyaev SR, Akey JM, Sabo PJ, Kaul R, Furey TS, Dekker J, Crawford GE, Stamatoyannopoulos JA. "The accessible chromatin landscape of the human genome." *Nature*. 2012 Sep 6;489(7414):75–82
9. Djebali S, Davis CA, Merkel A, Dobin A, Lassmann T, Mortazavi A, Tanzer A, Lagarde J,

sites of ongoing transcription." *Nat Genet*. 2004 Oct;36(10):1065–71
26. Osborne CS, Chakalova L, Mitchell JA, Horton A, Wood AL, Bolland DJ, Corcoran AE, Fraser P. "*Myc* dynamically and preferentially relocates to a transcription factory occupied by *Igh*." *PLoS Biol*. 2007 Aug;5(8):e192

第 13 章

1. 本文で用いた「退屈と恐怖（boredom punctuated by moments of acute terror）」というフレーズの由来について探すのは、以下に議論されているように難しい：
http://english.stackexchange.com/questions/103851/where-does-the-phrase-of-boredom-punctuated-by-moments-of-terror-come-from
2. ゲノムの境界領域に関する総説については以下を参照：
Moltó E, Fernández A, Montoliu L. "Boundaries in vertebrate genomes: different solutions to adequately insulate gene expression domains." *Brief Funct Genomic Proteomic*. 2009 Jul;8(4):283–96
3. Ishihara K, Oshimura M, Nakao M. "CTCF-dependent chromatin insulator is linked to epigenetic remodeling." *Mol Cell*. 2006 Sep 1;23(5):733–42
4. Lutz M, Burke LJ, Barreto G, Goeman F, Greb H, Arnold R, Schultheiss H, Brehm A, Kouzarides T, Lobanenkov V, Renkawitz R. "Transcriptional repression by the insulator protein CTCF involves histone deacetylases." *Nucleic Acids Res*. 2000 Apr 15;28(8):1707–13
5. Lunyak VV, Prefontaine GG, Núñez E, Cramer T, Ju BG, Ohgi KA, Hutt K, Roy R, García-Díaz A, Zhu X, Yung Y, Montoliu L, Glass CK, Rosenfeld MG. "Developmentally regulated activation of a SINE B2 repeat as a domain boundary in organogenesis." *Science*. 2007 Jul 13;317(5835):248–51
6. 総説として：
Kirkland JG, Raab JR, Kamakaka RT. "TFIIIC bound DNA elements in nuclear organization and insulation." *Biochim Biophys Acta*. 2013 Mar–Apr;1829(3–4):418–24
7. これはターナー症候群として知られ、詳細は以下のサイトで見つけることができる：
http://www.nhs.uk/Conditions/Turners-syndrome/Pages/Introduction.aspx
8. 詳細な情報については以下を参照：
http://ghr.nlm.nih.gov/condition/triple-x-syndrome
9. この症状はクラインフェルター症候群として知られ、詳細な情報については以下のサイトで見つけることができる：
http://ghr.nlm.nih.gov/condition/klinefelter-syndrome
10. "*Star Trek: First Contact* (1996)."「スタートレック」の映画の中の最高傑作。少なくともJ.J.エイブラムスが監督してリブートされた映画がつくられる以前の作品の中では。

12. Risheg H, Graham JM Jr, Clark RD, Rogers RC, Opitz JM, Moeschler JB, Peiffer AP, May M, Joseph SM, Jones JR, Stevenson RE, Schwartz CE, Friez MJ. "A recurrent mutation in *MED12* leading to R961W causes Opitz-Kaveggia syndrome." *Nat Genet*. 2007 Apr;39(4): 451–3
13. 多能性細胞におけるスーパーエンハンサーの役割を最初に発見した研究：
Whyte WA, Orlando DA, Hnisz D, Abraham BJ, Lin CY, Kagey MH, Rahl PB, Lee TI, Young RA. "Master transcription factors and mediator establish super-enhancers at key cell identity genes." *Cell*. 2013 Apr 11;153(2):307–19
14. Takahashi K, Yamanaka S. "Induction of pluripotent stem cells from mouse embryonic and adult fibroblast cultures by defined factors." *Cell*. 2006 Aug 25;126(4):663–76
15. http://www.nobelprize.org/nobel_prizes/medicine/laureates/2012/
16. Lovén J, Hoke HA, Lin CY, Lau A, Orlando DA, Vakoc CR, Bradner JE, Lee TI, Young RA. "Selective inhibition of tumor oncogenes by disruption of super-enhancers." *Cell*. 2013 Apr 11;153(2):320–34
17. さまざまな分子的原因に関する概説：
Skibbens RV, Colquhoun JM, Green MJ, Molnar CA, Sin DN, Sullivan BJ, Tanzosh EE. "Cohesinopathies of a feather flock together." *PLoS Genet*. 2013 Dec;9(12):e1004036
18. http://www.cdls.org.uk/information-centre/
19. Sanyal A, Lajoie BR, Jain G, Dekker J. "The long-range interaction landscape of gene promoters." *Nature*. 2012 Sep 6;489(7414):109–13
20. Jackson DA, Hassan AB, Errington RJ, Cook PR. "Visualization of focal sites of transcription within human nuclei." *EMBO J*. 1993 Mar;12(3):1059–65
21. このトピックの優れた総説：
Rieder D, Trajanoski Z, McNally JG. "Transcription factories." *Front Genet*. 2012 Oct 23;3:221. doi: 10.3389/fgene.2012.00221. eCollection 2012
22. Iborra FJ, Pombo A, Jackson DA, Cook PR. "Active RNA polymerases are localized within discrete transcription 'factories' in human nuclei." *J Cell Sci*. 1996 Jun;109 (Pt 6):1427–36
23. Jackson DA, Iborra FJ, Manders EM, Cook PR. "Numbers and organization of RNA polymerases, nascent transcripts, and transcription units in HeLa nuclei." *Mol Biol Cell*. 1998 Jun;9(6):1523–36
24. Papantonis A, Larkin JD, Wada Y, Ohta Y, Ihara S, Kodama T, Cook PR. "Active RNA polymerases: mobile or immobile molecular machines?" *PLoS Biol*. 2010 Jul 13;8(7):e1000419
25. Osborne CS, Chakalova L, Brown KE, Carter D, Horton A, Debrand E, Goyenechea B, Mitchell JA, Lopes S, Reik W, Fraser P. "Active genes dynamically colocalize to shared

17. Sczepanski JT, Joyce GF. "A cross-chiral RNA polymerase ribozyme." *Nature*. Published online 29 October 2014

第 12 章

1. MYC の役割と染色体再編の重要性に関する概説は以下の文献で見つけられる：
   Ott G, Rosenwald A, Campo E. "Understanding *MYC*-driven aggressive B-cell lymphomas: pathogenesis and classification." *Blood*. 2013 Dec 5;122(24):3884–91
2. http://www.nlm.nih.gov/medlineplus/ency/article/001308.htm
3. Whyte WA, Orlando DA, Hnisz D, Abraham BJ, Lin CY, Kagey MH, Rahl PB, Lee TI, Young RA. "Master transcription factors and mediator establish super-enhancers at key cell identity genes." *Cell*. 2013 Apr 11;153(2):307–19
4. Ostuni R, Piccolo V, Barozzi I, Polletti S, Termanini A, Bonifacio S, Curina A, Prosperini E, Ghisletti S, Natoli G. "Latent enhancers activated by stimulation in differentiated cells." *Cell*. 2013 Jan 17;152(1–2):157–71
5. Akhtar-Zaidi B, Cowper-Sal-lari R, Corradin O, Saiakhova A, Bartels CF, Balasubramanian D, Myeroff L, Lutterbaugh J, Jarrar A, Kalady MF, Willis J, Moore JH, Tesar PJ, Laframboise T, Markowitz S, Lupien M, Scacheri PC. "Epigenomic enhancer profiling defines a signature of colon cancer." *Science*. 2012 May 11;336(6082):736–9
6. ENCODE Project Consortium, Bernstein BE, Birney E, Dunham I, Green ED, Gunter C, Snyder M. "An integrated encyclopedia of DNA elements in the human genome." *Nature*. 2012 Sep 6;489(7414):57–74
7. これらの種類のノンコーディング RNA に関する記述は以下を参照：
   Ørom UA, Shiekhattar R. "Long noncoding RNAs usher in a new era in the biology of enhancers." *Cell*. 2013 Sep 12;154(6):1190–3
8. Ørom UA, Derrien T, Beringer M, Gumireddy K, Gardini A, Bussotti G, Lai F, Zytnicki M, Notredame C, Huang Q, Guigo R, Shiekhattar R. "Long noncoding RNAs with enhancer-like function in human cells." *Cell*. 2010 Oct 1;143(1):46–58
9. De Santa F, Barozzi I, Mietton F, Ghisletti S, Polletti S, Tusi BK, Muller H, Ragoussis J, Wei CL, Natoli G. "A large fraction of extragenic RNA pol II transcription sites overlap enhancers." *PLoS Biol*. 2010 May 11;8(5):e1000384
10. Hah N, Murakami S, Nagari A, Danko CG, Kraus WL. "Enhancer transcripts mark active estrogen receptor binding sites." *Genome Res*. 2013 Aug;23(8):1210–23
11. Lai F, Ørom UA, Cesaroni M, Beringer M, Taatjes DJ, Blobel GA, Shiekhattar R. "Activating RNAs associate with Mediator to enhance chromatin architecture and transcription." *Nature*. 2013 Feb 28;494(7438):497–501

4. http://www.bscb.org/?url=softcell/ribo
5. 総説として：
Zentner GE, Saiakhova A, Manaenkov P, Adams MD, Scacheri PC. "Integrative genomic analysis of human ribosomal DNA." *Nucleic Acids Res*. 2011 Jul;39(12):4949–60
6. リボソームタンパク質の欠陥による疾患の分野全般に関して、興味深く、ときにはかなり挑戦的に書かれた総説：
Narla A, Ebert BL. "Ribosomopathies: human disorders of ribosome dysfunction." *Blood*. 2010 Apr 22;115(16):3196–205
7. International Human Genome Sequencing Consortium. "Initial sequencing and analysis of the human genome." *Nature*. 2001 Feb 15;409(6822):860–921
8. 例として以下を参照：
Hedges SB, Blair JE, Venturi ML, Shoe JL. "A molecular timescale of eukaryote evolution and the rise of complex multicellular life." *BMC Evol Biol*. 2004 Jan 28;4:2
9. 総説として：
Wilson DN. "Ribosome-targeting antibiotics and mechanisms of bacterial resistance." *Nat Rev Microbiol*. 2014 Jan;12(1):35–48
10. http://www.genenames.org/rna/TRNA#MTTRNA
11. ミトコンドリアのリボソームに関しての詳しい情報については、再度以下のような優れた分子生物学の教科書を参照することをおすすめする：
"*Molecular Biology of the Cell, 5th Edition*" by Alberts, Johnson, Lewis, Raff, Roberts and Walter, 2012
12. McFarland R, Schaefer AM, Gardner JL, Lynn S, Hayes CM, Barron MJ, Walker M, Chinnery PF, Taylor RW, Turnbull DM. "Familial myopathy: new insights into the T14709C mitochondrial tRNA mutation." *Ann Neurol*. 2004 Apr;55(4):478–84
13. Zheng J, Ji Y, Guan MX. "Mitochondrial tRNA mutations associated with deafness." *Mitochondrion*. 2012 May;12(3):406–13
14. Qiu Q, Li R, Jiang P, Xue L, Lu Y, Song Y, Han J, Lu Z, Zhi S, Mo JQ, Guan MX. "Mitochondrial tRNA mutations are associated with maternally inherited hypertension in two Han Chinese pedigrees." *Hum Mutat*. 2012 Aug;33(8):1285–93
15. Giordano C, Perli E, Orlandi M, Pisano A, Tuppen HA, He L, Ierinò R, Petruzziello L, Terzi A, Autore C, Petrozza V, Gallo P, Taylor RW, d'Amati G. "Cardiomyopathies due to homoplasmic mitochondrial tRNA mutations: morphologic and molecular features." *Hum Pathol*. 2013 Jul;44(7):1262–70
16. Lincoln TA, Joyce GF. "Self-sustained replication of an RNA enzyme." *Science*. 2009 Feb 27;323(5918):1229–32

snoRNA cluster in Prader-Willi syndrome." *Eur J Hum Genet*. 2010 Nov;18(11):1196–201

23. Sahoo T, del Gaudio D, German JR, Shinawi M, Peters SU, Person RE, Garnica A, Cheung SW, Beaudet AL. "Prader-Willi phenotype caused by paternal deficiency for the HBII-85 C/D box small nucleolar RNA cluster." *Nat Genet*. 2008 Jun;40(6):719–21
24. この疾患に関する詳述は次を参照：http://omim.org/entry/180860
25. この疾患に関する詳述は次を参照：http://omim.org/entry/130650
26. データは以下の論文より：
    Kotzot D. "Maternal uniparental disomy 14 dissection of the phenotype with respect to rare autosomal recessively inherited traits, trisomy mosaicism, and genomic imprinting." *Ann Genet*. 2004 Jul-Sep;47(3):251–60
27. Kagami M, Sekita Y, Nishimura G, Irie M, Kato F, Okada M, Yamamori S, Kishimoto H, Nakayama M, Tanaka Y, Matsuoka K, Takahashi T, Noguchi M, Tanaka Y, Masumoto K, Utsunomiya T, Kouzan H, Komatsu Y, Ohashi H, Kurosawa K, Kosaki K, Ferguson-Smith AC, Ishino F, Ogata T. "Deletions and epimutations affecting the human 14q32.2 imprinted region in individuals with paternal and maternal upd(14)-like phenotypes." *Nat Genet*. 2008 Feb;40(2):237–42
28. さまざまなヒトのインプリンティング疾患の遺伝的、臨床的特徴に関する詳細な総説：
    Ishida M, Moore GE. "The role of imprinted genes in humans." *Mol Aspects Med*. 2013 Jul-Aug;34(4):826–40
29. 2013年10月14日に米国生殖医学会議から出されたプレス・リリース：
    http://www.asrm.org/Five_Million_Babies_Born_with_Help_of_Assisted_Reproductive_Technologies/
30. このことについて以下の論文で一部議論されている：
    Ishida M, Moore GE. "The role of imprinted genes in humans." *Mol Aspects Med*. 2013 Jul–Aug;34(4):826–40

第11章

1. 総説として：
    Moss T, Langlois F, Gagnon-Kugler T, Stefanovsky V. "A housekeeper with power of attorney: the rRNA genes in ribosome biogenesis." *Cell Mol Life Sci*. 2007 Jan;64(1):29–49
2. リボソームとrRNAについての詳しい情報については、以下のような優れた分子生物学の教科書を参照するのが最も簡単だろう：
    "*Molecular Biology of the Cell, 5th Edition*" by Alberts, Johnson, Lewis, Raff, Roberts and Walter, 2012.
3. http://www.nobelprize.org/educational/medicine/dna/a/translation/trna.html

regulatory mechanisms, methods of ascertainment, and roles in disease susceptibility." *ILAR J*. 2012 Dec;53(3–4):341–58

12. 母親の ICE をメチル化するこれらのタンパク質の働きに関する記述は以下の論文で見つけられる：
Bourc'his D, Proudhon C. "Sexual dimorphism in parental imprint ontogeny and contribution to embryonic development." *Mol Cell Endocrinol*. 2008 Jan 30;282(1–2):87–94
13. 母親のインプリントの維持におけるこのタンパク質の重要性を示した論文：
Hirasawa R, Chiba H, Kaneda M, Tajima S, Li E, Jaenisch R, Sasaki H. "Maternal and zygotic Dnmt1 are necessary and sufficient for the maintenance of DNA methylation imprints during preimplantation development." *Genes Dev*. 2008 Jun 15;22(12):1607–16
14. Reinhart B, Paoloni-Giacobino A, Chaillet JR. "Specific differentially methylated domain sequences direct the maintenance of methylation at imprinted genes." *Mol Cell Biol*. 2006 Nov;26(22):8347–56
15. Skaar DA, Li Y, Bernal AJ, Hoyo C, Murphy SK, Jirtle RL. "The human imprintome: regulatory mechanisms, methods of ascertainment, and roles in disease susceptibility." *ILAR J*. 2012 Dec;53(3–4):341–58
16. Kawahara M, Wu Q, Takahashi N, Morita S, Yamada K, Ito M, Ferguson-Smith AC, Kono T. "High-frequency generation of viable mice from engineered bi-maternal embryos." *Nat Biotechnol*. 2007 Sep;25(9):1045–50
17. 総説として：
Fatica A, Bozzoni I. "Long non-coding RNAs: new players in cell differentiation and development." *Nat Rev Genet*. 2014 Jan;15(1):7–21
18. この見解に関する総説：
Frost JM, Moore GE. "The importance of imprinting in the human placenta." *PLoS Genet*. 2010 Jul 1;6(7):e1001015
19. この疾患に関する詳述は次を参照：http://omim.org/entry/176270
20. この疾患に関する詳述は次を参照：http://omim.org/entry/105830
21. de Smith AJ, Purmann C, Walters RG, Ellis RJ, Holder SE, Van Haelst MM, Brady AF, Fairbrother UL, Dattani M, Keogh JM, Henning E, Yeo GS, O'Rahilly S, Froguel P, Farooqi IS, Blakemore AI. "A deletion of the HBII-85 class of small nucleolar RNAs (snoRNAs) is associated with hyperphagia, obesity and hypogonadism." *Hum Mol Genet*. 2009 Sep 1;18(17):3257–65
22. Duker AL, Ballif BC, Bawle EV, Person RE, Mahadevan S, Alliman S, Thompson R, Traylor R, Bejjani BA, Shaffer LG, Rosenfeld JA, Lamb AN, Sahoo T. "Paternally inherited microdeletion at 15q11.2 confirms a significant role for the SNORD116 C/D box

expression of a new dominant agouti allele (Aiapy) is correlated with methylation state and is influenced by parental lineage." *Genes Dev*. 1994 Jun 15;8(12):1463–72

第10章

1. この研究に関する当時の総説：
   Surani MA, Barton SC, Norris ML. "Experimental reconstruction of mouse eggs and embryos: an analysis of mammalian development." *Biol Reprod*. 1987 Feb;36(1):1–16
2. インプリントされたマウスのゲノム配列に関する情報を集めたサイト：
   http://www.mousebook.org/catalog.php?catalog=imprinting
3. 有用な総説：
   Guenzl PM, Barlow DP. "Macro long non-coding RNAs: a new layer of cis-regulatory information in the mammalian genome." *RNA Biol*. 2012 Jun;9(6):731–41
4. 有袋類のインプリンティングに関する最近の総説：
   Graves JA, Renfree MB. "Marsupials in the age of genomics." *Annu Rev Genomics Hum Genet*. 2013;14:393–420
5. Landers M, Bancescu DL, Le Meur E, Rougeulle C, Glatt-Deeley H, Brannan C, Muscatelli F, Lalande M. "Regulation of the large (approximately 1000 kb) imprinted murine *Ube3a* antisense transcript by alternative exons upstream of *Snurf/Snrpn*." *Nucleic Acids Res*. 2004 Jun 29;32(11):3480–92
6. Terranova R, Yokobayashi S, Stadler MB, Otte AP, van Lohuizen M, Orkin SH, Peters AH. "Polycomb group proteins Ezh2 and Rnf2 direct genomic contraction and imprinted repression in early mouse embryos." *Dev Cell*. 2008 Nov;15(5):668–79
7. Wagschal A, Sutherland HG, Woodfine K, Henckel A, Chebli K, Schulz R, Oakey RJ, Bickmore WA, Feil R. "G9a histone methyltransferase contributes to imprinting in the mouse placenta." *Mol Cell Biol*. 2008 Feb;28(3):1104–13
8. Nagano T, Mitchell JA, Sanz LA, Pauler FM, Ferguson-Smith AC, Feil R, Fraser P. "The Air noncoding RNA epigenetically silences transcription by targeting G9a to chromatin." *Science*. 2008 Dec 12;322(5908):1717–20
9. 総説として：
   Koerner MV, Pauler FM, Huang R, Barlow DP. "The function of non-coding RNAs in genomic imprinting." *Development*. 2009 Jun;136(11):1771–83
10. Barlow DP. "Methylation and imprinting: from host defense to gene regulation?" *Science*. 1993 Apr 16;260(5106):309–10
11. 総説として：
   Skaar DA, Li Y, Bernal AJ, Hoyo C, Murphy SK, Jirtle RL. "The human imprintome:

4. Varambally S, Dhanasekaran SM, Zhou M, Barrette TR, Kumar-Sinha C, Sanda MG, Ghosh D, Pienta KJ, Sewalt RG, Otte AP, Rubin MA, Chinnaiyan AM. "The polycomb group protein EZH2 is involved in progression of prostate cancer." *Nature*. 2002 Oct 10;419(6907):624–9
5. Kleer CG, Cao Q, Varambally S, Shen R, Ota I, Tomlins SA, Ghosh D, Sewalt RG, Otte AP, Hayes DF, Sabel MS, Livant D, Weiss SJ, Rubin MA, Chinnaiyan AM. "EZH2 is a marker of aggressive breast cancer and promotes neoplastic transformation of breast epithelial cells." *Proc Natl Acad Sci U S A*. 2003 Sep 30;100(20):11606–11.
6. Sneeringer CJ, Scott MP, Kuntz KW, Knutson SK, Pollock RM, Richon VM, Copeland RA. "Coordinated activities of wild-type plus mutant EZH2 drive tumor-associated hypertrimethylation of lysine 27 on histone H3 (H3K27) in human B-cell lymphomas." *Proc Natl Acad Sci U S A*. 2010 Dec 7;107(49):20980–5
7. http://clinicaltrials.gov/ct2/show/NCT01897571?term=7438&rank=1
8. Kotake Y, Nakagawa T, Kitagawa K, Suzuki S, Liu N, Kitagawa M, Xiong Y. "Long non-coding RNA *ANRIL* is required for the PRC2 recruitment to and silencing of *p15*^{INK4B} tumor suppressor gene." *Oncogene*. 2011 Apr 21;30(16):1956–62
9. Tsai MC, Manor O, Wan Y, Mosammaparast N, Wang JK, Lan F, Shi Y, Segal E, Chang HY. "Long noncoding RNA as modular scaffold of histone modification complexes." *Science*. 2010 Aug 6;329(5992):689–93
10. この記述に関する最近の主要な論文：
Davidovich C, Zheng L, Goodrich KJ, Cech TR. "Promiscuous RNA binding by Polycomb repressive complex 2." *Nat Struct Mol Biol*. 2013 Nov;20(11):1250–7
11. 上の論文に関するもう少し読みやすい要約：
Goff LA, Rinn JL. "Poly-combing the genome for RNA." *Nat Struct Mol Biol*. 2013 Dec;20(12):1344–6
12. Di Ruscio A, Ebralidze AK, Benoukraf T, Amabile G, Goff LA, Terragni J, Figueroa ME, De Figueiredo Pontes LL, Alberich-Jorda M, Zhang P, Wu M, D'Alò F, Melnick A, Leone G, Ebralidze KK, Pradhan S, Rinn JL, Tenen DG. "DNMT1-interacting RNAs block gene-specific DNA methylation." *Nature*. 2013 Nov 21;503(7476):371–6
13. この過程の複雑な全段階についての概説：
Froberg JE, Yang L, Lee JT. "Guided by RNAs: X-inactivation as a model for long non-coding RNA function." *J Mol Biol*. 2013 Oct 9;425(19):3698–706
14. Froberg JE, Yang L, Lee JT. "Guided by RNAs: X-inactivation as a model for long non-coding RNA function." *J Mol Biol*. 2013 Oct 9;425(19):3698–706
15. Michaud EJ, van Vugt MJ, Bultman SJ, Sweet HO, Davisson MT, Woychik RP. "Differential

28. Bernard D, Prasanth KV, Tripathi V, Colasse S, Nakamura T, Xuan Z, Zhang MQ, Sedel F, Jourdren L, Coulpier F, Triller A, Spector DL, Bessis A. “A long nuclear-retained non-coding RNA regulates synaptogenesis by modulating gene expression.” *EMBO J*. 2010 Sep 15;29(18):3082–93
29. Pollard KS, Salama SR, Lambert N, Lambot MA, Coppens S, Pedersen JS, Katzman S, King B, Onodera C, Siepel A, Kern AD, Dehay C, Igel H, Ares M Jr, Vanderhaeghen P, Haussler D. “An RNA gene expressed during cortical development evolved rapidly in humans.” *Nature*. 2006 Sep 14;443(7108):167–72
30. http://www.who.int/mental_health/publications/dementia_report_2012/en/
31. Faghihi MA, Modarresi F, Khalil AM, Wood DE, Sahagan BG, Morgan TE, Finch CE, St Laurent G 3rd, Kenny PJ, Wahlestedt C. “Expression of a noncoding RNA is elevated in Alzheimer’s disease and drives rapid feed-forward regulation of beta-secretase.” *Nat Med*. 2008 Jul;14(7):723–30
32. Modarresi F, Faghihi MA, Patel NS, Sahagan BG, Wahlestedt C, Lopez-Toledano MA. “Knockdown of BACE1-AS Nonprotein-Coding Transcript Modulates Beta-Amyloid-Related Hippocampal Neurogenesis.” *Int J Alzheimers Dis*. 2011;2011:929042
33. Zhao X, Tang Z, Zhang H, Atianjoh FE, Zhao JY, Liang L, Wang W, Guan X, Kao SC, Tiwari V, Gao YJ, Hoffman PN, Cui H, Li M, Dong X, Tao YX. “A long noncoding RNA contributes to neuropathic pain by silencing Kcna2 in primary afferent neurons.” *Nat Neurosci*. 2013 Aug;16(8):1024–31
34. 有用な総説の例：
Wahlestedt C. “Targeting long non-coding RNA to therapeutically upregulate gene expression.” *Nat Rev Drug Discov*. 2013 Jun;12(6):433–46
35. Bird A. “Genome biology: not drowning but waving.” *Cell*. 2013 Aug 29;154(5):951–2

第 9 章

1. このトピックについてもっと知りたければ、私の処女作 “The Epigenetics Revolution”（『エピジェネティクス革命』中山潤一訳，丸善出版，2015）を読んでほしい。
2. Guttman M, Donaghey J, Carey BW, Garber M, Grenier JK, Munson G, Young G, Lucas AB, Ach R, Bruhn L, Yang X, Amit I, Meissner A, Regev A, Rinn JL, Root DE, Lander ES. “lincRNAs act in the circuitry controlling pluripotency and differentiation.” *Nature*. 2011 Aug 28;477(7364):295–300
3. Guil S, Soler M, Portela A, Carrère J, Fonalleras E, Gómez A, Villanueva A, Esteller M. “Intronic RNAs mediate EZH2 regulation of epigenetic targets.” *Nat Struct Mol Biol*. 2012 Jun 3;19(7):664–70

"Molecular interplay of the noncoding RNA *ANRIL* and methylated histone H3 lysine 27 by polycomb CBX7 in transcriptional silencing of *INK4a*." *Mol Cell*. 2010 Jun 11;38(5): 662–74

19. Kotake Y, Nakagawa T, Kitagawa K, Suzuki S, Liu N, Kitagawa M, Xiong Y. "Long non-coding RNA *ANRIL* is required for the PRC2 recruitment to and silencing of $p15^{INK4B}$ tumor suppressor gene." *Oncogene*. 2011 Apr 21;30(16):1956–62
20. Yang Z, Zhou L, Wu LM, Lai MC, Xie HY, Zhang F, Zheng SS. "Overexpression of long non-coding RNA *HOTAIR* predicts tumor recurrence in hepatocellular carcinoma patients following liver transplantation." *Ann Surg Oncol*. 2011 May;18(5):1243–50
21. Ishibashi M, Kogo R, Shibata K, Sawada G, Takahashi Y, Kurashige J, Akiyoshi S, Sasaki S, Iwaya T, Sudo T, Sugimachi K, Mimori K, Wakabayashi G, Mori M. "Clinical significance of the expression of long non-coding RNA *HOTAIR* in primary hepatocellular carcinoma." *Oncol Rep*. 2013 Mar;29(3):946–50
22. Kim K, Jutooru I, Chadalapaka G, Johnson G, Frank J, Burghardt R, Kim S, Safe S. "HOTAIR is a negative prognostic factor and exhibits pro-oncogenic activity in pancreatic cancer." *Oncogene*. 2013 Mar 8;32(13):1616–25
23. Gupta RA, Shah N, Wang KC, Kim J, Horlings HM, Wong DJ, Tsai MC, Hung T, Argani P, Rinn JL, Wang Y, Brzoska P, Kong B, Li R, West RB, van de Vijver MJ, Sukumar S, Chang HY. "Long non-coding RNA *HOTAIR* reprograms chromatin state to promote cancer metastasis." *Nature*. 2010 Apr 15;464(7291):1071–6
24. Yang L, Lin C, Jin C, Yang JC, Tanasa B, Li W, Merkurjev D, Ohgi KA, Meng D, Zhang J, Evans CP, Rosenfeld MG. "Long-noncoding RNA-dependent mechanisms of androgen-receptor-regulated gene activation programs." *Nature*. 2013 Aug 29;500(7464):598–602
25. Prensner JR, Iyer MK, Sahu A, Asangani IA, Cao Q, Patel L, Vergara IA, Davicioni E, Erho N, Ghadessi M, Jenkins RB, Triche TJ, Malik R, Bedenis R, McGregor N, Ma T, Chen W, Han S, Jing X, Cao X, Wang X, Chandler B, Yan W, Siddiqui J, Kunju LP, Dhanasekaran SM, Pienta KJ, Feng FY, Chinnaiyan AM. "The long noncoding RNA *SChLAP1* promotes aggressive prostate cancer and antagonizes the SWI/SNF complex." *Nat Genet*. 2013 Nov;45(11):1392–8
26. Necsulea A, Soumillon M, Warnefors M, Liechti A, Daish T, Zeller U, Baker JC, Grützner F, Kaessmann H. "The evolution of long-noncoding RNA repertoires and expression patterns in tetrapods." *Nature*. 2014 Jan 30;505(7485):635–40
27. この問題に対する興味深い批評については以下を参照：
Fatica A, Bozzoni I. "Long non-coding RNAs: new players in cell differentiation and development." *Nat Rev Genet*. 2014 Jan;15(1):7–21

8. Church DM, Goodstadt L, Hillier LW, Zody MC, Goldstein S, She X, Bult CJ, Agarwala R, Cherry JL, DiCuccio M, Hlavina W, Kapustin Y, Meric P, Maglott D, Birtle Z, Marques AC, Graves T, Zhou S, Teague B, Potamousis K, Churas C, Place M, Herschleb J, Runnheim R, Forrest D, Amos-Landgraf J, Schwartz DC, Cheng Z, Lindblad-Toh K, Eichler EE, Ponting CP; Mouse Genome Sequencing Consortium. "Lineage-specific biology revealed by a finished genome assembly of the mouse." *PLoS Biol*. 2009 May 5;7(5):e1000112
9. Necsulea A, Soumillon M, Warnefors M, Liechti A, Daish T, Zeller U, Baker JC, Grützner F, Kaessmann H. "The evolution of long-noncoding RNA repertoires and expression patterns in tetrapods." *Nature*. 2014 Jan 30;505(7485):635–40
10. Wahlestedt C. "Targeting long non-coding RNA to therapeutically upregulate gene expression." *Nat Rev Drug Discov*. 2013 Jun;12(6):433–46
11. Mercer TR, Dinger ME, Sunkin SM, Mehler MF, Mattick JS. "Specific expression of long noncoding RNAs in the mouse brain." *Proc Natl Acad Sci U S A*. 2008 Jan 15;105(2):716–21
12. この分類の RNA について、また広い長鎖ノンコーディング RNA 全体におけるその位置づけについての有用な総説：
Ulitsky I, Bartel DP. "lincRNAs: genomics, evolution, and mechanisms." *Cell*. 2013 Jul 3;154(1):26–46
13. Guttman M, Donaghey J, Carey BW, Garber M, Grenier JK, Munson G, Young G, Lucas AB, Ach R, Bruhn L, Yang X, Amit I, Meissner A, Regev A, Rinn JL, Root DE, Lander ES. "lincRNAs act in the circuitry controlling pluripotency and differentiation." *Nature*. 2011 Aug 28;477(7364):295–300
14. Wang KC, Yang YW, Liu B, Sanyal A, Corces-Zimmerman R, Chen Y, Lajoie BR, Protacio A, Flynn RA, Gupta RA, Wysocka J, Lei M, Dekker J, Helms JA, Chang HY. "A long noncoding RNA maintains active chromatin to coordinate homeotic gene expression." *Nature*. 2011 Apr 7;472(7341):120–4
15. Li L, Liu B, Wapinski OL, Tsai MC, Qu K, Zhang J, Carlson JC, Lin M, Fang F, Gupta RA, Helms JA, Chang HY. "Targeted disruption of Hotair leads to homeotic transformation and gene derepression." *Cell Rep*. 2013 Oct 17;5(1):3–12
16. Du Z, Fei T, Verhaak RG, Su Z, Zhang Y, Brown M, Chen Y, Liu XS. "Integrative genomic analyses reveal clinically relevant long noncoding RNAs in human cancer." *Nat Struct Mol Biol*. 2013 Jul;20(7):908–13
17. この分野の有用な総説：
Cheetham SW, Gruhl F, Mattick JS, Dinger ME. "Long noncoding RNAs and the genetics of cancer." *Br J Cancer*. 2013 Jun 25;108(12):2419–25
18. Yap KL, Li S, Muñoz-Cabello AM, Raguz S, Zeng L, Mujtaba S, Gil J, Walsh MJ, Zhou MM.

15. この疾患の症状に関する詳しい情報は以下を参照：
http://www.nlm.nih.gov/medlineplus/ency/article/000705.htm
16. Hoffman EP, Brown RH Jr, Kunkel LM. "Dystrophin: the protein product of the Duchenne muscular dystrophy locus." *Cell*. 1987 Dec 24;51(6):919–28
17. Pena SD, Karpati G, Carpenter S, Fraser FC. "The clinical consequences of X-chromosome inactivation: Duchenne muscular dystrophy in one of monozygotic twins." *J Neurol Sci*. 1987 Jul;79(3):337–44
18. Shin T, Kraemer D, Pryor J, Liu L, Rugila J, Howe L, Buck S, Murphy K, Lyons L, Westhusin M. "A cat cloned by nuclear transplantation." *Nature*. 2002 Feb 21;415(6874):859

第 8 章

1. Schmitt AM, Chang HY. "Gene regulation: Long RNAs wire up cancer growth." *Nature*. 2013 Aug 29;500(7464):536–7
2. Volders PJ, Helsens K, Wang X, Menten B, Martens L, Gevaert K, Vandesompele J, Mestdagh P. "LNCipedia: a database for annotated human long-noncoding RNA transcript sequences and structures." *Nucleic Acids Res*. 2013 Jan;41(Database issue):D246–51
3. ENCODE Project Consortium, Bernstein BE, Birney E, Dunham I, Green ED, Gunter C, Snyder M. "An integrated encyclopedia of DNA elements in the human genome." *Nature*. 2012 Sep 6;489(7414):57–74
4. Tay Y, Rinn J, Pandolfi PP. "The multilayered complexity of ceRNA crosstalk and competition." *Nature*. 2014 Jan 16;505(7483):344–52
5. Derrien T, Johnson R, Bussotti G, Tanzer A, Djebali S, Tilgner H, Guernec G, Martin D, Merkel A, Knowles DG, Lagarde J, Veeravalli L, Ruan X, Ruan Y, Lassmann T, Carninci P, Brown JB, Lipovich L, Gonzalez JM, Thomas M, Davis CA, Shiekhattar R, Gingeras TR, Hubbard TJ, Notredame C, Harrow J, Guigó R. "The GENCODE v7 catalog of human long noncoding RNAs: analysis of their gene structure, evolution, and expression." *Genome Res*. 2012 Sep;22(9):1775–89
6. Ulitsky I, Shkumatava A, Jan CH, Sive H, Bartel DP. "Conserved function of lincRNAs in vertebrate embryonic development despite rapid sequence evolution." *Cell*. 2011 Dec 23;147(7):1537–50
7. Cabili MN, Trapnell C, Goff L, Koziol M, Tazon-Vega B, Regev A, Rinn JL. "Integrative annotation of human large intergenic noncoding RNAs reveals global properties and specific subclasses." *Genes Dev*. 2011 Sep 15;25(18):1915–27

Berta P, Hawkins JR, Sinclair AH, Taylor A, Griffiths BL, Goodfellow PN, Fellous M. "Genetic evidence equating *SRY* and the testis-determining factor." *Nature*. 1990 Nov 29;348 (6300):448–50

3. Yamauchi Y, Riel JM, Stoytcheva Z, Ward MA. "Two Y genes can replace the entire Y chromosome for assisted reproduction in the mouse." *Science*. 2014 Jan 3;343(6166): 69–72
4. Ross MT et al., "The DNA sequence of the human X chromosome." *Nature*. 2005 Mar 17;434(7031):325–37
5. Brown CJ, Lafreniere RG, Powers VE, Sebastio G, Ballabio A, Pettigrew AL, Ledbetter DH, Levy E, Craig IW, Willard HF. "Localization of the X inactivation centre on the human X chromosome in Xq13." *Nature*. 1991 Jan 3;349(6304):82–4
6. Brown CJ, Ballabio A, Rupert JL, Lafreniere RG, Grompe M, Tonlorenzi R, Willard HF. "A gene from the region of the human X inactivation centre is expressed exclusively from the inactive X chromosome." *Nature*. 1991 Jan 3;349(6304):38–44
7. Brown CJ, Hendrich BD, Rupert JL, Lafrenière RG, Xing Y, Lawrence J, Willard HF. "The human *XIST* gene: analysis of a 17 kb inactive X-specific RNA that contains conserved repeats and is highly localized within the nucleus." *Cell*. 1992 Oct 30;71(3):527–42
8. Brockdorff N, Ashworth A, Kay GF, McCabe VM, Norris DP, Cooper PJ, Swift S, Rastan S. "The product of the mouse *Xist* gene is a 15 kb inactive X-specific transcript containing no conserved ORF and located in the nucleus." *Cell*. 1992 Oct 30;71(3):515–26
9. Lee JT, Strauss WM, Dausman JA, Jaenisch R. "A 450 kb transgene displays properties of the mammalian X-inactivation center." *Cell*. 1996 Jul 12;86(1):83–94
10. この過程についての包括的な総説：
    Lee JT. "The X as model for RNA's niche in epigenomic regulation." *Cold Spring Harb Perspect Biol*. 2010 Sep;2(9):a003749
11. Xu N, Tsai CL, Lee JT. "Transient homologous chromosome pairing marks the onset of X inactivation." *Science*. 2006 Feb 24;311(5764):1149–52
12. ヨーロッパの王室の間に広まった血友病についての素晴らしい要約は以下を参照：
    http://www.hemophilia.org/NHFWeb/MainPgs/MainNHF.aspx?menuid=178&contentid=6
13. この疾患の症状に関する詳しい情報は以下を参照：
    http://www.nhs.uk/conditions/Rett-syndrome/Pages/Introduction.aspx
14. Amir RE, Van den Veyver IB, Wan M, Tran CQ, Francke U, Zoghbi HY. "Rett syndrome is caused by mutations in X-linked *MECP2*, encoding methyl-CpG-binding protein 2." *Nat Genet*. 1999 Oct;23(2):185–8

21. 数値については以下から引用：
Rajagopalan H, Lengauer C. "Aneuploidy and cancer." *Nature*. 2004 Nov 18;432(7015):338–41
22. この問題に関する総説：
Pfau SJ, Amon A. "Chromosomal instability and aneuploidy in cancer: from yeast to man." *EMBO Rep*. 2012 Jun 1;13(6):515–27
23. Rehen SK, Yung YC, McCreight MP, Kaushal D, Yang AH, Almeida BS, Kingsbury MA, Cabral KM, McConnell MJ, Anliker B, Fontanoz M, Chun J. "Constitutional aneuploidy in the normal human brain." *J Neurosci*. 2005 Mar 2;25(9):2176–80
24. Rehen SK, McConnell MJ, Kaushal D, Kingsbury MA, Yang AH, Chun J. "Chromosomal variation in neurons of the developing and adult mammalian nervous system." *Proc Natl Acad Sci U S A*. 2001 Nov 6;98(23):13361–6
25. Kingsbury MA, Friedman B, McConnell MJ, Rehen SK, Yang AH, Kaushal D, Chun J. "Aneuploid neurons are functionally active and integrated into brain circuitry." *Proc Natl Acad Sci U S A*. 2005 Apr 26;102(17):6143–7
26. Melchiorri C, Chieco P, Zedda AI, Coni P, Ledda-Columbano GM, Columbano A. "Ploidy and nuclearity of rat hepatocytes after compensatory regeneration or mitogen-induced liver growth." *Carcinogenesis*. 1993 Sep;14(9):1825–30
27. 誰がダウン症の原因を見つけたかに関して、50 年以上経ってもまだ続く不愉快な論争に関する膨大な資料については、以下を参照：
http://www.nature.com/news/down-s-syndromediscovery-dispute-resurfaces-in-france-1.14690
28. ダウン症の医学的、社会的な特徴に関する詳しい情報については、以下のようなたくさんの支持団体のサイトがある：
http://www.downs-syndrome.org.uk/
29. http://www.nhs.uk/conditions/edwards-syndrome/Pages/Introduction.aspx
30. http://www.cafamily.org.uk/medical-information/conditions/p/patau-syndrome/
31. Toner JP, Grainger DA, Frazier LM. "Clinical outcomes among recipients of donated eggs: an analysis of the U.S. national experience, 1996–1998." *Fertil Steril*. 2002 Nov;78(5):1038–45

第 7 章

1. イギリス国民統計局の統計報告（2013 年 8 月 8 日）の、2011 年、2012 年の年央人口推計より。
2. この遺伝子の重要性を示した論文：

kinetochores." *Dev Cell*. 2006 Mar;10(3):303–15.

9. Van Hooser AA, Ouspenski II, Gregson HC, Starr DA, Yen TJ, Goldberg ML, Yokomori K, Earnshaw WC, Sullivan KF, Brinkley BR. "Specification of kinetochore-forming chromatin by the histone H3 variant CENP-A." *J Cell Sci*. 2001 Oct;114(Pt 19):3529–42
10. Zuccolo M, Alves A, Galy V, Bolhy S, Formstecher E, Racine V, Sibarita JB, Fukagawa T, Shiekhattar R, Yen T, Doye V. "The human Nup107-160 nuclear pore subcomplex contributes to proper kinetochore functions." *EMBO J*. 2007 Apr 4;26(7):1853–64
11. Palmer DK, O'Day K, Wener MH, Andrews BS, Margolis RL. "A 17-kD centromere protein (CENP-A) copurifies with nucleosome core particles and with histones." *J Cell Biol*. 1987 Apr;104(4):805–15
12. Sekulic N, Bassett EA, Rogers DJ, Black BE. "The structure of (CENP-A-H4)(2) reveals physical features that mark centromeres." *Nature*. 2010 Sep 16;467(7313):347–51
13. Warburton PE, Cooke CA, Bourassa S, Vafa O, Sullivan BA, Stetten G, Gimelli G, Warburton D, Tyler-Smith C, Sullivan KF, Poirier GG, Earnshaw WC. "Immunolocalization of CENP-A suggests a distinct nucleosome structure at the inner kinetochore plate of active centromeres." *Curr Biol*. 1997 Nov 1;7(11):901–4
14. このモデルの優れた解析は以下を参照：
    Sekulic N, Black BE. "Molecular underpinnings of centromere identity and maintenance." *Trends Biochem Sci*. 2012 Jun;37(6):220–9
15. この過程や関連するエピジェネティック修飾について詳しく知りたければ、以下を参照：
    González-Barrios R, Soto-Reyes E, Herrera LA. "Assembling pieces of the centromere epigenetics puzzle." *Epigenetics*. 2012 Jan 1;7(1):3–13
16. 映画版の「サウンド・オブ・ミュージック」(1965年、20世紀フォックス) の中の「Something Good」の歌より。
17. この過程でとくに重要なタンパク質はHJURPとよばれ、さらに詳しい情報は以下の論文に記載されている：
    Sekulic N, Black BE. "Molecular underpinnings of centromere identity and maintenance." *Trends Biochem Sci*. 2012 Jun;37(6):220–9
18. Palmer DK, O'Day K, Margolis RL. "The centromere specific histone CENP-A is selectively retained in discrete foci in mammalian sperm nuclei." *Chromosoma*. 1990 Dec;100(1):32–6
19. Schiff PB, Fant J, Horwitz SB. "Promotion of microtubule assembly in vitro by taxol." *Nature*. 1979 Feb 22;277(5698):665–7
20. http://www.cancerresearchuk.org/cancer-help/about-cancer/treatment/cancer-drugs/paclitaxel

36. http://www.who.int/mediacentre/factsheets/fs311/en/index.html
37. この分野の有益な序論については以下を参照：
Tennen RI, Chua KF. "Chromatin regulation and genome maintenance by mammalian SIRT6." *Trends Biochem Sci*. 2011 Jan;36(1):39–46
38. Valdes AM, Andrew T, Gardner JP, Kimura M, Oelsner E, Cherkas LF, Aviv A, Spector TD. "Obesity, cigarette smoking, and telomere length in women." *Lancet*. 2005 Aug 20–26;366(9486):662–4
39. 国連人口基金（UNFPA）による報告書「21 世紀の高齢化：祝福すべき成果と直面する課題」（2012）
40. Jennings BJ, Ozanne SE, Dorling MW, Hales CN. "Early growth determines longevity in male rats and may be related to telomere shortening in the kidney." *FEBS Lett*. 1999 Apr 1;448(1):4–8

第 6 章

1. アーネスト・レーマン脚本の映画「王様と私（The King and I）」（1956 年、20 世紀フォックス）より
2. 進化的に離れた種のセントロメア構造についての優れた概説：
Ogiyama Y, Ishii K. "The Smooth and stable operation of centromeres." *Gen Genet Syst*. 2012;87(2): 63-73
3. 有用な総説：
Verdaasdonk JS, Bloom K. "Centromeres: unique chromatin structures that drive chromosome segregation." *Nat Rev Mol Cell Biol*. 2011 May;12(5):320–32
4. Palmer DK, O'Day K, Wener MH, Andrews BS, Margolis RL. "A 17-kD centromere protein (CENP-A) copurifies with nucleosome core particles and with histones." *J Cell Biol*. 1987 Apr;104(4):805–15
5. Takahashi K, Chen ES, Yanagida M. "Requirement of Mis6 centromere connector for localizing a CENP-A-like protein in fission yeast." *Science*. 2000 Jun 23;288(5474):2215–9
6. Blower MD, Karpen GH. "The role of *Drosophila* CID in kinetochore formation, cell-cycle progression and heterochromatin interactions." *Nat Cell Biol*. 2001 Aug;3(8):730–9
7. Hori T, Amano M, Suzuki A, Backer CB, Welburn JP, Dong Y, McEwen BF, Shang WH, Suzuki E, Okawa K, Cheeseman IM, Fukagawa T. "CCAN makes multiple contacts with centromeric DNA to provide distinct pathways to the outer kinetochore." *Cell*. 2008 Dec 12;135(6):1039–52
8. Heun P, Erhardt S, Blower MD, Weiss S, Skora AD, Karpen GH. "Mislocalization of the *Drosophila* centromere-specific histone CID promotes formation of functional ectopic

Sep;11(6):584–94

24. Armanios M, Chen JL, Chang YP, Brodsky RA, Hawkins A, Griffin CA, Eshleman JR, Cohen AR, Chakravarti A, Hamosh A, Greider CW. "Haploinsufficiency of telomerase reverse transcriptase leads to anticipation in autosomal dominant dyskeratosis congenita." *Proc Natl Acad Sci U S A*. 2005 Nov 1;102(44):15960–4
25. http://www.who.int/mediacentre/factsheets/fs339/en/
26. Alder JK, Guo N, Kembou F, Parry EM, Anderson CJ, Gorgy AI, Walsh MF, Sussan T, Biswal S, Mitzner W, Tuder RM, Armanios M. "Telomere length is a determinant of emphysema susceptibility." *Am J Respir Crit Care Med*. 2011 Oct 15;184(8):904–12
27. 以下の論文の引用文献を参照：
Sahin E, Depinho RA. "Linking functional decline of telomeres, mitochondria and stem cells during ageing." *Nature*. 2010 Mar 25;464(7288):520–8
28. 統計的な概況報告はアメリカがん協会の "Older Americans & Cardiovascular Diseases, 2013 update" を参照
29. http://www.rcpsych.ac.uk/healthadvice/problemsdisorders/depressioninolderadults.aspx
30. Valdes AM, Andrew T, Gardner JP, Kimura M, Oelsner E, Cherkas LF, Aviv A, Spector TD. "Obesity, cigarette smoking, and telomere length in women." *Lancet*. 2005 Aug 20–26;366(9486):662–4
31. Cawthon RM, Smith KR, O'Brien E, Sivatchenko A, Kerber RA. "Association between telomere length in blood and mortality in people aged 60 years or older." *Lancet*. 2003 Feb 1;361(9355):393–5
32. Fitzpatrick AL, Kronmal RA, Kimura M, Gardner JP, Psaty BM, Jenny NS, Tracy RP, Hardikar S, Aviv A. "Leukocyte telomere length and mortality in the Cardiovascular Health Study." *J Gerontol A Biol Sci Med Sci*. 2011 Apr;66(4):421–9
33. Atzmon G, Cho M, Cawthon RM, Budagov T, Katz M, Yang X, Siegel G, Bergman A, Huffman DM, Schechter CB, Wright WE, Shay JW, Barzilai N, Govindaraju DR, Suh Y. "Evolution in health and medicine Sackler colloquium: Genetic variation in human telomerase is associated with telomere length in Ashkenazi centenarians." *Proc Natl Acad Sci U S A*. 2010 Jan 26;107 Suppl 1:1710–7
34. Segerstrom SC, Miller GE. "Psychological stress and the human immune system: a meta-analytic study of 30 years of inquiry." *Psychol Bull*. 2004 Jul;130(4):601–30
35. Epel ES, Blackburn EH, Lin J, Dhabhar FS, Adler NE, Morrow JD, Cawthon RM. "Accelerated telomere shortening in response to life stress." *Proc Natl Acad Sci U S A*. 2004 Dec 7;101(49):17312–5

Oct;13(10):693–704

10. Wright WE, Piatyszek MA, Rainey WE, Byrd W, Shay JW. "Telomerase activity in human germline and embryonic tissues and cells." *Dev Genet.* 1996;18(2):173–9
11. Kim NW, Piatyszek MA, Prowse KR, Harley CB, West MD, Ho PL, Coviello GM, Wright WE, Weinrich SL, Shay JW. "Specific association of human telomerase activity with immortal cells and cancer." *Science.* 1994 Dec 23;266(5193):2011–5
12. http://www.nlm.nih.gov/medlineplus/ency/anatomyvideos/000104.htm
13. Chiu CP, Dragowska W, Kim NW, Vaziri H, Yui J, Thomas TE, Harley CB, Lansdorp PM. "Differential expression of telomerase activity in hematopoietic progenitors from adult human bone marrow." *Stem Cells.* 1996 Mar;14(2):239–48
14. Vaziri H, Dragowska W, Allsopp RC, Thomas TE, Harley CB, Lansdorp PM. "Evidence for a mitotic clock in human hematopoietic stem cells: loss of telomeric DNA with age." *Proc Natl Acad Sci U S A.* 1994 Oct 11;91(21):9857–60
15. Armanios M, Blackburn EH. "The telomere syndromes." *Nat Rev Genet.* 2012 Oct;13(10):693–704
16. Armanios M, Blackburn EH. "The telomere syndromes." *Nat Rev Genet.* 2012 Oct;13(10):693–704
17. 優れた臨床記述と有益な写真については以下を参照：
Calado RT, Young NS. "Telomere diseases." *N Engl J Med.* 2009 Dec 10;361(24):2353–65
18. Alder JK, Chen JJ, Lancaster L, Danoff S, Su SC, Cogan JD, Vulto I, Xie M, Qi X, Tuder RM, Phillips JA 3rd, Lansdorp PM, Loyd JE, Armanios MY. "Short telomeres are a risk factor for idiopathic pulmonary fibrosis." *Proc Natl Acad Sci U S A.* 2008 Sep 2;105(35):13051–6
19. Armanios MY, Chen JJ, Cogan JD, Alder JK, Ingersoll RG, Markin C, Lawson WE, Xie M, Vulto I, Phillips JA 3rd, Lansdorp PM, Greider CW, Loyd JE. "Telomerase mutations in families with idiopathic pulmonary fibrosis." *N Engl J Med.* 2007 Mar 29;356(13):1317–26
20. Tsakiri KD, Cronkhite JT, Kuan PJ, Xing C, Raghu G, Weissler JC, Rosenblatt RL, Shay JW, Garcia CK. "Adult-onset pulmonary fibrosis caused by mutations in telomerase." *Proc Natl Acad Sci U S A.* 2007 May 1;104(18):7552–7
21. Cronkhite JT, Xing C, Raghu G, Chin KM, Torres F, Rosenblatt RL, Garcia CK. "Telomere shortening in familial and sporadic pulmonary fibrosis." *Am J Respir Crit Care Med.* 2008 Oct 1;178(7):729–37
22. 優れた記述については以下を参照：
http://www.patient.co.uk/doctor/aplastic-anaemia
23. de la Fuente J, Dokal I. "Dyskeratosis congenita: advances in the understanding of the telomerase defect and the role of stem cell transplantation." *Pediatr Transplant.* 2007

12. 分節重複の影響や異常な交差に関する最近の有益な総説：
Rudd MK, Keene J, Bunke B, Kaminsky EB, Adam MP, Mulle JG, Ledbetter DH, Martin CL. "Segmental duplications mediate novel, clinically relevant chromosome rearrangements." *Hum Mol Genet*. 2009 Aug 15;18(16):2957–62
13. この病気の症状や原因に関する詳しい情報については以下を参照：
http://www.ninds.nih.gov/disorders/charcot_marie_tooth/detail_charcot_marie_tooth.htm
14. この病気の症状や原因に関する詳しい情報については以下を参照：
http://www.nlm.nih.gov/medlineplus/ency/article/001116.htm
15. Mombaerts P. "The human repertoire of odorant receptor genes and pseudogenes." *Annu Rev Genomics Hum Genet*. 2001;2:493–510
16. http://www.innocenceproject.org/know/（2014 年 1 月 1 日の検索より）

第 5 章

1. 興行収入に関する情報は次を参照：http://www.imdb.com
2. 総説として：
Boxer LM, Dang CV. "Translocations involving *c-myc* and *c-myc* function." *Oncogene*. 2001 Sep 20(40):5595–610
3. Moyzis RK, Buckingham JM, Cram LS, Dani M, Deaven LL, Jones MD, Meyne J, Ratliff RL, Wu JR. "A highly conserved repetitive DNA sequence, (TTAGGG)n, present at the telomeres of human chromosomes." *Proc Natl Acad Sci U S A*. 1988 Sep;85(18):6622–6
4. Vaziri H, Schächter F, Uchida I, Wei L, Zhu X, Effros R, Cohen D, Harley CB. "Loss of telomeric DNA during aging of normal and trisomy 21 human lymphocytes." *Am J Hum Genet*. 1993 Apr;52(4):661–7
5. Hayflick L, Moorhead PS. "The serial cultivation of human diploid cell strains." *Exp Cell Res*. 1961 Dec;25:585–621
6. Harley CB, Futcher AB, Greider CW. "Telomeres shorten during ageing of human fibroblasts." *Nature*. 1990 May 31;345(6274):458–60
7. Bodnar AG, Ouellette M, Frolkis M, Holt SE, Chiu CP, Morin GB, Harley CB, Shay JW, Lichtsteiner S, Wright WE. "Extension of life-span by introduction of telomerase into normal human cells. "*Science*. 1998 Jan 16;279(5349):349–52
8. この問題に関する有益な議論については以下を参照：
M, Blackburn EH. "The telomere syndromes." *Nat Rev Genet*. 2012 Oct;13(10):693–704
9. 有用な概説：
Armanios M, Blackburn EH. "The telomere syndromes." *Nat Rev Genet*. 2012

第 4 章

1. とくに言及がない限り、この章のおもな情報は *Nature* 誌の 2001 年 2 月 15 日に発表された号に依っている。この号には公的な助成を受けたコンソーシアムによるデータと解析が掲載されている。おもな参考文献は、国際ヒトゲノム・シーケンシング・コンソーシアムが著者の "Initial sequencing and analysis of the human genome" である。同じ号に収められたデヴィッド・ボルチモアやリ（Li）たちの付随論評も、形式や内容がよりわかりやすくて興味深い。
2. Vlangos CN, Siuniak AN, Robinson D, Chinnaiyan AM, Lyons RH Jr, Cavalcoli JD, Keegan CE. "Next-generation sequencing identifies the Danforth's short tail mouse mutation as a retrotransposon insertion affecting *Ptf1a* expression." *PLoS Genet*. 2013;9(2):e1003205
3. Bogdanik LP, Chapman HD, Miers KE, Serreze DV, Burgess RW. "A MusD retrotransposon insertion in the mouse *Slc6a5* gene causes alterations in neuromuscular junction maturation and behavioral phenotypes." *PLoS One*. 2012;7(1):e30217
4. Schneuwly S, Klemenz R, Gehring WJ. "Redesigning the body plan of *Drosophila* by ectopic expression of the homoeotic gene *Antennapedia*." *Nature*. 1987 Feb 26–Mar 4;325(6107):816–8
5. Mortlock DP, Post LC, Innis JW. "The molecular basis of hypodactyly (*Hd*): a deletion in *Hoxa 13* leads to arrest of digital arch formation." *Nat Genet*. 1996 Jul;13(3):284–9
6. Rowe HM, Jakobsson J, Mesnard D, Rougemont J, Reynard S, Aktas T, Maillard PV, Layard-Liesching H, Verp S, Marquis J, Spitz F, Constam DB, Trono D. "KAP1 controls endogenous retroviruses in embryonic stem cells." *Nature*. 2010 Jan 14;463 (7278):237–40
7. Young GR, Eksmond U, Salcedo R, Alexopoulou L, Stoye JP, Kassiotis G. "Resurrection of endogenous retroviruses in antibody-deficient mice." *Nature*. 2012 Nov 29;491 (7426):774–8
8. http://www.emedicinehealth.com/heart_and_lung_transplant/article_em.htm
9. 異種移植分野における最近の興味深い総説：
Cooper DK. "A brief history of cross-species organ transplantation." *Proc (Bayl Univ Med Cent)*. 2012 Jan;25(1):49–57
10. Patience C, Takeuchi Y, Weiss RA. "Infection of human cells by an endogenous retrovirus of pigs." *Nat Med*. 1997 Mar;3(3):282–6
11. Di Nicuolo G, D'Alessandro A, Andria B, Scuderi V, Scognamiglio M, Tammaro A, Mancini A, Cozzolino S, Di Florio E, Bracco A, Calise F, Chamuleau RA. "Long-term absence of porcine endogenous retrovirus infection in chronically immunosuppressed patients after treatment with the porcine cell-based Academic Medical Center bioartificial liver." *Xenotransplantation*. 2010 Nov–Dec;17(6):431–9

syndrome." *Cell*. 1991 May 31;65(5):905–14

7. Pieretti M, Zhang FP, Fu YH, Warren ST, Oostra BA, Caskey CT, Nelson DL. "Absence of expression of the *FMR-1* gene in fragile X syndrome." *Cell*. 1991 Aug 23;66(4):817–22
8. Qin M, Kang J, Burlin TV, Jiang C, Smith CB. "Postadolescent changes in regional cerebral protein synthesis: an *in vivo* study in the *FMR1* null mouse." *J Neurosci*. 2005 May 18;25(20):5087–95
9. 総説として：
Echeverria GV, Cooper TA. "RNA-binding proteins in microsatellite expansion disorders: mediators of RNA toxicity." *Brain Res*. 2012 Jun 26;1462:100–11

第 3 章

1. http://www.genome.gov/11006943
2. とくに言及がない限り、この章のおもな情報は *Nature* 誌の 2001 年 2 月 15 日に発表された号に依っている。この号には公的な助成を受けたコンソーシアムによるデータと解析が掲載されている。おもな参考文献は、国際ヒトゲノム・シーケンシング・コンソーシアムが著者の "Initial sequencing and analysis of the human genome" である。同じ号で一緒に報告された興味深い付随論評を読むこともできるだろう。
3. http://partners.nytimes.com/library/national/science/062700sci-genome-text.html
4. http://news.bbc.co.uk/1/hi/sci/tech/807126.stm
5. http://news.bbc.co.uk/1/hi/sci/tech/807126.stm
6. http://www.genome.gov/sequencingcosts/
7. http://www.wired.co.uk/news/archive/2014-01/15/1000-dollar-genome
8. 素晴らしい事歴については以下を参照：
Gura, "Rare diseases: Genomics, plain and simple." *Nature*, 2012, Volume 483, pp20–22
9. http://www.cancerresearchuk.org/cancer-help/about-cancer/treatment/cancer-drugs/Crizotinib/crizotinib
10. https://genographic.nationalgeographic.com/human-journey/
11. http://publications.nigms.nih.gov/insidelifescience/genetics-numbers.html
12. Aparicio et al. "Whole-genome shotgun assembly and analysis of the genome of *Fugu rubripes*." *Science*. 2002 Aug 23;297(5585):1301–10
13. Baltimore D. "Our genome unveiled." *Nature*. 2001 Feb 15;409(6822):814–6.
14. データはアメリカがん協会の資料を参照：
http://www.cancer.org/cancer/skincancer-melanoma/detailedguide/melanoma-skin-cancer-keystatistics

▼ 参考文献

第 1 章

1. この疾患とその遺伝学についての情報は以下を参照：
   www.omim.org record #160900
2. さらに詳しい情報は以下を参照：
   http://ghr.nlm.nih.gov/condition/myotonic-dystrophy
3. さらに詳しい情報は以下を参照：
   http://www.ninds.nih.gov/disorders/friedreichs_ataxia/detail_friedreichs_ataxia.htm
4. さらに詳しい情報は以下を参照：
   http://ghr.nlm.nih.gov/condition/facioscapulohumeral-muscular-dystrophy

第 2 章

1. http://www.escapistmagazine.com/news/view/113307-Virtual-Typewriter-Monkeys-Pen-Complete-Works-of-Shakespeare-Almost
2. Campuzano V, Montermini L, Moltò MD, Pianese L, Cossée M, Cavalcanti F, Monros E, Rodius F, Duclos F, Monticelli A, Zara F, Cañizares J, Koutnikova H, Bidichandani SI, Gellera C, Brice A, Trouillas P, De Michele G, Filla A, De Frutos R, Palau F, Patel PI, Di Donato S, Mandel JL, Cocozza S, Koenig M, Pandolfo M. "Friedreich's ataxia: autosomal recessive disease caused by an intronic GAA triplet repeat expansion." *Science*. 1996 Mar 8;271(5254):1423–7
3. Bidichandani SI, Ashizawa T, Patel PI. "The GAA triplet-repeat expansion in Friedreich ataxia interferes with transcription and may be associated with an unusual DNA structure." *Am J Hum Genet*. 1998 Jan;62(1):111–21
4. Babcock M, de Silva D, Oaks R, Davis-Kaplan S, Jiralerspong S, Montermini L, Pandolfo M, Kaplan J. "Regulation of mitochondrial iron accumulation by Yfh1p, a putative homolog of frataxin." *Science*. 1997 Jun 13;276(5319):1709–12
5. Kremer EJ, Pritchard M, Lynch M, Yu S, Holman K, Baker E, Warren ST, Schlessinger D, Sutherland GR, Richards RI. "Mapping of DNA instability at the fragile X to a trinucleotide repeat sequence p(CCG)n." *Science*. 1991 Jun 21;252(5013):1711–4
6. Verkerk AJ, Pieretti M, Sutcliffe JS, Fu YH, Kuhl DP, Pizzuti A, Reiner O, Richards S, Victoria MF, Zhang FP, et al. "Identification of a gene (*FMR-1*) containing a CGG repeat coincident with a breakpoint cluster region exhibiting length variation in fragile X

バーキットリンパ腫	*Myc*がん遺伝子が8番染色体から14番染色体に転座させられて、免疫グロブリン遺伝子のプロモーター下に置かれたことが原因で起きる。
ハッチンソン・ギルフォード・プロジェリア	遺伝子内に余計なスプライシングシグナルをつくる変異が原因で起きる。
パトー症候群	配偶子形成時に13番染色体の不均等分配が原因で起き、この過程はセントロメアとよばれるジャンク領域に依存している。
ファインゴールド症候群	一部の症例はスモールRNAクラスターの消失が原因で起きる。
プラダー・ウィリー症候群	異常なインプリンティングが原因で起きる。ジャンクDNAはインプリンティングの制御に重要な役割を果たしている。具体的には、インプリンティング制御領域、プロモーター、長鎖ノンコーディングRNA、エピジェネティック機構との相互作用に関与している。
フリードライヒ運動失調症	遺伝子のタンパク質をコードしていない領域にあるGAA反復配列の増幅が原因で起きる。この反復配列によって細胞はDNAをコピーしてRNAをつくるのが難しくなり、遺伝子の発現が妨げられる。
ベックウィズ・ウィーデマン症候群	異常なインプリンティングが原因で起きる。ジャンクDNAはインプリンティングの制御に重要な役割を果たしている。具体的には、インプリンティング制御領域、プロモーター、長鎖ノンコーディングRNA、エピジェネティック機構との相互作用に関与している。
網膜色素変性症	一部の症例は、正常なスプライシングとmRNA分子からジャンクDNAを取り除く過程を確実に遂行するために必要なタンパク質の欠陥が原因で起きる。
ロバーツ症候群	ジャンクを介したDNA高次構造の形成に必要なタンパク質の異常が原因で起きる。

シルバー・ラッセル症候群	異常なインプリンティングが原因で起きる。ジャンクDNAはインプリンティングの制御に重要な役割を果たしている。具体的には、インプリンティング制御領域、プロモーター、長鎖ノンコーディングRNA、エピジェネティック機構との相互作用に関与している。
神経障害性疼痛《とうつう》	多くの症例では、重要なイオンチャネルの発現を制御する長鎖ノンコーディングRNAの過剰発現が関与している。
膵《すい》無形成	一部の症例はエンハンサー配列の変異が原因で起きることが示されている。
脆弱X症候群	遺伝子開始部位のタンパク質をコードしていない領域にあるCCG反復配列の増幅が原因で起きる。この反復配列によって細胞はDNAをコピーしてRNAをつくるのが難しくなり、遺伝子の発現が妨げられる。
脊髄性筋萎縮症	*SNM2*遺伝子が、密接に関係した*SNM1*遺伝子の変異を相補できないことが原因で起きる。*SNM2*遺伝子上の変異が*SNM2* mRNAの正常なスプライシングを阻害し、機能的なタンパク質がつくられないことが原因となっている。
全前脳症	一部の症例はモルフォゲンのエンハンサーにおける変異が原因で起きることが示されている。
先天性角化異常症	多くの異なる遺伝子の変異が原因で起きる。それぞれの遺伝子は、染色体末端のジャンク領域であるテロメアの長さの維持に関与している。
ダウン症	配偶子形成時に21番染色体の不均等分配が原因で起き、この過程はセントロメアとよばれるジャンク領域に依存している。
多指症	モルフォゲンのエンハンサーにおける1塩基変化が原因で起きる。
デュシェンヌ型筋ジストロフィー	一部の症例は、ジストロフィンRNA分子の異常なスプライシングをもたらす変異が原因で起きる。
特発性肺線維症	多くの異なる遺伝子の変異が原因で起きる。それぞれの遺伝子は、染色体末端のジャンク領域であるテロメアの長さの維持に関与している。
軟骨毛髪低形成症	長鎖ノンコーディングRNAの中にあるスモールRNAの変異が原因で起きる。
難治性下痢症	遺伝子のスプライシング部位の変異が原因で起きる。

オピッツ・カヴェッジア症候群	長鎖ノンコーディングRNAとメディエーターの相互作用に重要なタンパク質の欠陥が原因で起きる。
がん	ジャンクDNAはさまざまな段階でがんに関わっており、たとえば特別な種類のがんでは、ある長鎖ノンコーディングRNAが過剰に発現されている。多くの場合、これらのRNAがヒトの病理に重要な役割を果たしていると結論づけられるほど、強力な証拠が得られているわけではない。しかし、染色体末端のジャンクDNAであるテロメアの長さを維持するタンパク質の高発現が、いくつかの腫瘍の悪性化の原因となることは、現在一般に認められている。長鎖ノンコーディングRNAの異常な発現によって、エピジェネティック酵素が誤った遺伝子を標的としてしまうことが、がん細胞の異常な増殖をもたらす別の経路になるものだとして、現在精力的に研究が行われている。
顔面肩甲上腕筋ジストロフィー（FSHD）	ジャンクDNA要素の組み合わせの相互作用によって、レトロウイルス配列の異常な発現が引き起こされることが原因で起きる。
北アメリカ東部ウマ脳炎ウイルス	ヒトの免疫細胞から産生されたスモールRNAがウイルスのゲノムに結合し、体がウイルスの攻撃にさらされていることを免疫系が認識するのを妨げる。
基底細胞がん	少数の症例は、遺伝子の開始領域のタンパク質をコードしていない領域の変異が原因となっており、その変異によって遺伝子からのRNAの発現が減少することになる。
筋緊張性ジストロフィー	遺伝子終結部位のタンパク質をコードしていない領域のCTG反復配列の増幅によって起きる。この反復配列はRNAにコピーされ、RNA結合タンパク質がその反復配列部分に引き寄せられてしまうために、ほかの数多くのmRNA分子の制御が狂ってしまう。
骨形成不全症（骨粗しょう症）	少数の症例では、遺伝子開始部位のタンパク質をコードしていない領域の変異によって、タンパク質に余計なアミノ酸が挿入されることが原因で起きる。
コルネリア・デ・ランゲ症候群	ジャンクを介したDNA高次構造の形成に必要なタンパク質の異常が原因で起きる。
再生不良性貧血	約5%の症例では、染色体末端のジャンク領域であるテロメアの長さの維持に重要ないくつかの遺伝子の変異が原因で起きる。

▼付録　本書で取り上げた、ジャンクDNAが関わるヒトの疾患

C型肝炎	ヒトの肝臓からつくり出されたスモールRNAがウイルスのRNAに結合し、それを安定化してC型肝炎ウイルスの産生を促進させる。
ETMR小児脳腫瘍	スモールRNAクラスターの再編成と増幅が原因で起きる。
HHV-8感受性（カポジ肉腫）	スプライシングシグナルの変異が原因で起きる場合がある。
IPEX症候群	遺伝子終結部位のタンパク質をコードしていない領域の変異によって、mRNAの正しい加工が阻害されることで起きる。
XO症候群（ターナー症候群）	X染色体を1本しか持たない女性で起きる。配偶子形成時のX染色体の不均等分配が原因で起き、この過程はセントロメアとよばれるジャンク領域に依存している。
XXX症候群	X染色体を3本持つ女性で起きる。配偶子形成時のX染色体の不均等分配が原因で起き、この過程はセントロメアとよばれるジャンク領域に依存している。
XXY症候群（クラインフェルター症候群）	X染色体を2本持つ男性で起きる。配偶子形成時のX染色体の不均等分配が原因で起き、この過程はセントロメアとよばれるジャンク領域に依存している。
悪性黒色腫（メラノーマ）	少数の症例では、遺伝子開始部位のタンパク質をコードしていない領域の変異によって、タンパク質に余計なアミノ酸が挿入されることが原因で起きる。
アーミッシュの低身長症	スプライシング装置の正しい機能に必要なノンコーディングRNAの変異が原因で起きる。
アルツハイマー病	重要な*BACE1* mRNAに結合し安定化するアンチセンスRNAの過剰発現が関与している可能性がある。
アンジェルマン症候群	異常なインプリンティングが原因で起きる。ジャンクDNAはインプリンティングの制御に重要な役割を果たしている。具体的には、インプリンティング制御領域、プロモーター、長鎖ノンコーディングRNA、エピジェネティック機構との相互作用に関与している。
エドワーズ症候群	配偶子形成時に18番染色体の不均等分配が原因で起き、この過程はセントロメアとよばれるジャンク領域に依存している。

ハッチンソン・ギルフォード・プロジェリア
　　　　……310, 313, 404
パトー症候群……100, 104, 404
ハンチントン舞踏病……268, 269
反復配列……14, 17, 29〜32, 53〜57, 59〜
　　　　62, 159, 160, 287, 290
非コードDNA……4
ヒストン……91〜94, 96, 148, 151〜153,
　　　　155〜157, 226
ヒストンH3……*102*
ヒトゲノム解読……36
ヒト・テロメア症候群……73
皮膚がん……285, 286
非翻訳領域
　　　　……282〜286, 291, 293〜297
肥満……80, 81, 271〜275
ファインゴールド症候群……326, 404
フィブリラリン……*200*
フグ……44, 45
ブタ……58, 59
ブラウン, ルイーズ……181
プラセボ……319
プラダー・ウィリー症候群
　　　　……176, 177, 179, 192, 194, 404
フリードライヒ運動失調症
　　　　……16, 26〜28, 61, 404
ブーリン, アン……257
フレームシフト……317
プロジェリア……310, 312
プロセンサ……318, 320
プロモーター……202〜205, 220, 242
分化全能性……135
分化多能性……136, 137
ベックウィズ・ウィーデマン症候群
　　　　……180, 181, 404
ヘモグロビン……220, 225
法医学……62
胞状奇胎……164, 165, 168

紡錘体……87〜89, 96, 97
ホーキング, スティーブン……296
ポリアデニル化シグナル……294〜296, 360

ま・や・ら行

マウス……55, 56, 67, 69, 77, 128, 158, 163
マスター調節因子……211〜213, 328, 329
マーナ・セラピューティクス……348, 349
三毛猫……122〜124
ミトコンドリア……195〜197, *200*
メジャーリプレッサー……153〜155
メチル化（メチル基）
　　　　……149〜152, 160, 169, 171〜
　　　　173, 180, *183*
メッセンジャーRNA
　　　　……24, 188, 190, 219, 281〜283,
　　　　293, 294, 325, 326, 359
メディエーター……209, 210, 212, 216
メラノーマ……48, 285, 286, 407
メルク……355
免疫……58, 59, 220, 295, 308, 326, 360, 361
免疫不全……352, 353
網膜色素変性症……306, 404
モルフォゲン……257〜263
ユビキチン……*183*
ラナ・セラピューティクス……355
リプログラミング……328, 329
リボソーム……188, 190〜194, 196, 325
リボソームRNA　→rRNA
臨床試験……274, 319, 320, 348, 352, 355
ルー・ゲーリッグ病……296
レット症候群……117, 118
レトロ遺伝子……359〜361
レトロウイルス……57〜59
レトロトランスポゾン……*62*
老化……78, 80, 310
老人斑……143
ロバーツ症候群……216, 404

生殖補助医療……181, 182
性染色体……106
脊髄性筋萎縮症……312, 313, 405
ゼブラフィッシュ……128
セレラ・ゲノミクス……36
線維芽細胞……68
染色体……7, 65〜67, 85〜87, 100, 104, 105, 177, 180
染色体交差……59
全前脳症……260〜262, 405
選択的スプライシング……301
線虫……6, 41, 43
先天性角化異常症……73, 405
セントロメア……85〜90, 92〜96, 105
前立腺がん……140, 141, 154
臓器移植……58
造血幹細胞……*82*
創薬……274, 275
ソニック・ヘッジホッグ……*276*

た行

体外受精……102
大腸がん……140
ダイヤモンド・ブラックファン貧血……192
ダウン症……99, 100, 102, 104, 405
多指症……258, 259, 405
ターナー症候群……407
単為生殖……162, 163
単純反復配列……61, 62
チューダー朝……257
長鎖ノンコーディング RNA
　　　　……126〜134, 136〜145, 152〜
　　　　156, 158, 169, 170, 179, 208〜
　　　　210, 216, 233, 327
ディサーナ……355
低身長症……307, 407
ディスケリン……*82*
低分子薬……344〜347

テストステロン……106, 140, 231
デュシェンヌ型筋ジストロフィー
　　　　……37, 119〜121, 314, 315, 319,
　　　　320, 332, 350, 352, 405
テロメア……67〜81
テロメア長……79, 80
テロメラーゼ……70〜73, 75, 76
転移 RNA　→tRNA
転写因子……202, 203
テント上神経外胚葉腫瘍……*341*
統合失調症……268, 269
糖尿病……81, 263, 272, 295
特発性肺線維症……74, 405
トランスチレチン……*356*
トランスポゾン……*62*
トリソミー……99〜101
トリーチャ・コリンズ症候群……192

な行

内在性レトロウイルス……57〜59
軟骨毛髪低形成症……327, 405
難治性下痢症……308, 405
乳がん……139, 140, 154, 275, 338, 339, 345
認知症……143
脳……98, 142, 143, 288, 334〜337
嚢胞性線維症……38
ノバルティス……356
ノンコーディング RNA……192, 193

は行

バイオマーカー……275
肺がん……275, 339
胚性幹細胞……135, 361
肺線維症……74〜77
バーキットリンパ腫……65, 204, 220, 404
パクリタキセル（タキソール）……97
バー小体……109, 110, 157
白血球……339, 340

クラインフェルター症候群……407
グラクソ・スミスクライン……319, 320
クローン……122, 123
血液幹細胞……72, 77
血液細胞がん……275
血友病B……117
ゲノムサイズ……43〜45
ケラチン……225, 227
抗がん剤……97
口腔がん……74
甲状腺の機能低下……295
口唇裂……260
抗生物質……194, 195
抗体……220, 221, 345〜347
骨髄移植……75
骨髄幹細胞……329
骨形成不全症……278, 406
骨粗しょう症……278〜282, 284, 406
コヒーシン……*221*
コラーゲン……279
コルネリア・デ・ランゲ症候群……216, 406
コレステロール……353, 354

さ行

再生不良性貧血……75, 406
サイトメガロウイルス……*356*
細胞老化……68〜70
サテライト細胞……*341*
サノフィ……354
サレプタ……320, 321
散在反復配列……53
ジェンザイム……354
色覚異常……117
色素欠乏症……268
色素沈着……267, 271
子宮がん……339
試験管ベビー……181
自己免疫疾患……295

ジストロフィン
　　　　　……119〜121, 314〜318, 320, 352
自然妊娠……102
自然播種……93
失明……345, 352
児童虐待……278, 279
シャルコー・マリー・トゥス病……60
ジャンクRNA……186, 187
受精卵……46, 96, 99, 135, 163, 164
出生前診断……101
寿命……69, 70, 79, 80
ショウジョウバエ……56, 88, 137
常染色体……106
小児脳腫瘍……337, 407
シルバー・ラッセル症候群……180, 181, 405
進化圧……250, 252
神経幹細胞……334
神経細胞……142, 288, 289, 296, 334, 335
神経障害性疼痛……144, 405
心血管疾患……78, 336, 353
心臓移植……58
心臓肥大……333
心臓発作……332, 333
膵臓がん……140
膵無形性……263, 265, 273, 405
スタチン……353
ストレス……80
スーパーエンハンサー……210, 212〜214
スプライシング
　　　　　……24, 42, 281, 301, 303〜310,
　　　　　312〜315, 321, 359
スプライソソーム
　　　　　……304, 305, 307, 312, 313
スモールRNA……325〜340, 348, 349
制御性T細胞……*298*
脆弱X症候群
　　　　　……16, 27, 28, 61, 116, 286, 287,
　　　　　289, 290, 405

（410）◂ 3

あ行

悪性黒色腫……48, 407
アグーチ・バイアブル・イエロー……158
アポトーシス……*82*
アポリポタンパク質B100……*356*
アーミッシュ……307, 327, 407
アミロイドβ……143, 144
アルコール……270, 336
アルコール依存症……336
アルツハイマー……100, 142〜144, 407
アルナイラム……348, 349
アルファサテライトリピート……*102*
アンジェルマン症候群
　　　　　……176, 177, 181, 407
アンチセンス……350〜354
イシス……354
異種移植……58
異数性……98, 99
一卵性双生児……268
遺伝子
　　──の数……6, 40, 41
　　──重複……61
インスリン……263, 292, 295
インスレーション仮説……47, 49
インスレーター……226, 227, 229, 361
イントロン……24, 271, 301, 304, 305
インプリンティング
　　　　　……166, 168〜171, 173〜175,
　　　　　　178, 179, 181, 182, 192
インプリンティング制御領域　→ICE
ウィリアムズ症候群……60
ウイルス……57〜59, 339, 340, 352, 353
ウェルカム・トラスト……36
運動ニューロン疾患……296
エイズ……53, 57, 308
エキソン……301, 304, 305
エドワーズ症候群……100, 104, 407
エピジェネティクス……159, 165, 180, 206

エピジェネティック修飾
　　　　　……149, 157, 158, 165, 166, 168〜
　　　　　　170, 203, 206〜208, 225, 226,
　　　　　　228, 229, 241, 244, 245, 338,
　　　　　　356, 361
炎症反応……206
エンハンサー
　　　　　……205〜210, 214〜216, 258,
　　　　　　259, 261, 263, 265〜268, 273
オーダーメイド医療……274, 275
オピッツ・カヴェッジア症候群……209, 406
親子鑑定……62

か行

外来因子……52, 53
核小体……193
家族性高コレステロール血症……353, 354
片親起源効果……165
片親性ダイソミー……*183*
カポジ肉腫……308, 407
がん……48, 65, 66, 72, 81, 97〜99, 138〜
　　　　141, 204, 214, 221, 285, 286, 308,
　　　　336, 338, 339, 348, 406
肝がん……140
肝硬変……270
幹細胞……71, 72, 77, 328〜334
関節リウマチ……345
感染……206, 330, 339, 345
肝臓……98, 347, 349, 353, 354
顔面肩甲上腕ジストロフィー　→FSHD
偽常染色体領域……233
北アメリカ東部ウマ脳炎……339, 340, 406
喫煙……77, 78, 80, 270
基底細胞がん……286, 406
筋萎縮性側索硬化症　→ALS
筋緊張性ジストロフィー
　　　　　……13〜16, 29〜33, 61, 76, 290〜
　　　　　　293, 406

▼ 索引

※章末の注に登場する語は、ページ数を斜体で示す。

11-FINGERS……227, 228, 361
ALS……296, 297
BACE1……143, 144
BK (potassium channel)……*341*
BMI値……271
BRCA1……139
CENP-A……87〜90, 92〜96
CpG……149, 160, 173
CTCF……*235*
C型肝炎……340, 407
DNAフィンガープリント法……62
DNMT1, DNMT3A, DNMT3L……*183*
DUX4……*364*
ENCODE……238〜241, 244〜254
ES細胞……135〜137, 210〜213, 328
EZH2……*160*
FOXP3……*298*
FSHD……17, 358〜362, 406
FTO……*276*
FUS……*298*
GATA6……*276*
Gcn5……*82*
GWAS……*276*
HHV-8……308, 309, 407
HIV……57, 308, 353
*HOX*遺伝子……137, 138
*HOX*クラスター……56, 57
ICE……168〜174, 179, 180
IFITM5……*298*
IPEX症候群……295, 296, *298*
iPS細胞……211, 212, 328
IRX3……*276*
lincRNA……145
LINE……*62*

MBNL1……*298*
MeCP2……*124*
MED12……*221*
Mipomersen……*356*
miRNA……341
Myc (MYC)……*82*, 221
OCA2……*276*
PRC2……*160*
PTF1A……*276*
rs12913932……*276*
RNA……7, 22, 198, 199
RNAポリメラーゼ……219
RNAポリメラーゼⅡ, Ⅲ……*235*
rRNA……187, 188, 190〜194, 196
SHOX……*235*
SINE……*62*
siRNA……*341*
Six3……*276*
SMN1, SMN2……313
snoRNA……193, 194
SRY……*124*
TERT (*TR*)……*82*
tRNA……189, 190, 192, 229, 230
Tsix……114, 115, 126, 350
UBE3A……*183*
UTRs……*298*
Xist……110〜115, 121, *124*, 157, 233, 350
X染色体……104, 106, 108〜110, 112〜118,
　　　　　121, 124, 230〜235
X染色体不活性化
　　　　……108〜110, 112, 116, 121, 122,
　　　　　124, 231〜233
Y染色体……106, 108, 109, 232
ZRS……*276*

(412) ◀ 1

ジャンク DNA—ヒトゲノムの 98％はガラクタなのか？

平成 28 年 4 月 10 日　発　行

訳　者　　中　山　潤　一

発行者　　池　田　和　博

発行所　　丸善出版株式会社

〒101-0051　東京都千代田区神田神保町二丁目 17 番
編集：電話（03）3512-3265／ＦＡＸ（03）3512-3272
営業：電話（03）3512-3256／ＦＡＸ（03）3512-3270
http://pub.maruzen.co.jp/

© Jun-ichi Nakayama, 2016

ブックデザイン・桂川　潤
組版印刷・株式会社 日本制作センター／製本・株式会社 松岳社

ISBN 978-4-621-30003-9　C 0045　　　　　　Printed in Japan

本書の無断複写は著作権法上での例外を除き禁じられています．

関連書籍

◆エピジェネティクス革命
―― 世代を超える遺伝子の記憶

ネッサ・キャリー 著，中山潤一 訳
四六・450 ページ　2,800 円

≪サイエンス・パレットシリーズ≫

医学の歴史
　W. バイナム 著，鈴木晃仁・鈴木実佳 共訳／新書・232 ページ　1,000 円

幹細胞と再生医療
　中辻憲夫 著／新書・178 ページ　1,000 円

ウイルス――ミクロの賢い寄生体
　D.H. クローフォード 著，永田恭介 監訳／新書・256 ページ　1,000 円

発生生物学――生物はどのように形づくられるか
　L. ウォルパート 著，大内淑代・野地澄晴 訳／新書・192 ページ　1,000 円

生命の歴史――進化と絶滅の 40 億年
　M.J. ベントン 著，鈴木寿志・岸田拓士 訳／新書・256 ページ　1,000 円

人類の進化――拡散と絶滅の歴史を探る
　B. ウッド 著，馬場悠男 訳／新書・198 ページ　1,000 円

形態学――形づくりにみる動物進化のシナリオ
　倉谷　滋 著／新書・224 ページ　1,000 円

海洋生物学――地球を取りまく豊かな海と生態系
　P.V. ムラデノフ 著，窪川かおる 訳／新書・208 ページ　1,000 円

＊価格は本体価格，税別